面向数字化时代高等学校计算机系列教材

U0368673

数据库系统
设计与开发实训

openGauss版·微课视频版

欧阳皓 饶泓 主编

清华大学出版社
北京

内 容 简 介

本书围绕数据库系统实训项目,从需求分析、概念设计、物理设计、应用系统实现等实训环节介绍该项目的分析、设计及实现过程。全书共 16 章,主要内容包括数据库设计、需求分析、概念数据模型设计、物理数据模型设计、openGauss 概述、openGauss 架构、表空间、安全管理、基本对象管理、PL/SQL 编程、命名块对象管理、备份与恢复、openGauss 高可用性、数据库审计、性能调优、openGauss 应用开发等。

本书作为教材使用的建议学时数为 48 学时,采用实训教学方式进行讲授,要求读者有一定的数据库原理、面向对象程序设计等基础。本书旨在帮助更多的读者具备使用 openGauss 数据库支撑企业业务、部署和运维的能力,进而胜任数据库工程师等实际岗位。

本书可作为高等院校计算机类相关专业的"数据库原理"课程的实验教程,也可作为感兴趣读者的自学读物,还可作为相关行业技术人员的参考用书。

版权所有,侵权必究。举报: 010-62782989, beiqinquan@tup.tsinghua.edu.cn。

图书在版编目 (CIP) 数据

数据库系统设计与开发实训:openGauss 版:微课视频版/欧阳皓,饶泓主编.
北京:清华大学出版社,2025. 3. --(面向数字化时代高等学校计算机系列教材).
ISBN 978-7-302-68625-5

Ⅰ. TP311.13

中国国家版本馆 CIP 数据核字第 2025RZ2862 号

策划编辑:魏江江
责任编辑:葛鹏程　薛　阳
封面设计:刘　键
责任校对:徐俊伟
责任印制:曹婉颖

出版发行:清华大学出版社
　　　　　网　　　址:https://www.tup.com.cn,https://www.wqxuetang.com
　　　　　地　　　址:北京清华大学学研大厦 A 座　　　　邮　　编:100084
　　　　　社 总 机:010-83470000　　　　　　　　　　邮　　购:010-62786544
　　　　　投稿与读者服务:010-62776969, c-service@tup.tsinghua.edu.cn
　　　　　质量反馈:010-62772015, zhiliang@tup.tsinghua.edu.cn
　　　　　课件下载:https://www.tup.com.cn,010-83470236
印 装 者:天津安泰印刷有限公司
经　　销:全国新华书店
开　　本:185mm×260mm　　印　张:16.75　　　　　字　　数:443 千字
版　　次:2025 年 4 月第 1 版　　　　　　　　　　印　　次:2025 年 4 月第 1 次印刷
印　　数:1～1500
定　　价:59.80 元

产品编号:105817-01

前言

党的二十大报告指出：教育、科技、人才是全面建设社会主义现代化国家的基础性、战略性支撑。必须坚持科技是第一生产力、人才是第一资源、创新是第一动力，深入实施科教兴国战略、人才强国战略、创新驱动发展战略。这三大战略共同服务于创新型国家的建设。高等教育与经济社会发展紧密相连，对促进就业创业、助力经济社会发展、增进人民福祉具有重要意义。

数据库技术是软件业应用最广泛的技术，数据库系统设计与开发是软件从业人员必备的技能，而数据库原理通常是计算机科学与技术、软件工程等专业的必修课程。为进一步提高学生数据库系统设计与开发的实践能力，尽快适应软件企业的工作需求，许多高校都在数据库原理课程的基础上开设了数据库工程实训课程。

目前数据库课程的教材普遍采用 SQL Server、Oracle 等国外产品作为数据库实训（实验）平台，数据库软件"卡脖子"问题亟待解决。本书编写的主要目的是让读者尽早接触国产基础软件，熟练掌握使用国产 openGauss 数据库支撑企业业务、部署和运维的能力，以胜任国产数据库工程师等岗位，为国产软件生态建设贡献力量。

本书围绕数据库系统实训项目，从需求分析、概念设计、物理设计、应用系统实现等实训环节介绍该项目的分析、设计及实现过程。本书的主要特色是在专业课程教材中引入国产基础软件，将华为公司的 openGauss 作为实验、实训平台，让读者尽早接触国产基础软件并激发其爱国情怀，符合国家战略方向。通过专业项目实践，积极开展国产基础软件的推广应用，并提高读者解决复杂工程问题的能力。

为便于教学，本书提供丰富的配套资源，包括教学课件、电子教案、教学大纲、程序源码、习题答案和微课视频。

资源下载提示

数据文件：扫描目录上方的二维码下载。

微课视频：扫描封底的文泉云盘防盗码，再扫描书中相应章节的视频讲解二维码，可以在线学习。

在本书的编写过程中，饶泓负责编写前言和第 1 章，黄旭慧负责编写第 2、3 章，曾长清负责编写第 14、15 章，其余章节由欧阳皓负责编写。全书由饶泓协助欧阳皓进行全面审核，完成统稿工作。李文齐主要负责 openGauss 环境搭建及实验代码测试。

在本书的编写过程中，参考了华为公司、墨天轮、CSDN 等官网的文档资料，在此一并表示感谢。

编　者

2025 年 2 月

资源下载

目录

第 5 章 openGauss 概述

第 6 章 openGauss 架构

第 7 章 表空间

第 8 章　安全管理

第 9 章　基本对象管理

第 10 章　PL/SQL 编程

第 11 章　命名块对象管理

第 12 章　备份与恢复

第 13 章　openGauss 高可用性

第 14 章　数据库审计

第 15 章　性能调优

第 16 章 / openGauss 应用开发

第 1 章　数据库设计

本章学习目标

- 了解数据库系统的组成。
- 了解数据库系统的开发过程。
- 了解常用的数据库管理系统。

本章主要介绍数据库系统、数据库系统的开发过程、常见的数据库管理系统,重点介绍国产数据库管理系统产品。通过本章的学习,读者可以了解数据库系统的基本概念,掌握数据库系统开发过程中数据库产品的选择原则。

1.1　数据库系统

数据库系统(DataBase System,DBS)是由数据库及其管理软件组成的系统。它是为适应数据处理的需要而发展起来的一种较为理想的数据处理系统,也是一个实际可运行的存储、维护和为业务应用提供数据的软件系统,是存储介质、处理对象和管理系统的集合体。

数据库系统一般由以下 4 个部分组成。

1. 数据库

数据库是指长期存储在计算机内的,有组织、可共享的数据集合。数据库中的数据按一定的数学模型组织、描述和存储,具有较小的冗余、较高的数据独立性和易扩展性,并可为各种用户共享。

2. 硬件

硬件是指构成计算机系统的各种物理设备,包括存储数据所需的外部设备。硬件的配置应满足整个数据库系统的需要。

3. 软件

软件包括操作系统(Operating System,OS)、数据库管理系统(Database Management System,DBMS)及应用程序。数据库管理系统是数据库系统的核心软件,是在操作系统的支持下工作,解决如何科学地组织和存储数据,如何高效获取和维护数据的系统软件。其主要功能包括数据定义、数据操纵、数据库的运行管理和数据库的建立与维护。

4. 人员

数据库系统的相关人员主要有 4 类。第一类为系统分析人员和数据库设计人员,系统分析人员负责应用系统的需求分析和规范说明,他们和用户及数据库管理员(Database Administrator,DBA)一起确定系统的硬件配置,并参与数据库系统的概要设计。数据库设计人员负责数据库中数据的确定、数据库各级模式的设计。第二类为应用程序员,负责编写使用数据库的应用程序,这些应用程序可对数据进行检索、建立、删除或修改。第三类为最终用户,他们利用系统的接口或查询语言访问数据库。第四类用户是数据库管理员,DBA 负责数据库的总体信息控制。DBA 的具体职责包括处理数据库中的信息内容和结构，决定数据库的存储结构和存取策略，定义数据库的安全性要求和完整性约束条件，监控数据库的使用和运行，负责数据库的性能改进、数据库的重组和重构，以提高系统的性能。

数据库系统的结构如图 1.1 所示。数据库存储在数据库服务器中，数据库服务器上运行数据库管理系统，应用服务器上运行应用程序，用户通过客户机调用应用程序；程序员负责开发、维护应用程序；DBA 负责管理数据库服务器，监控数据库的运行，保证数据的安全性、稳定性。

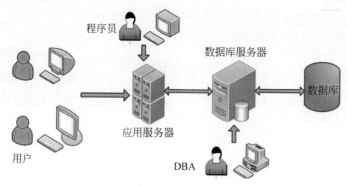

图 1.1　数据库系统结构

1.2　数据库系统的开发过程

数据库系统具有对信息的采集、组织、加工、抽取和传播等功能。数据库系统的开发是一项软件工程，但又具有自己的特点，所以称为数据库工程。数据库工程按内容可划分为以下两部分。

（1）作为系统核心的数据库设计与实现。

（2）相应的应用软件及其他软件（如通信软件）的设计与实现。

数据库系统（软件）生命周期是指数据库系统从开始规划、设计、实现、维护到最后被新的系统取代而停止使用的整个期间。数据库系统的软件生命周期可以概括为规划、需求分析、设计、实现、测试和运行维护 6 个阶段。

1. 规划阶段

规划阶段的主要任务是进行建立数据库系统的必要性及可行性分析，确定数据库系统在组织中和信息系统中的地位，以及各个数据库之间的联系。规划工作完成后应写出详尽的可行性分析报告和数据库系统规划纲要。可行性分析报告的主要内容包括信息范围、信息来源、人力资源、设备资源、软件及支持工具资源、开发成本估算、开发进度计划、现行系统向新系统过渡计划等。数据库系统的规划主要由系统分析师在系统使用者协助下共同完成。

2. 需求分析阶段

需求分析阶段要对系统的整个应用情况做全面的详细的调查，确定企业组织的目标，收集支持系统总的设计目标的基础数据和对这些数据的要求，确定用户的需求，并把这些要求写成用户和数据库设计者都能接受的文档。分析用户活动，产生用户活动图，即用户的业务流程图；确定系统范围，产生系统范围图，即确定人机界面；分析用户活动所涉及的数据，产生数据流图,以图形方式表示数据的流向及加工处理过程;分析系统数据,产生数据字典。本阶段的关键成果是数据流图。

3. 设计阶段

设计阶段主要根据需求分析的结果,对整个软件系统进行设计,如系统框架设计、数据库设计等。其中,数据库设计参照新奥尔良法(New Orleans)又可以分为概念设计、逻辑设计及物理设计三个阶段。

1) 概念设计阶段

概念设计的目标是产生反映企业组织信息需求的数据库概念结构,即概念模式。概念模式独立于数据库逻辑结构,也独立于支持数据库的 DBMS。概念设计是整个数据库设计的关键,概念设计阶段的关键成果是建立概念数据模型。

2) 逻辑设计阶段

逻辑设计的目的是把概念设计阶段设计好的全局概念数据模型转换成与选用的具体机器上的 DBMS 所支持的数据模型相符合的逻辑结构,包括数据库模式和外模式。逻辑设计阶段的关键成果是建立逻辑数据模型。

3) 物理设计阶段

数据库最终是要存储在物理设备上的。数据库在物理设备上的存储结构与存储方法称为数据库的物理结构,它依赖于给定的计算机系统。数据库的物理结构主要指数据库的存储记录格式、存储记录安排和存取方法。物理设计主要包括以下内容。

(1) 存储记录结构设计:包括记录的组成,数据项的类型、长度,以及逻辑记录到存储记录的映射。

(2) 确定数据存放位置:可以把经常同时被访问的数据组合在一起。

(3) 存取方法的设计:存取路径分为主存取路径与辅存取路径,前者用于主键检索,后者用于辅助键检索。

(4) 完整性和安全性考虑:设计者应在完整性、安全性、有效性和效率方面进行分析,做出权衡。

物理设计阶段的重点在于数据库物理数据模型的建立。

4. 实现阶段

实现阶段主要完成数据库的建立及基于数据库的应用软件开发。数据库系统实现主要包括以下工作。

(1) 用 DBMS 提供的数据定义语言(Data Definition Language,DDL)定义数据库结构。

(2) 加载数据库基础数据。

(3) 利用高级程序设计语言及主流软件开发技术编制与调试应用程序。

5. 测试阶段

采用软件工程中常用的白盒测试和黑盒测试方法对应用程序进行单元测试和集成测试。

6. 运行维护阶段

数据库系统不同于其他软件,运行维护是一项长期的任务,需要专人(数据库管理员)负责,定期备份数据,监视数据库的运行,数据库的改进和重组、重构。

数据库系统设计的过程如图1.2所示。

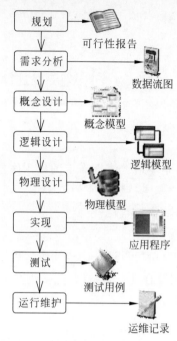

图 1.2　数据库系统设计的过程

1.3　常见的数据库管理系统

数据库管理系统是专门用于建立和管理数据库的一套系统软件，介于应用程序和操作系统之间。数据库管理系统不仅具有最基本的数据管理功能，还能保证数据的完整性、安全性，提供多用户的并发控制，当数据库出现故障时对系统进行恢复。

目前，市面上绝大多数的数据库管理系统产品都是关系数据库管理系统，早些年常用的数据库管理系统主要有 Microsoft 公司的 SQL Server、Oracle 公司的 MySQL、Oracle 公司的 Oracle、IBM 公司的 DB2 等国外品牌。

1. SQL Server

Microsoft 公司的 SQL Server 数据库是在购买了 Sybase 公司的 Sybase 数据库之后发展起来的大型通用关系型数据库产品，1995 年正式发布的 SQL Server 6.0 是一款小型商业数据库。Microsoft 公司 1998 年发布了基于 Web 的 SQL Server 7.0 数据库，2000 年发布了企业级的 SQL Server 2000 数据库，因为其功能全面、简单易用，此版本在当年市场上应用比较广泛；为了进一步与 Microsoft 公司开发套件集成，2005 年发布了引入了 .NET Framework 的 SQL Server 2005，在此基础上，SQL Server 不断推出新版本，目前最新版本是 SQL Server 2022。SQL Server 数据库主要支持 Windows 操作系统，开放性较差，但是因为其提供简单易用的图形化操作界面，所以深受一些用户的喜爱，在很多高校或者培训机构，一般作为入门的数据库系统学习。

2. MySQL

MySQL 最初由瑞典 MySQL AB 公司开发，目前属于 Oracle 公司。MySQL 支持 SQL 标准。MySQL 软件采用了双授权政策，它分为社区版和商业版。由于其社区版的性能卓越，搭配 PHP 和 Apache 可组成良好的开发环境。MySQL 数据库可支持要求最苛刻的 Web、电子商务和联机事务处理(Online Transaction Processing,OLTP)应用程序。它是一个全面集成、事务安全、符合事务四大特性(原子性-Atomicity、一致性-Consistency、隔离性-Isolation、持久性-Durability,ACID)的数据库,具备全面的提交、回滚、崩溃恢复和行级锁定功能。MySQL凭借其易用性、扩展性等性能,成为全球最受欢迎的开源数据库。由于其体积小,速度快,总体拥有成本低,尤其是开放源码这一特点,全球许多流量巨大的网站都依托于 MySQL 来支持其关键业务的应用程序,其中包括 Facebook、Google、Ticketmaster 和 eBay。MySQL 是一个多用户、多线程的关系型数据库管理系统,目前它可以支持几乎所有的操作系统,包括 Windows系列平台、Linux 平台及 UNIX 平台等。

MySQL 目前成熟的版本主要有 MySQL 8.4 版本。

3. Oracle

Oracle 是 Oracle 公司的主要产品,Oracle 是目前最流行的关系型数据库管理系统,被越来越多的用户使用在信息系统管理、企业数据处理、Internet、电子商务网站等领域作为应用数据的后台处理系统。

Oracle 是世界上最早商品化的关系型数据库管理系统,也是当今世界上应用最为广泛、功能最为强大的数据库管理系统。在全球关系型数据库软件市场上,Oracle 长期名列榜首。

Oracle 目前流行的版本为 Oracle 11g、Oracle 19c、Oracle 21c。Oracle 网站公布的最新版本是 Oracle Database 23ai。

4. DB2

DB2(请注意其中的 2 并非产品版本号)是 IBM 公司开发的一个适应于多平台、大型的关系型数据库产品,因为其具有良好的开放性和并行性,DB2 在企业级的应用中最为广泛,目前广泛应用于金融、电信、保险等较为高端的领域,尤其是在金融系统备受青睐。目前,全球 DB2系统用户超过 6000 万,分布于约 40 万家公司。目前 IBM 仍然是最大的数据库产品提供商(在大型计算机领域处于垄断地位),财富 100 强企业中的 100% 企业和财富 500 强企业中的80% 企业都使用了 IBM 的 DB2 数据库产品。DB2 的另一个非常重要的优势在于基于 DB2 的成熟应用非常丰富,有众多的应用软件开发商围绕在 IBM 的周围。DB2 是一个多媒体、Web关系型数据库管理系统,其功能足以满足大中型公司的需要,并可灵活地服务于中小型电子商务解决方案。

DB2 系列跨越了各种操作系统平台,包括 UNIX、Linux 与 Windows 平台以及 IBMiSeries(OS/400 操作系统),并根据相应平台环境分别做了调整和优化,以便能够达到较好的性能。DB2 目前支持从中小型计算机到大型计算机,从 IBM 到非 IBM(HP 及 Sun UNIX 系统等)的各种操作平台,可以在主机上以主/从方式独立运行,也可以在客户机/服务器环境中运行。

1996 年,DB2 V2 版本发布并改名为 DB2 UDB(即 Universal Database,通用数据库)。2008 年发展到 V9 版本,将数据库领域带入 XML 时代。DB2 目前成熟的版本有 IBM DB2Community Edition 11.5。

近年来,随着信创产业的高速发展,国产数据库管理系统得到重视,在重点行业、关键基础设施和核心业务系统中发挥着重要的基础支撑作用,也是支撑信息系统安全稳定运行的重要保障。国产数据库产品在功能、性能、综合服务保障等方面均有显著提升。

墨天轮是中国知名数据库技术社区,其发起的中国数据库流行度排行榜,依据搜索引擎数据、核心案例数、资质数量、专利数、论文数等标准,对数百个最主流的国产数据库进行综合评比。该榜单反映的是数据库产品在市场中的活跃度，被誉为中国版的"DB-Engines 排名榜"。2024 年 6 月，中国数据库排行榜前五的数据库管理系统分别为 OceanBase、PolarDB、人大金仓、openGauss、TiDB，如表 1.1 所示。数据处理方式包括在线事务处理（Online Transaction Processing，OLTP）、在线分析处理（Online Analytical Processing，OLAP）、混合事务处理和分析处理（Hybrid Transactional and Analytical Processing，HTAP）三种。

表 1.1　2024 年 6 月中国数据库排行榜

排行	名称	模型	数据处理	部署方式	商业模式
1	OceanBase	关系型	HTAP	分布式、云原生	商业、开源
2	PolarDB	关系型	HTAP	分布式、云原生、集中式	商业、开源
3	人大金仓	关系型	OLTP、OLAP	分布式、云原生、集中式	商业
4	openGauss	关系型	OLTP	集中式	开源
5	TiDB	关系型	HTAP	分布式、云原生	商业、开源

1. OceanBase

OceanBase 数据库是蚂蚁集团完全自主研发的企业级分布式关系数据库，始创于 2010 年，具有数据强一致、高可用、高性能、在线扩展、高度兼容 SQL 标准和主流关系数据库、低成本等特点，适合大规模数据存储和高并发访问场景。至今已成功应用于支付宝及阿里巴巴全部核心业务，并从 2017 年开始服务于广泛行业客户，包括南京银行、西安银行、天津银行、苏州银行、东莞银行、常熟农商行、广东农信、中国人保等近四十家银行、保险和证券机构，以及印度最大的支付公司 Paytm。

2. PolarDB

PolarDB 是阿里云自主研发的新一代关系型云原生数据库，既拥有分布式设计的低成本优势，又具有集中式的易用性。PolarDB 采用存储计算分离、软硬一体化设计，可满足大规模应用场景需求。因云而生的 PolarDB 数据库以客户需求为导向，解决了众多业务问题。据了解，目前 PolarDB 已被 10 000 家企业级用户采用，在政务、金融、电信、物流、互联网等领域的核心业务系统广泛落地。

PolarDB 还是数据库开源的重要推动者。目前，PolarDB 在开源社区已吸引 3 万余开发者和社区用户，以及韵达、网易数帆、龙蜥等 60 多家生态伙伴。

3. 人大金仓

人大金仓数据库管理系统 KingbaseES 是北京人大金仓信息技术股份有限公司自主研制开发的具有自主知识产权的通用关系型数据库管理系统。金仓数据库主要面向事务处理类应用，兼顾各类数据分析类应用，可用作管理信息系统、业务及生产系统、决策支持系统、多维数据分析、全文检索、地理信息系统、图片搜索等的承载数据库。金仓数据库 KingbaseES 是较早入选国家自主创新产品目录的数据库产品。

4. openGauss

openGauss 是一款全面友好开放、华为携手伙伴共同打造的企业级开源关系型数据库。openGauss 采用木兰宽松许可证 v2 发行，提供面向多核架构的极致性能、全链路的业务、数据安全、基于 AI 的调优和高效运维的能力。openGauss 深度融合华为在数据库领域多年的研发经验，结合企业级场景需求，持续构建竞争力特性。同时，openGauss 也是一个开源、免费的数据库平台，鼓励社区共享、合作。

5. TiDB

TiDB 是 PingCAP(北京平凯星辰科技发展有限公司)自主设计、研发的开源分布式关系型数据库,是一款同时支持在线事务处理与在线分析处理的融合型分布式数据库产品,具备水平扩容或者缩容、金融级高可用、实时 HTAP、云原生的分布式数据库、兼容 MySQL 5.7 协议和 MySQL 生态等重要特性。

1.4　如何选择数据库管理系统产品

现在主流的数据库管理系统产品有很多,作为一个 DBA 如何为应用系统选择后台数据库管理系统? 在选择具体的 DBMS 时应综合考虑很多因素,总的原则是合适的就是最好的。

选择一个最合适的数据库产品,通常从以下几个方面来考虑。

1. 数据处理方式

数据库产品支持的数据处理方式主要有 OLTP、OLAP 和 HTAP 三种。如果数据库系统只是日常的业务处理系统,如 ERP、OA、CRM 等,则这些业务系统主要是管理企业的基本业务流程,对数据的处理方式主要是以增、删、改为主。当然也有查询,则主要应用数据仓库技术、线上分析处理技术、数据挖掘和数据展现技术进行数据分析以实现商业价值。此时可以选择支持 OLAP 的数据库产品。

如果系统需要同时兼顾 OLTP、OLAP,用户则需要选择支持 HTAP 的数据库产品。

2. 性能

性能一般是指面向大量的操作和用户、数据库产品的处理能力,主要考虑数据库产品的并发控制、安全性能、大数据处理能力等诸多因素。

3. 平台

因为每个数据库产品与操作系统平台结合的情况都不一样,所以企业对于平台的选择也对数据库产品的选择有所影响。SQL Server 致力于为 Windows 操作系统提供最优解决方案,不支持其他平台;Oracle 支持多平台操作系统,并且提供较低风险的移植。大型的商业应用数据库服务器,通常会选择更加安全、稳定的 UNIX、Linux 操作系统作为系统平台,因此,许多商业应用会排斥掉 SQL Server。

4. 价格

价格是目前一些中小型企业需要重点考虑的一个方面,也是一个很复杂的因素。因为这个价格不仅是指数据库产品的购买价格,还包括服务器配置、产品系统的维护、个人许可、额外工具、开发成本以及技术支持等费用,特别是人力资源成本是企业需要提前预知的长期成本,如果用户想省下数据库产品的支出,开源数据库产品是不二之选。

5. 可用资源

部署一套完整的用户解决方案,需要有一系列的配套支持资源,如服务器(应用程序服务器、数据库服务器)和人力资源,人力资源包括系统操作用户和系统维护人员,其中,维护人员包括应用程序维护人员以及数据库管理员。因此在资源系统中,涉及跟数据库相关的是数据库服务器和数据库管理员,对于一般的系统而言,会考虑现有的服务器是否能够满足新系统的需求,现有的维护人员是否能够满足新系统的需求,如果原系统的相关配套在满足系统现有需求的基础上还有一定的可发展空间的话,是可以考虑沿用原有的数据库系统的。

小结

本章主要介绍了数据库系统的基本组成、数据库系统的开发过程及主要的数据库产品，通过本章的学习，读者应该了解数据库系统开发过程中每个环节的工作内容及产出，要对目前市场上形形色色的数据库产品有所了解，从专业的角度了解数据库产品的性能、特长，为数据库系统开发选择一款经济实用的数据库产品。

习题 1

1. 典型的数据库系统主要包括哪几方面的内容？
2. 数据库系统开发过程主要包括哪几个阶段？每个阶段的主要成果有哪些？
3. 主要的数据处理方式有哪些？

本章学习目标

- 了解数据库系统需求分析的任务目标。
- 了解数据流图的分析设计。
- 掌握建模工具 PowerDesigner 的使用。

本章主要介绍数据库系统的需求分析,讲述需求分析阶段中用例图、数据流图的设计,重点介绍如何利用 PowerDesigner 软件进行用例图、数据流图设计。通过本章的学习,读者可以掌握 PowerDesigner 的应用,学会用例图、数据流图的绘制。

2.1 需求分析的任务

数据库系统需求分析阶段的主要任务是要对系统的整个应用情况做全面详细的调查,确定企业组织的系统目标、业务愿景、涉众,了解用户的业务过程,确定用户的应用处理需求,设计数据库系统的功能模型,绘制表示功能模型的用例图(Use Case Diagram);分析用户活动所涉及的数据、加工及流向,设计业务处理模型(Business Process Model,BPM),以图形方式表示数据的流向及加工处理过程,绘制数据流图(Data Flow Diagram,DFD)。

1. 功能模型

软件功能模型是用来展现软件的功能,用来描述用户需要数据库系统提供的各种处理功能。在进行软件功能建模时通常采用用例图来表述,用例图是统一建模语言(Unified Modeling Language,UML)的一种需求模型,UML 是一种标准的图形化建模语言,它是面向对象分析与设计的一种标准表示。

用例图的要素主要有以下三个。

- 参与者:与用例存在交互关系的系统外部实体,主要包括软件的使用者(如教务系统中的学生、教师等)、与软件有数据传递的外部设备(如缴费系统中的 POS 机)、与拟开发软件有信息交互的其他软件系统(如缴费系统中的第三方支付平台:微信、支付宝)。
- 用例:描述一个相对独立的软件功能模块(如教务系统中的选课、签到、成绩录入等)。
- 关系:参与者与用例间存在关联关系,表示参与者与用例之间存在信息交互;参与者相互之间可能存在泛化的关系,表示参与者之间存在继承关系;用例相互之间可能存在依赖关系,表示一个用例可能要使用到另外一个用例的功能。

在用例图中参与者用一个小人的符号表示,用例用一个椭圆符号表示,通常用一条实线表示关联关系,用一条带空心三角箭头的实线表示泛化关系,用一条带开箭头的虚线表示依赖关系。用例图示例如图 2.1 所示。

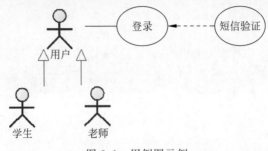

图 2.1　用例图示例

2. 业务处理模型

业务处理模型是从业务人员的角度对业务逻辑和规则进行详细描述的概念模型。它使用流程图表示从一个或多个起点到终点间的处理过程、流程、消息和协作。

1）定义与目的

业务处理模型以业务需求为出发点，用图形的方式描述系统的任务和业务流程。它注重处理过程中的数据流程，适用于应用系统分析阶段，完成系统需求分析和逻辑设计。

2）组成部分

- 起点（Start）：表示处理过程和处理过程外部的入口。在一个 BPM 中可以定义多个起点。
- 处理过程（Process）：为了达到某个目标而执行的动作。每个处理过程至少有一个输入流和一个输出流。
- 组织单元（Organization Unit）：与处理过程相关的组织或个体，可以是一个系统、一个服务器、一个组织或一个用户等。
- 流程（Flow）：描述处理过程中各步骤的顺序和关系，具有多种属性，如名称、代码、注释、起始对象、终止对象等。

3）BPM 中的视图类型

- 处理层次视图（Process Hierarchy Diagram）：以层次化的方式识别系统的功能。
- 业务处理视图（Business Process Diagram）：用于分析一个或多个流程的具体实现机制。数据库系统通常采用业务处理流图来建立业务处理模型。
- 处理服务视图（Process Service Diagram）：以业务服务的方式来表述业务流程图。

4）BPM 的建模语言

业务处理模型的建模语言是用于描述和构建业务处理流程的符号工具。以下是几种常见的业务处理模型建模语言及其特点的详细介绍。

- BPMN：BPMN（Business Process Modeling Notation）是由对象管理组织（Object Management Group，OMG）维护的一种业务流程建模标准。使用图形化符号来描述业务流程，包括活动、事件、网关和序列流等元素。
- UML：UML 是一种通用的面向对象建模语言，用于描述软件密集型系统中的各种模型。提供了一套丰富的图形化符号来描述系统的不同方面，如用例图、活动图、类图等。UML 在业务处理模型中主要用于描述业务流程中的对象、活动和交互等。
- DFD：数据流图是一种用于描述系统中数据流动和处理过程的图形化表示方法。数据流图从数据传递和加工的角度，以图形的方式表达系统的逻辑功能、数据在系统内部的逻辑流向和逻辑变换过程，是结构化系统分析方法的主要表达工具之一。数据库系统的业务过程模型通常采用数据流图来表达。

2.2　数据流图

数据库系统需求分析阶段的主要工作之一是分析用户活动所涉及的数据,产生数据流图。它从数据传递和加工的角度,以图形方式来表达系统的逻辑功能、数据在系统内部的逻辑流向和逻辑变换过程,是结构化系统分析方法的主要表达工具及用于表示软件模型的一种图示方法。DFD 可形象地表示数据流与各业务活动的关系,是需求分析的工具和分析结果的描述手段。数据流图有 4 个基本成分。

1. 加工或处理

加工或处理是指对数据加工或处理的应用软件模块,表示的是数据应用功能。加工或处理在 DFD 中用椭圆符号或者圆角矩形符号表示。

2. 数据流

数据流是一组数据,表示某加工处理过程的输入或输出数据,组成该数据流的是一个复合数据结构或数据项。在数据流图中,数据流用带箭头的线表示,在其线旁标注数据流名。在数据流图中应该描绘所有可能的数据流向,而不应该描绘出现某个数据流的条件。

3. 数据存储(文件)

数据存储处理过程中要存储的数据,数据可以以文件或者数据库表的形式存储。数据存储通常用一个缺右边线的矩形框表示。

4. 外部实体

外部实体通常是指数据库系统中的操作人员、外部电子设备及其他外部软件模块。在 DFD 中,外部实体通常用一个方框表示,如果是操作人员也可以直接用人物形象表示。

在设计 DFD 时可以采取自顶向下逐步细化的方式进行描述。首先设计数据库系统的顶层 DFD,在顶层 DFD 中的每一个圆圈(加工处理)都可以进一步细化为第二层;第二层的每一个圆圈都可以进一步细化为第三层;如此不断细化下去,直到最底层的每一个圆圈已表示一个最基本的处理动作为止。数据流图示例如图 2.2 所示。

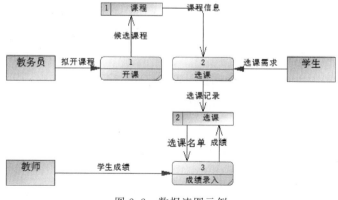

图 2.2　数据流图示例

2.3　PowerDesigner

数据库系统的分析设计可以使用专门的软件工具来进行,常用的建模软件工具主要有 Microsoft 公司的 Visio、Sparx Systems 公司的 Enterprise Architect、Sybase 公司的 PowerDesigner 等。

Visio 最初属于 Visio 公司，后于 2000 年 1 月 7 日，Microsoft 公司以 15 亿美元股票交换收购 Visio，此后 Visio 并入 Microsoft Office 一起发行。可以利用 Visio 生成许多种类的 Visio 标准图表，包括组织结构图、日程表、日历、甘特图、业务流程图、数据流图、软件界面、网络图、工作流图表、数据库模型和软件图表等。也许正因为 Visio 是一个"万能"的绘图工具软件，通常是 Office 文档插图制作的首选软件，而专业的数据库系统设计人员使用此款软件工具的不是太多。

Enterprise Architect（以下简称 EA）是澳大利亚 Sparx Systems 公司推出的产品，是目前最强大的软件建模工具之一，被业界广泛接受。EA 是以目标为导向的软件系统。它覆盖了系统开发的整个周期，除了开发类模型之外，还包括事务进程分析、使用案例需求、动态模型、组件和布局、系统管理、非功能需求、用户界面设计、测试和维护等。EA 功能过于全面，学习周期较长。

Sybase 公司的 PowerDesigner 是一个集所有现代建模技术于一身的完整工具，它集成了强有力的业务建模技术、传统的数据库分析和设计技术以及 UML 对象建模技术。它提供了一个完整的企业建模环境，包括数据库模型设计的全过程，可以制作数据流程图、概念数据模型、逻辑数据模型及物理数据模型，还可为数据仓库制作结构模型，能对团队设计模型进行控制。它是业界第一个同时提供业务分析、数据库设计和应用开发的建模软件。PowerDesigner 尤其擅长数据库系统建模，支持所有主流开发平台，支持超过数十种（版本）关系数据库管理系统，包括最新的 Oracle、DB2、SQL Server、PostgreSQL、MySQL 等，支持各种主流应用程序开发平台，如 Java EE、Microsoft .NET、Web Services 等。

PowerDesigner 官网（https://www.powerdesigner.biz/）提供的最新版本是 Version 16.7。本书使用并介绍的版本是 Version 16.5。

PowerDesigner Version 16.5 包含项目（Project）、知识库（Repository）、插件（Addins&Plug-in）以及 11 种模型，11 种模型覆盖了软件开发生命周期的各个阶段。PowerDesigner Version 16.5 的 11 种模型分别是企业架构模型（Enterprise Architecture Model，EAM）、需求模型（Requirements Model，RQM）、业务处理模型（Business Process Model，BPM）、概念数据模型（Conceptual Data Model，CDM）、逻辑数据模型（Logical Data Model，LDM）、物理数据模型（Physical Data Model，PDM）、数据移动模型（Data Movement Model，DMM）、自由模型（Free Model，FEM）、面向对象模型（Object Oriented Model，OOM）、XML 模型（XML Model，XSM）及多模型报告（Multimodel Report，MMR）。

下面简要介绍几个与数据库系统密切相关的核心模型。

1. 业务处理模型

业务处理模型主要在需求分析阶段使用，是从业务人员的角度对业务逻辑和规则进行详细描述，并使用流程图表示从一个或多个起点到终点间的处理过程、流程、消息和协作协议。需求分析阶段的主要任务是理清系统的功能，所以系统分析员与用户交流后，应得出系统的逻辑数据模型，BPM 就是为达到这个目的而设计的。通过 BPM 可以描述系统的行为和需求，可以使用图形表示对象的概念组织结构，然后生成所需要的文档。作为一个概念层次的模块，BPM 适用于应用系统的系统分析阶段，完成系统需求分析和逻辑设计。系统分析阶段需要生成业务处理模型，数据流图就是 BPM 的一种经典图形。

2. 概念数据模型

概念数据模型主要在系统开发的数据库设计阶段使用，按用户的观点来对数据和信息进行建模,利用实体关系图(E-R 图)来实现。它描述系统中的各个实体以及实体之间的关系,是系统特性的静态描述。概念数据模型的主要功能有以图形化(E-R 图)的形式组织数据、检验数据设计的有效性和合理性、生成逻辑数据模型、生成物理数据模型、生成面向对象的数据模型及生成可定制的模型报告。

3. 物理数据模型

物理数据模型提供了系统初始设计所需的基础元素,以及相关元素之间的关系,但在数据库的物理设计阶段必须在此基础上进行详细的后台设计,包括数据存储过程、触发器、视图和索引等。物理数据模型的主要功能包括将数据库的物理设计结果从一种数据库迁移到另一种数据库、利用逆向工程把已经存在的数据库物理结构重新生成物理数据模型或概念数据模型、生成可定制的模型报告、转换为 OOM、完成多种数据库的详细物理设计、生成各种 DBMS 的物理数据模型并生成数据库对象(如表、主键、视图等)。

4. 面向对象模型

面向对象模型是利用 UML(统一建模语言)的图形来描述系统结构的模型,它从不同角度表现系统的工作状态。利用统一建模语言的用例图(Use Case Diagram)、时序图(Sequence Diagram)、类图(Class Diagram)、构件图(Component Diagram)和活动图(Activity Diagram)来建立面向对象模型(OOM),从而完成系统的分析和设计。

PowerDesigner 还提供了模型文档编辑器,用于为各个模块建立模型生成详细文档,让相关人员对整个系统有一个清晰的认识。模型文档编辑器将各种模型生成相关的 RTF 或 HTML 格式的文档,通过这些文档可以了解各个模型中的相关信息。

BPM 与 PowerDesigner 其他模型之间的关系如图 2.3 所示。

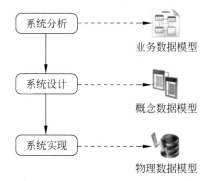

图 2.3　BPM 与 PowerDesigner 其他模型之间的关系

2.4　利用 PowerDesigner 需求建模

数据库系统在做需求分析时,首先需要梳理出系统的主干业务,利用 BPMN 建模语言来建立主干业务处理模型;然后,认真分析数据库系统的主要参与者,整理出参与者的业务愿景,从外部使用者角度探寻数据库系统能够提供的功能单元,使用 UML 中的用例图来建立系统功能模型;最后,分析用户活动所涉及的数据、加工及流向,分析设计系统数据流图,以图形方式表示数据的流向及加工处理过程。

本书围绕一个"高校教材管理系统"案例项目,从需求分析、概念设计、物理设计及系统实现等全过程来讲述一个数据库系统的分析、设计及实现过程。本章主要介绍利用 PowerDesigner 工具进行需求分析建模的技术与方法。

▶ 2.4.1 案例项目介绍

近年来，国家对于高校教材管理非常重视，还专门出台了《普通高等学校教材管理办法》，高校教材管理系统案例项目旨在实现高校教材选用、审核、订购、发行等工作环节的信息化管理，通过信息化手段规范业务流程，提升工作效率。

案例项目的主要涉众包括教务员、书商、课程负责人、专业负责人、学生及图书代办站，业务愿景主要包括以下几个方面。

- 教务员通过平台设置专业、专业负责人、课程、课程负责人、学生、培养方案等基础信息。
- 书商通过平台发布新出版的教材书目，推荐给课程负责人选用。
- 课程负责人通过平台选择课程拟用的教材。
- 专业负责人对课程负责人选定的教材进行初步审核。
- 学生通过平台选购课程学习所需教材，并在线完成订购支付。
- 图书代办站通过平台获取教材订购清单，组织教材的统一采购，并负责教材的逐级发放。

视频讲解

▶ 2.4.2 主干业务处理模型

通过案例项目的业务流程分析，可以大致梳理出高校教材管理系统的主干业务流程，下面详细介绍利用 PowerDesigner 建立主干业务处理模型的方法与过程。

（1）启动 PowerDesigner，进入主界面。

（2）单击 File 主菜单中的 New Model 子菜单创建新的模型，如图 2.4 所示。

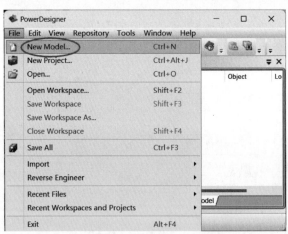

图 2.4　PowerDesigner 主界面

（3）在弹出的"新建模型"（New Model）对话框中单击"模型类别"（Model types），选择"业务处理模型"（Business Process Model）下面的"业务处理视图"（Business Process Diagram），在"模型名称"（Model name）文本框中输入模型名称，最后在"处理语言"（Process language）下拉框中选择 BPMN 2.0，单击 OK 按钮进入业务处理模型设计窗口，如图 2.5 所示。

（4）模型设计窗口从左到右分别是对象浏览框（Object Browser）、模型视图框、工具框（Toolbox）。工具框又包括标准（Standard）、BPMN 2.0、业务处理视图（Business Process Diagram）等工具组，基于 BPMN 2.0 的业务处理模型主要使用 BPMN 2.0 工具组中的工具，如图 2.6 所示。

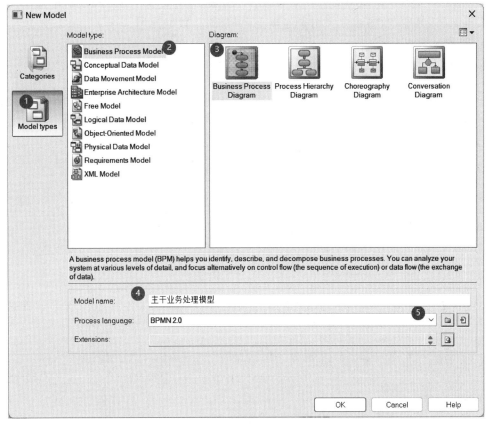

图 2.5　新建模型

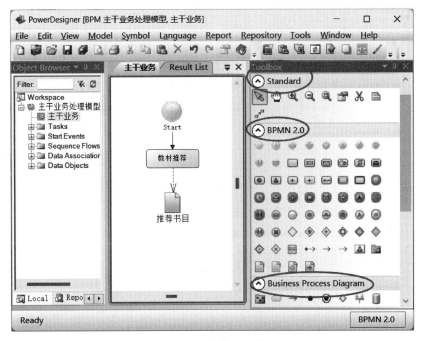

图 2.6　BPMN 模型设计界面

（5）BPMN 2.0工具组中的工具主要包括开始事件、结束事件、任务、数据对象、顺序流及数据流等工具，其中，顺序流主要用来连接事件与任务，数据流用来连接任务与数据对象，如图2.7所示。

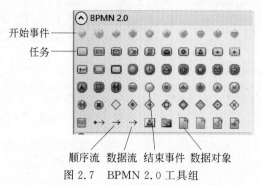

图2.7　BPMN 2.0工具组

（6）通过拖曳工具组中的工具，将主干业务处理模型中所有的对象全部拖曳生成，然后调整所有对象的位置，使模型视图排列整齐，如图2.8所示。

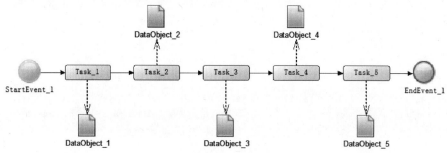

图2.8　业务处理模型草图

（7）双击模型中任意对象可以弹出对象属性窗口，在属性窗口中主要设置对象的名称、代码等属性值，如图2.9所示。

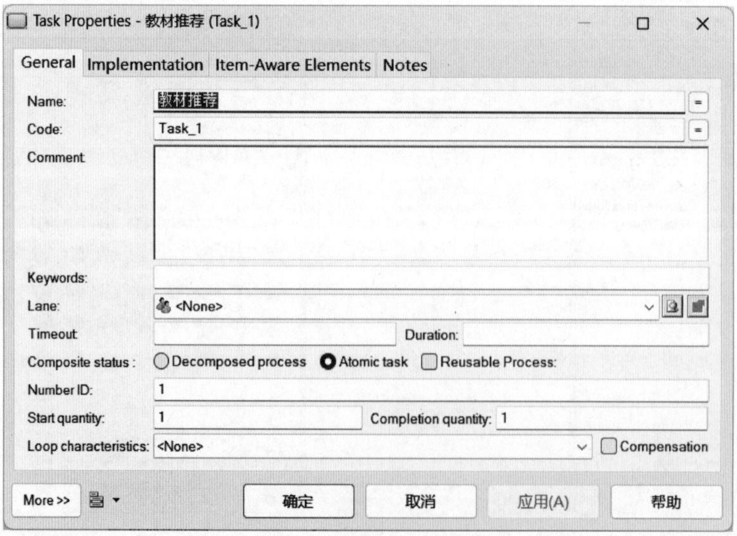

图2.9　对象属性窗口

（8）单击主菜单Symbol下面的Format子菜单，弹出"符号格式"对话框，在对话框中可以设置对象符号的大小、条线、填充、阴影、字体等样式，如图2.10所示。

图 2.10 "符号格式"对话框

（9）右击对象，在弹出的快捷菜单中选择 Change Image 选项，可以更改对象符号图片。首先选择左边的图片类别，然后从右边图片列表中选择一个合适的图片作为符号图片，如图 2.11 所示。

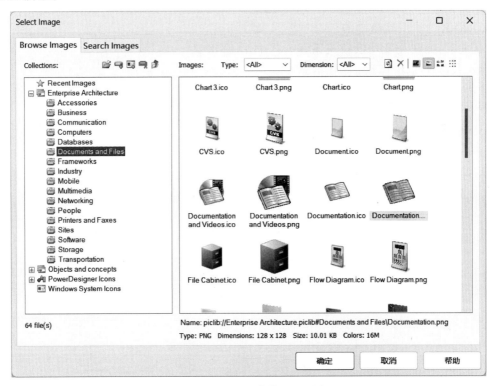

图 2.11 更改对象符号的图片

（10）通过对象属性设置、格式设置及对象图片设计，最终的主干业务处理模型如图 2.12 所示。

从主干业务处理模型中可以看出，高校教材管理系统的主干业务主要包括教材推荐、教材选用、教材审核、教材选购及教材发行 5 个任务，每个任务都会生成相关的数据对象。

图 2.12　主干业务处理模型

视频讲解

▶ 2.4.3　项目功能模型

项目功能模型主要用来表示软件的功能单元及与功能单元相关的参与者,最佳的功能模型建模工具是 UML 的用例图。下面介绍如何利用 PowerDesigner 绘制用例图。

（1）单击 File 主菜单中的 New Model 子菜单创建新的模型。

（2）在弹出的"新建模型"对话框中选择"面向对象模型"（Object-Oriented Model）下面的"用例视图"（Use Case Diagram）,在"模型名称"（Model name）文本框中输入模型名称,最后在"对象语言"（Object language）下拉框中选择 Java,单击 OK 按钮进入用例视图设计窗口。

（3）用例设计工具组中的工具主要包括参与者、用例、泛化关系、关联关系及依赖关系等。其中,关联关系通常表示参与者与用例之间存在信息交互,泛化关系表示参与者之间存在继承关系,依赖关系表示一个用例可能要使用到另外一个用例的功能,如图 2.13 所示。

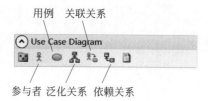

图 2.13　用例设计工具组

（4）首先绘制项目的参与者,参与者主要包括书商、课程负责人、专业负责人、学生、图书代办站及教务员。然后绘制项目的用例,主要用例包括教材推荐、教材选用、教材审核、教材订购、教材发行及系统管理,另外还有一个登录用例。最后,按照参与者的业务范围与责任绘制参与者与用例之间的关联关系。最终的系统用例图如图 2.14 所示。

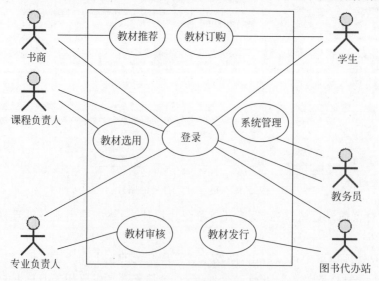

图 2.14　系统用例图

▶ 2.4.4　数据流图

PowerDesigner 作为专业的数据库系统建模软件工具,用它来绘制数据流图非常方便,下面详细介绍如何使用 PowerDesigner 来绘制数据流图。

(1) 单击 File 主菜单中的 New Model 子菜单创建新的模型。

(2) 在"新建模型"对话框中选择"业务处理模型"(Business Process Model)下面的"业务处理视图"(Business Process Diagram),在"模型名称"(Model name)文本框中输入模型名称,最后在"处理语言"(Process language)下拉框中选择"数据流图"(Data Flow Diagram),单击 OK 按钮进入数据流图设计窗口。

(3) 数据流图工具面板中主要有外部实体、加工处理、数据存储及两个数据流等工具。两个数据流中一个是资源数据流(Resource Flow),用来连接加工处理和数据存储;另外一个就叫数据流(Flow),用来连接外部实体和加工处理,这两个数据流不能用混,如图 2.15 所示。

图 2.15　数据流图工具面板

(4) 在设计数据库系统数据流图时可以采取分层设计方式,首先参照主干业务处理模型,分析主干业务相关的外部实体、加工处理、数据存储对象及数据流向,设计出系统的顶层数据流图,如图 2.16 所示。

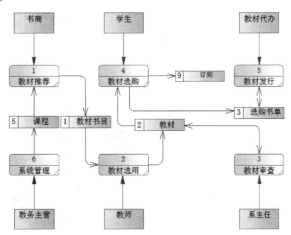

图 2.16　系统顶层数据流图

(5) 对于系统管理、教材推荐等加工处理单元还可以进一步细化成二级数据流图。右击"系统管理"处理框,在弹出的快捷菜单中选择 Decompose Process 选项,系统管理处理过程立马分解成一个二级数据流图。系统管理处理框图标中间会添加一个"＋"号框,左边对象浏览框中的"系统管理"下面新增了一个二级数据流图。二级数据流图添加如图 2.17 所示。

(6) 双击"系统管理"下面的数据流图进入二级数据流图的设计窗体,系统管理的二级数据流图如图 2.18 所示。

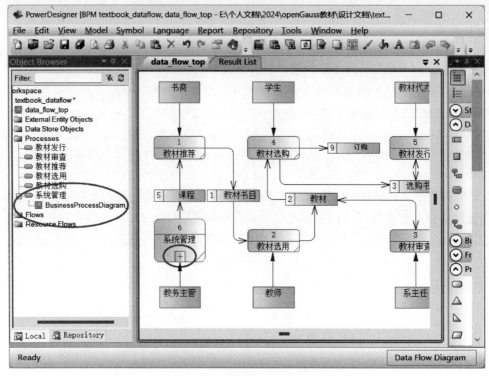

图 2.17　二级数据流图添加

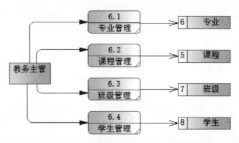

图 2.18　系统管理的二级数据流图

（7）如法炮制，将"教材推荐"处理过程分解成二级数据流图，教材推荐的二级数据流图如图 2.19 所示。

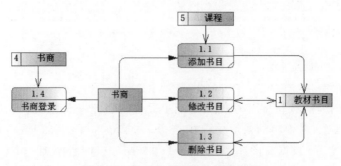

图 2.19　教材推荐的二级数据流图

同样道理，可以考虑其他处理过程是否需要进一步分解，这里不再进一步赘述。

小结

本章主要阐述了数据库系统需求分析的主要任务,介绍了功能模型、业务处理模型的基本知识,重点介绍了 PowerDesigner 建模工具的使用方法,通过本章的学习,学生需要掌握 BPMN 图、用例图、数据流图的设计方法。

习题 2

1. 数据流图主要包括哪几方面的内容?
2. PowerDesigner 总共可以创建哪几类模型?
3. 和数据库系统密切相关的系统模型有哪几个?

本章学习目标

- 具体了解概念数据模型。
- 学会使用 PowerDesigner 设计概念数据模型。

本章主要介绍概念数据模型,重点讲述如何利用 PowerDesigner 设计概念数据模型。

3.1 概念数据模型

模型可更形象、直观地揭示事物的本质特征,使人们对事物有一个更加全面、深入的认识,从而可以帮助人们更好地解决问题。利用模型对事物进行描述是人们在认识和改造世界过程中广泛采用的一种方法。计算机不能直接处理现实世界中的客观事物,而数据库系统正是使用计算机技术对客观事物进行管理,因此就需要对客观事物进行抽象、模拟,以建立适合于数据库系统进行管理的数据模型。数据模型是对现实世界数据特征的模拟和抽象。数据模型是数据库设计中用来对现实世界进行抽象的工具,是数据库中用于提供信息表示和操作手段的形式架构。数据模型是数据库系统的核心和基础。数据模型应该满足以下三个方面的要求。

(1) 能够比较真实地模拟现实世界。

(2) 容易为人所理解。

(3) 便于计算机实现。

数据抽象过程就是数据库设计的过程,是从现实世界的信息到数据库存储的数据以及用户使用的数据之间的逐步抽象过程。美国国家标准化协会(ANSI)根据数据抽象级别定义了4 种模型:概念模型、逻辑模型、外部模型和内部模型。

(1) 概念模型:表达用户需求观点的数据全局逻辑结构的模型,是对现实世界的第一级抽象,独立于计算机系统,通常用实体-联系图(Entity-Relationship Diagram,ERD)来建模。

(2) 逻辑模型:表达计算机实现观点的数据全局逻辑结构的模型,是在选定 DBMS 之后,将概念模型按照选定的 DBMS 的特点转换而来的,依赖于 DBMS。

(3) 外部模型:表达用户使用观点的数据局部逻辑结构的模型,描述了用户与数据库系统的交互,在用户视图界面上可以进行数据的增删改查等操作。

(4) 内部模型:表达数据物理存储结构的模型,是数据物理结构和存储方式的描述,是数据在数据库内部的表示方式。

在数据库技术中,用数据模型的概念来描述数据库的结构和语义,然后再将概念世界转为机器世界。换句话说,就是先将现实世界中的客观对象抽象为实体(Entity)和联系(Relationship),它并不依赖于具体的计算机系统或某个数据库管理系统(DataBase Management System,DBMS),这种模型就是所说的概念数据模型(Conceptual Data Model,CDM)。

实体(Entity)，也称为实例，对应现实世界中可区别于其他对象的"事件"或"事物"。例如，学校中的每个学生、医院中的每样药品。

每个实体都有用来描述实体特征的一组性质，称为属性，一个实体由若干个属性来描述，如学生实体可由学号、姓名、性别、出生年月、所在系别、入学年份等属性组成。

实体集(Entity Set)是具有相同类型及相同性质实体的集合。例如，学校所有学生的集合可定义为"学生"实体集，"学生"实体集中的每个实体均具有学号、姓名、性别、出生年月、所在系别、入学年份等性质。

实体类型(Entity Type)是实体集中每个实体所具有的共同性质的集合，例如，"患者"实体类型为患者{门诊号，姓名，性别，年龄，身份证号，…}。实体是实体类型的一个实例，在含义明确的情况下，实体、实体类型通常可互换使用。

实体类型中的每个实体包含唯一标识它的一个或一组属性，这些属性称为实体类型的标识符(Identifier)，如"学号"是学生实体类型的标识符，"姓名""出生日期""地址"共同组成"公民"实体类型的标识符。有些实体类型可以有几组属性充当标识符，可选定其中一组属性作为实体类型的主标识符，其他的作为次标识符。

实体-联系模型(E-R模型)是最常见的概念数据模型。在E-R模型中，实体用矩形框表示，并将实体名称标注在矩形框内；属性用椭圆形表示，关键属性项加下画线；实体之间的联系用菱形表示，将联系名称标注在菱形框中，联系也可以有自己的属性；用连线把实体与实体的属性、实体与联系、联系与联系的属性连接起来。在一个联系的两端，可以标注实体间联系的连通词，表示联系所涉及的实体集之间实体对应的方式。连通词有三种形式，即1对1(1:1)、1对多(1:n)、多对多(n:m)。有两个实体集E1和E2，E1中的每个实体与E2中有联系实体数目的最小值Min和最大值Max，称为E1的基数，用(Min,Max)表示。

在如图3.1所示的E-R模型示例中，包括学生、课程类别、课程三个实体和两个联系，其中，选课联系是一个多对多联系，表示一个学生实例可以选择多门课程，同样，一门课程可以由多个学生选修。学生实体的基数为(1,6)表示每个学生每学期最少选修1门课程，最多选修6门课程；课程的基数为(20,50)，表示每门课程最少20人选修才能开课，最多选修人数为50人。

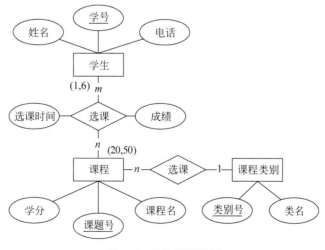

图3.1　E-R模型示例

3.2 PowerDesigner 中的概念数据模型

PowerDesigner 中的概念数据模型也称为信息模型，它以 E-R 模型理论为基础，并对这一理论进行了扩充。它从用户的观点出发对信息进行建模，主要用于数据库的概念级设计。

下面以学生选课业务为例讲述如何利用 PowerDesigner 建立概念数据模型。

（1）在 PowerDesigner 中选择 File→New Model 菜单，在弹出对话框中选择 Conceptual Data Model 模型，新建一个概念数据模型。

（2）通过单击主菜单 Tools→Model Options 打开 CDM 模型选项设置窗体，进行模型规范参数设置。首先需要将"联系"（Relationship）选项下面的"代码唯一"（Unique code）、"数据项"（Data Item）下面的"代码唯一"（Unique code）两个复选框取消勾选，表示允许模型中不同对象的代码可以重名，另外还需要在"建模符号"（Notation）下拉框中选择 E/R＋Merise，表示在 E-R 模型的基础上还提供了 Merise 建模理论，允许在概念模型中使用联合（Association）和联合关联（Association Link），如图 3.2 所示。

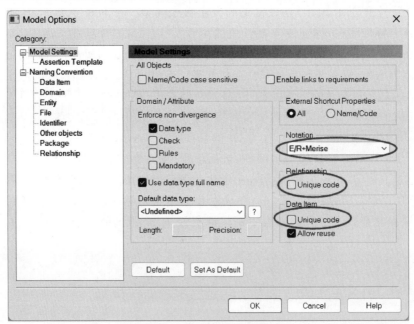

图 3.2　CDM 模型选项设置

（3）CDM 的工具面板如图 3.3 所示，面板上的工具专门用来绘制概念数据模型。其中，实体（Entity）工具用来创建实体；联系（Relationship）工具用来连接两个有联系的实体，表示实体间的 1∶1 联系或 1∶n 联系；联合（Association）工具用来创建联合对象，联合对象是为了解决多对多联系而产生的一个人工实体，可以为联合实体定义属性；联合关联（Association Link）工具用来直接连接两个实体，表示它们之间的多对多联系；继承（Inheritance）工具用来创建继承联系，继承联系用来定义一种父类（父实体）与子类（子实体）之间的特殊联系，子实体与它的父实体共享一些属性，有一个或多个属性不被父实体或其他子实体所共享，父实体也能有一个或多个联系不与子实体共享。

图 3.3　CDM 工具面板

（4）首先，通过实体工具拖曳三个实体对象，分别表示课程类别、课程及学生。然后双击任何一个实体，弹出"实体对象属性"窗口，如图 3.4 所示。在此窗体中包含常规（General）、属性（Attributes）、标识符（Identifiers）、课程类别（Mapping）、备注（Notes）、规则（Rules）等选项卡。在常规页面中可以设置实体的名字（Name）、代码（Code）、说明（Comment）等常规信息。其中，实体的名字通常用中文表示，方便非专业人员阅读，而代码则通常用英文单词表示，方便后期的数据库实现，毕竟大多数数据库管理系统都只支持英文命名的对象标识符。

图 3.4　"实体对象属性"窗口

（5）打开"属性"（Attributes）选项卡，进入实体对象的属性设置界面，如图 3.5 所示。可以在属性列表中添加属性，需要输入属性名、属性代码，通过单击数据类型按钮选择数据类型，设置数据长度，设定属性是否为主标识属性、是否为非空属性。可以利用工具栏在当前位置插入一条新属性、在属性列表中修改一条属性、删除当前选中的属性。其中，属性列表中的 M 列表示该属性为强制（Mandatory）赋值属性，即该属性非空；P 列表示该属性为实体的主标识

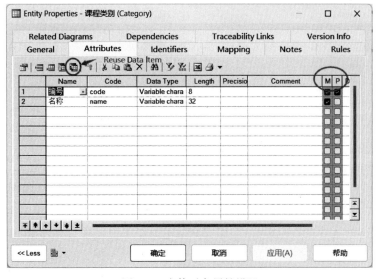

图 3.5　实体对象属性设置

(Primary Identifier)属性,当勾选 P 列时会自动勾选 M 列,因为主标识属性要求非空。课程类别实体有两个属性,其中,编号设置为主标识属性,名称设置为非空属性。

(6)打开"标识符"(Identifiers)选项卡,进入实体对象的主标识符管理界面,如图 3.6 所示。在此界面通常只需要修改主标识符的代码为英文代码即可,因为在后面将 CDM 转换成物理数据模型(PDM)时需要用到代码,代码默认与名称一致。

图 3.6　实体对象的主标识符设置

(7)单击"实体对象属性"(Entity Properties)窗口中的"确定"按钮,完成实体对象属性设置,如图 3.7 所示。

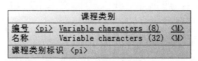

图 3.7　课程类别实体

(8)在如图 3.7 所示的实体对象中不仅显示出实体的属性名,还显示每个属性的数据类型和长度。因为概念数据模型主要是用来和非软件技术人员沟通的信息模型,不应该把带有专业特征的信息呈现出来,所以需要修改 CDM 的显示方式。选择 Tools 主菜单下的 Display Preferences 菜单项,弹出"显示设置"对话框,如图 3.8 所示。首先需要在"分类"(Category)列表中选择"实体"(Entity),然后将"属性"(Attributes)组中的 Data type、Domain or data type 等复选框取消勾选,表示在 CDM 中不再显示数据类型,单击 OK 按钮后,CDM 中的实体就不再显示数据类型了。另外,还可以在 Limit 文本框中将系统默认的最多显示 5 个属性修改为一个更大的值(如 50),否则如果实体的属性超过 5 个,在 CDM 中不会显示出来。

(9)继续创建课程实体、学生实体。因为课程、学生都是名称属性,属性的 Code、Name、Data Type 都与课程类别实体的名称属性相近,因此在创建课程、学生实体时,可以复用课程类别的名称属性,不用重新创建一个新属性。在如图 3.5 所示的窗口中单击 Reuse Data Item 按钮,打开可复用的属性选择对话框,如图 3.9 所示。在属性复用选择列表中选择需要复用的属性,单击 OK 按钮完成实体属性的复用。

(10)创建完成课程实体、学生实体后,CDM 拥有三个实体,但实体之间的关系还没有标注,如图 3.10 所示。

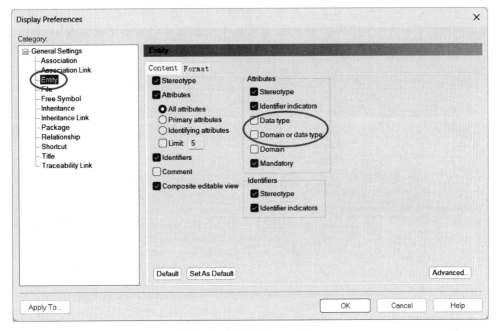

图 3.8   "显示设置"对话框

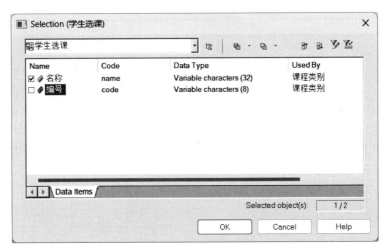

图 3.9   属性复用选择

图 3.10   所有实体

(11) 选择工具面板中的"联系"(Relationship)工具,将课程类别与课程实体连接起来,注意线条的起点是课程类别,终点是课程。双击实体之间的连线,打开如图 3.11 所示的"联系属性"窗口。选择联系的连通词、联系的基数，系统默认的连通词是一对多（One-many），课程类别与课程的联系就是 $1:n$ 的联系，可以针对实体之间联系连通性的不同选择 One-one、One-many、Many-one、Many-many 类别。

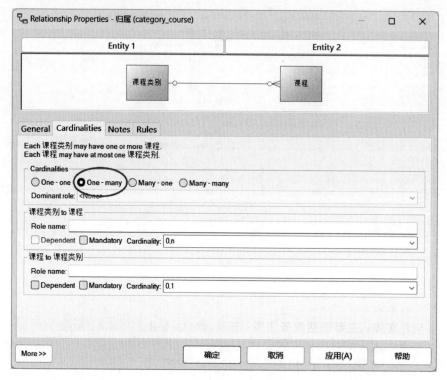

图 3.11　联系的属性设置

（12）学生与课程之间是多对多的联系，而且联系本身还有自己的属性，这是一种特殊的联系，不能简单地使用"联系"（Relationship）工具来设计，此时需要使用到"联合关联"（Association Link）工具来设计。利用联合关联将学生跟课程连接起来中间会自动生成一个联合（Association），双击此联合，进行联合的属性设置，如图 3.12 所示。

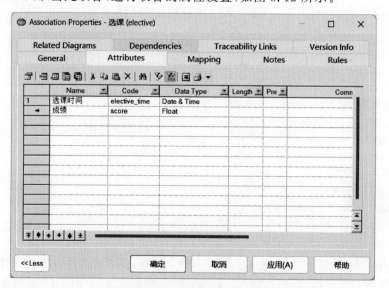

图 3.12　联合的属性设置

(13) 完成选课联合属性设计后,最终的学生选课概念模型如图 3.13 所示。

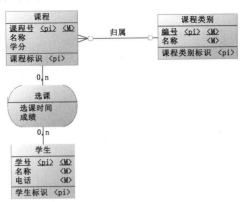

图 3.13　学生选课概念模型

3.3　"高校教材管理系统"概念数据模型

在创建"高校教材管理系统"的概念数据模型时,首先需要认真分析该系统的数据流图,在数据流图的基础上规划出系统的所有实体,实体主要分为以下几类。

(1) 基础数据类实体:主要包括专业、课程、班级等实体。

(2) 参与者实体:主要包括教务主管、书商、教师、专业负责人(系主任)、学生、教材代办等实体。

(3) 业务相关类实体:主要包括教材书目、选用教材、教材订单等实体。

(4) 衍生对象:其中,教材订单与选用教材之间是多对多联系,而且这个联系还有自身的属性,所以需要衍生出来一个联合实体。

在创建"高校教材管理系统"的概念数据模型时,首先也是把所有实体绘制出来,设置好实体的属性,然后按需求分析情况,确定实体之间的联系,最后设置好联系的连通词、基数等属性。

"高校教材管理系统"最终的概念数据模型如图 3.14 所示。

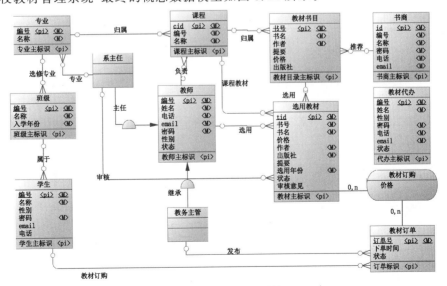

图 3.14　高校教材管理系统 CDM

小结

本章主要阐述了数据库系统概念模型的基本知识,重点介绍了使用 PowerDesigner 创建 CDM 的方法,通过本章的学习,学生需要掌握概念模型的设计方法,能够利用建模工具设计规范合理的数据库概念模型。

习题 3

1. E-R 模型由哪些元素构成?
2. CDM 中实体之间有哪几种联系? 试举例说明。
3. 如何在 PowerDesigner 的 CDM 中不显示实体属性的数据类型与长度?

第4章 物理数据模型设计

本章学习目标

- 具体了解物理数据模型。
- 掌握 PowerDesigner 设计物理数据模型的三种方法。

本章主要介绍物理数据模型,重点讲述如何从概念数据模型自动生成物理数据模型,如何利用物理数据模型生成数据库对象创建 SQL 脚本。

4.1 PowerDesigner 中的物理数据模型

数据库系统设计步骤通常是先设计概念数据模型,然后设计逻辑数据模型,最后设计物理数据模型,但是在利用 PowerDesigner 进行数据库建模时,可以忽略逻辑数据模型设计这个中间过程,因为 PowerDesigner 可以很方便地从概念数据模型过渡到物理数据模型,通过已经设计好的概念数据模型可以自动生成物理数据模型,设计人员只需要在已经自动生成的物理数据模型上进行补充完善即可。因此,本书就不再介绍逻辑数据模型的设计,而是直接介绍物理数据模型设计。

物理数据模型(Physical Data Model,PDM)提供了系统初始设计所需要的基础元素,以及相关元素之间的关系;数据库的物理设计阶段必须在此基础上进行详细的后台设计,包括数据库的存储过程、操作、触发、视图和索引表等。

CDM 反映了业务领域中信息之间的关系,它不依赖于物理实现。只有重要的业务信息才出现在 CDM 中。PDM 定义了模型的物理实现细节,例如,所选 RDBMS 的数据类型特征、索引定义、视图定义、存储过程定义、触发器定义等。

分析阶段的 CDM 转换成 PDM 后,便将抽象的实体、属性与关系对应到实际数据库的数据表、字段、主键、外部索引键等内容。

PowerDesigner 能够用于创建适应多种类型数据库管理系统的物理数据模型,所支持的 DBMS 都包含一个标准定义的文件,用于在 PowerDesigner 和 DBMS 中确定彼此的关联;针对不同的 DBMS 可以由物理数据模型生成不同的数据库对象定义 SQL 脚本。

PowerDesigner 物理数据模型的主要功能包括以下 5 个。

(1) 可以将数据库的物理设计结果从一种数据库移植到另一种数据库。

(2) 可以通过反向工程将已经存在的数据库物理结构重新生成物理模型或概念模型。

(3) 可以定制生成标准的模型报告。

(4) 可以转换为 OOM。

(5) 完成多种数据库的详细物理设计,并生成数据库对象定义的 SQL 脚本。

PowerDesigner 可以在 CDM、PDM、OOM、DB 之间进行自由转换,如图 4.1 所示。如果数据库系统工程是从头开始一个新项目的研发,其数据库设计通常由 CDM 设计开始,详细设计好系统的 CDM,然后由 CDM 转换成 PDM。如果是升级改造一个原有数据库系统,往往需要利用反向工程从原有数据库中生成 PDM,然后转换成 CDM,在生成的 CDM 中进行修改、扩充、完善。PDM 设计完成后可以直接转换成软件设计的 OOM,启动系统软件的 OOA/OOD 过程。

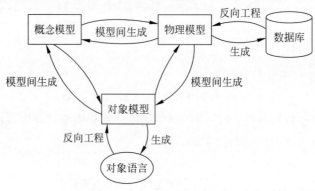

图 4.1　模型之间的转换

4.2　创建物理数据模型

PowerDesigner 有三种途径创建物理数据模型。

(1) 手工新建 PDM:新建一个全新的 PDM,手工完成所有数据库对象的设计任务。

(2) 正向工程:从 CDM/LDM 生成 PDM。

(3) 逆向工程:从现有 DB 逆向生成 PDM。

下面以学生选课业务为例讲述利用 PowerDesigner 建立物理数据模型的三种方法。

1. 手工新建 PDM

(1) 在 PowerDesigner 中选择 File→New Model 菜单创建新模型,在"模型类型"列表中选择 Physical Data Model,创建物理数据模型,在 DBMS 下拉框中选择具体的 DBMS 类型,PowerDesigner 支持数十种 DBMS 产品。因为 openGauss 是一个基于 PostgreSQL 的开源数据库管理系统,兼容 PostgreSQL 的功能,所以在本书中选择 PostgreSQL 9.x,如图 4.2 所示。

(2) 利用如图 4.3 所示的工具面板可以创建 PDM 中的常见对象,如包、表、视图、过程、参照完整约束等。

(3) 首先通过表工具创建一张表,通过双击此表对象可以打开对象属性设置窗口,如图 4.4 所示。在对象属性设置窗口内可以进一步完善对象的设计。在表的属性设置窗口中可以设置表的字段、索引、键、触发器等内容。在字段设计时可以输入字段的代码、名称、数字类型、长度、主键、强制非空、默认值、备注等内容。再次强调,表的名称、字段的名称通常用中文表达,便于理解与沟通,而表的代码、字段的代码通常需要用英文表达,以确保所有数据库管理系统能够支持。

(4) 在表的属性设置窗口选择 Keys 选项卡进行表的键约束设置,在 Keys 的列表中已经有一个主键约束,再添加一行,为课程类别表的类名字段添加一个唯一性约束,如图 4.5 所示。

(5) 在唯一性约束的最左边列上面双击,弹出键的属性设置窗口,单击 Columns 标签,然后单击 Add Columns 工具按钮,弹出字段选择框,选择"名称"字段,单击 OK 按钮完成唯一性约束键的设计,此时,课程类别表中的类别名称取值就要求唯一,如图 4.6 所示。

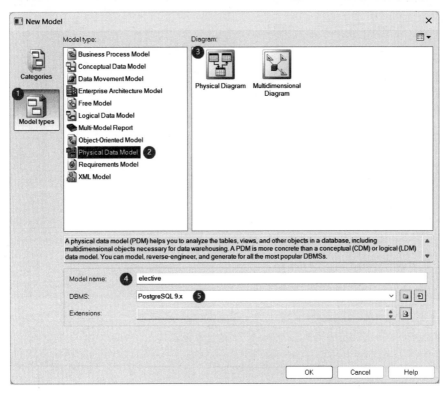

图 4.2 新建 PDM

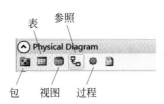

图 4.3 PDM 工具面板

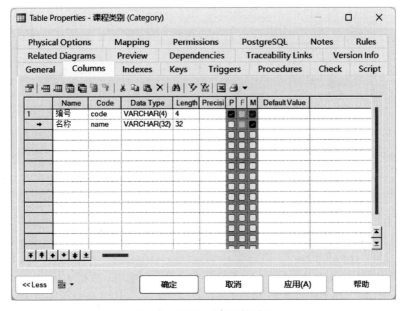

图 4.4 PDM 对象属性设置

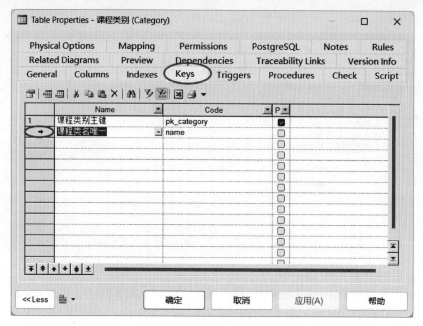

图 4.5　表的键集设置

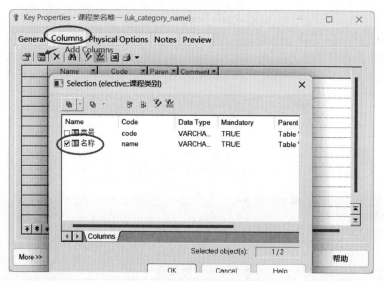

图 4.6　表的唯一性约束设置

视频讲解

其他表的设计，这里不再赘述。手工创建数据库物理模型的方式通常只有程序员与系统设计师之间交流使用，如果涉及非专业的软件使用方交流，通常不会采取这种方式。

2. 利用正向工程生成 PDM

由于在进行数据库建模时，通常会首先创建概念数据模型（CDM），CDM 的设计会比较规范、详尽，而且 CDM 必须通过软件用户方的审核、确认，有时还会邀请专家评审，所以在创建物理数据模型（PDM）时可以很好地利用 CDM，PowerDesigner 的正向工程就是利用 CDM 自动生成 PDM。

（1）打开学生选课业务案例的 CDM，单击 Tools 主菜单，选择 Generate Physical Data Model 子菜单，打开"PDM 生成选项"窗口，如图 4.7 所示。因为数据库物理模型一定是基于一种具体的数据库管理系统的模型，所以首先需要在 DBMS 下拉框中选择一种数据库管理系统，选择 PostgreSQL 9. x。

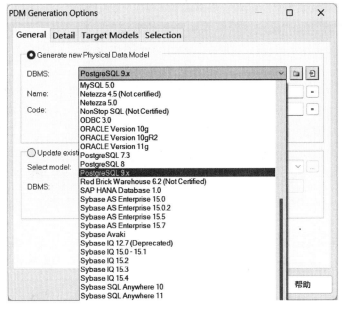

图 4.7　PDM 生成-DBMS 选择

（2）在如图 4.7 所示窗口中选择 Detail 选项卡，进入如图 4.8 所示界面，在此界面中设置生成 PDM 的一些规则。可以选择给生成的数据库表名前面加前缀"t_"。设定自动生成索引的命名规范：主键索引名为表名＋_PK 后缀、唯一索引名为表名＋_AK 后缀、外键索引名为表名＋_FK 后缀。设置自动生成的外键字段名称为父表的名称。选择主、外键参照的联动规则如下。

- None：父表修改，子表不影响。
- Restrict：父表修改，如果子表存在，则出错。

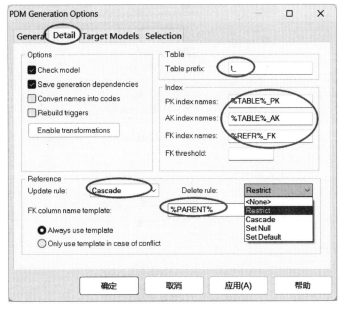

图 4.8　PDM 生成选项设置

- Cascade：父表修改，如果子表存在，则相应地修改。
- Set Null：父表修改，如果子表存在，则相应置空。
- Set Default：父表修改，如果子表存在，则相应置默认值。

规则设置完成后，单击"确定"按钮，系统会自动生成 PDM。

（3）此时生成的 PDM 如图 4.9 所示。在 PDM 图中默认显示所有数据库对象的 Name（如表名、字段名、键名等）而非 Code，而在设计数据库系统的 CDM 时，为了方便用户沟通，所有对象的 Name 属性都是中文。而为了兼容不同的 DBMS，在数据库系统的具体实现中通常会利用英文字符为对象命名，所以需要把数据库对象的 Code 属性设置为英文字符。因此，需要修改 PDM 的显示模式，让 PDM 只显示对象的 Code。

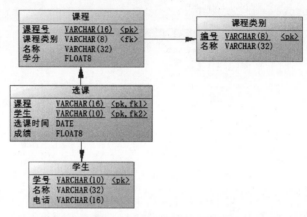

图 4.9　学生选课业务 PDM

（4）选择 Tools 主菜单中的 Display Preferences 子菜单，弹出如图 4.10 所示的"显示模式设置"对话框，在"目录"（Category）框中选择 Table 选项，然后单击窗体右边的 Advanced 按钮打开高级显示模式设置窗口。

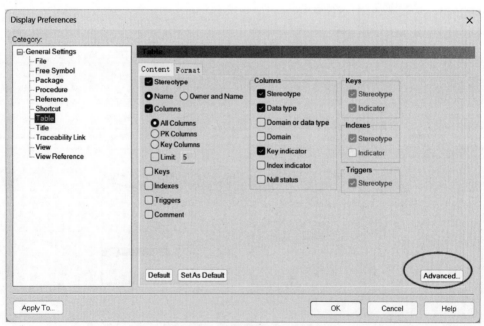

图 4.10　PDM 显示模式设置

（5）在高级显示模式设置窗口中单击 Columns，再单击窗口右边的 Select 按钮，打开
Table 显示选项设置窗口，如图 4.11 所示。

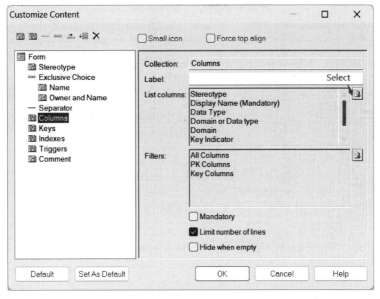

图 4.11　PDM 高级显示模式设置

（6）在数据库表显示属性选项设置窗口中勾选 Attribute Name 列表中的 Code，取消
Display Name 的勾选，然后单击 OK 按钮，则 PDM 只显示表中的 Code 而不显示 Name，如
图 4.12 所示。

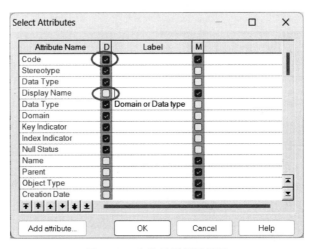

图 4.12　表的显示属性设置

（7）此时在 PDM 中，数据库表的字段名、数据类型等都显示为英文字符的 Code，但表名
还是显示为中文的 Name，需要进一步修改。在 PDM 窗口中选择弹出菜单中的 Model
Options 子菜单，弹出"模型选项"对话框，如图 4.13 所示。在 Category 列表中选择"命名约
定"（Naming Convention）选项，然后在对话框右边选择 Display 选项为 Code，单击 OK 按钮。

（8）最终学生选课业务案例的规范 PDM 如图 4.14 所示。

3. 利用反向工程生成 PDM

PowerDesigner 的反向工程是指通过某个 DBMS 中已经存在的数据库生成 PDM 的方

视频讲解

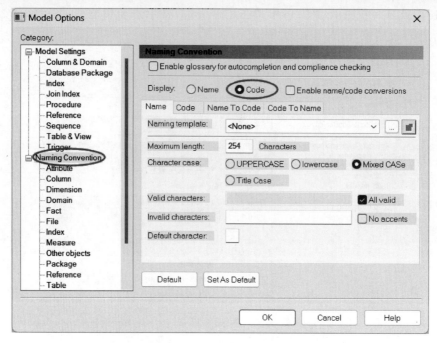

图 4.13　PDM 模型选项设置

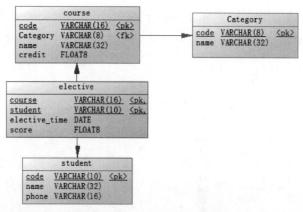

图 4.14　学生选课业务案例 PDM

法。反向工程通常会在需要升级改造已有数据库系统时使用，可以帮助数据库设计人员了解原有数据库系统的数据库结构。

　　下面以 openGauss 数据库中已有的人力资源管理系统数据库 hr 为例，介绍如何通过反向工程生成 hr 数据库的 PDM。hr 案例数据库服务 IP 地址为 10.188.1.133，openGauss 的端口号为 7654，数据库默认为 postgres，数据库用户名为 hao。

　　（1）PowerDesigner 反向工程通常需要使用 ODBC（Open Database Connectivity，开放数据库互连）数据源连接已有目标数据库，ODBC 是由 Microsoft 公司提出的用于访问数据库的应用程序编程接口。应用程序通过 ODBC 提供的 API 与数据库进行交互，增强了应用程序的可移植性、扩展性和可维护性。ODBC 的系统结构如图 4.15 所示。ODBC 是一个用于访问数据库的统一界面标准，它实际上是一个数据库访问库，它最大的特点是应用程序不随数据库的改变而改变。ODBC 的工作原理是通过使用驱动程序（Driver）来保证数据库的独立性。Driver 是一个用以支持 ODBC 函数调用的模块，应用程序通过调用驱动程序所支持的函数来操纵数据库，不同类型数据库对应不同的驱动程序。DBMS 开发者需要提供相应的 ODBC 驱动程序。

（2）64 位的 Windows 操作系统自带了 64 位和 32 位两个版本的 ODBC 数据源管理程序。由于本书编者使用的是 32 位的 PowerDesigner 16.5，所以需要使用 32 位 ODBC 数据源管理程序来创建用户数据源。打开 Windows 自带的 ODBC 数据源管理程序，如图 4.16 所示。单击"添加"按钮，弹出如图 4.17 所示的"创建新数据源"对话框。

用户应用程序		
ODBC API	标准接口	
ODBC Driver Manager	驱动管理程序	
Driver	驱动程序网络	

openGauss

图 4.15　ODBC 系统结构

图 4.16　ODBC 数据源设置

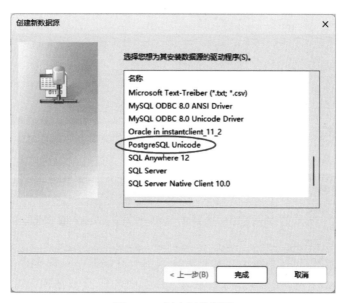

图 4.17　创建新数据源

（3）在如图 4.17 所示的"创建新数据源"对话框中选择 PostgreSQL Unicode 驱动程序，由于 Windows 系统本身不带 openGauss 驱动程序，该驱动程序需要用户提前安装好，具体方法参见第 16 章。

（4）在选择好驱动程序后，单击"完成"按钮，弹出数据源参数设置界面，如图 4.18 所示，需要基于 hr 案例数据库输入数据源（Data Source）的名称、已有数据库（Database）名称、DBMS 服务器（Server）地址、端口（Port）、数据库用户名（User Name）、密码（Password）等内容，可以通过单击 Test 按钮来测试数据库是否能够连接成功，如果连接成功则单击 Save 按钮新建数据源，此数据源在下面的反向工程中需要使用到。

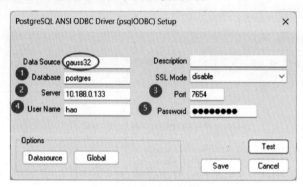

图 4.18　数据源参数设置

（5）选择 File 主菜单下面的 Reverse Engineer→Database 菜单打开通过反向工程新建 PDM 窗体，如图 4.19 所示。输入 PDM 模型名称 hr，选择 DBMS 为 PostgreSQL 9.x，单击"确定"按钮，弹出"数据库反向工程选项"窗口，如图 4.20 所示。

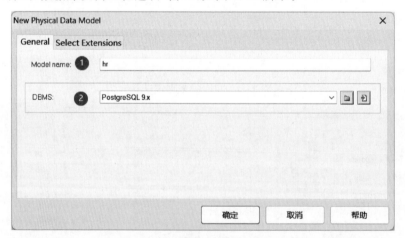

图 4.19　反向工程生成 PDM

（6）在如图 4.20 所示的窗口中，单击 Connect to a Data Source 按钮，弹出选择数据源对话框，如图 4.21 所示。

（7）在如图 4.21 所示的对话框中，选择前面创建的 gauss32 数据源，单击 Connect 按钮开始连接数据库。

（8）连接上数据库以后，系统会自动把数据库中所有数据库对象搜索出来，弹出数据库对象列表窗体，如图 4.22 所示。选择需要加入 PDM 中的所有数据库对象，单击 OK 按钮生成 PDM。

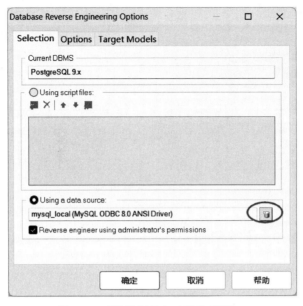

图 4.20　"数据库反向工程选项"窗口

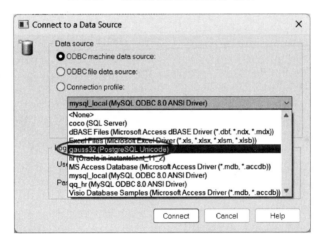

图 4.21　选择 ODBC 数据源

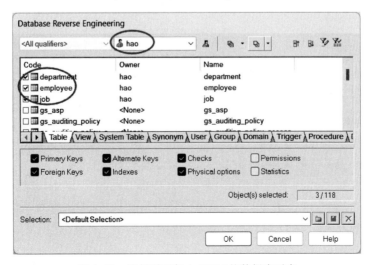

图 4.22　选择需要加入 PDM 的数据库对象

（9）通过反向工程生成的 hr 案例数据库的 PDM 如图 4.23 所示。

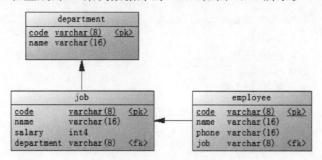

图 4.23　hr 案例 PDM

4.3　生成数据库创建脚本

数据库系统设计一般来说都是先设计出数据库的 CDM，然后将 CDM 转成 PDM，最后利用 PDM 生成创建具体数据库的 SQL 脚本。

（1）选择 Database 主菜单下面的 Generate Database 子菜单，打开"数据库生成"窗口，如图 4.24 所示。

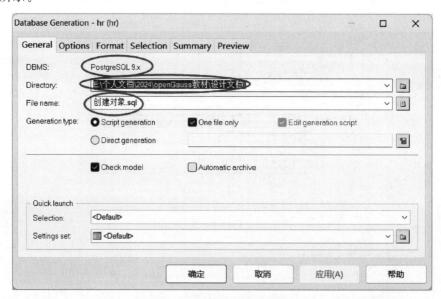

图 4.24　"数据库生成"窗口

（2）在如图 4.24 所示的窗口中的 General 选项卡中输入即将要生成的 SQL 脚本文件名（File name）、保存的目录（Directory），可以在 Options 选项卡中设置需要生成的对象类型，在 Format 选项卡中设置 SQL 脚本格式，在 Selection 选项卡中选择需要具体生成的数据库对象，单击 Summary 查看概要说明，单击 Preview 可以预览 SQL 脚本。

（3）在如图 4.24 所示的窗口中单击"确定"后开始生成 SQL 脚本，系统会首先自动检测 PDM 中可能存在的错误，如果存在问题，系统会弹出信息提醒，如果没有错误，则会自动生成 SQL 脚本文件。SQL 脚本文件如下。

```
drop index department_name_key;
drop table hao.department;
drop index employee_phone_key;
drop index employee_name_key;
drop table hao.employee;
drop index job_name_key;
drop table hao.job;
drop user hao;
/* ============================================================ */
/* User: hao                                                    */
/* ============================================================ */
create user hao;
/* ============================================================ */
/* Table: department                                            */
/* ============================================================ */
create table hao.department (
   code                 varchar(8)              not null,
   name                 varchar(16)             not null,
   constraint department_pkey primary key (code)
) without oids;

-- set table ownership
alter table hao.department owner to hao;
/* ============================================================ */
/* Index: department_name_key                                   */
/* ============================================================ */
create unique index department_name_key on department using BTREE (
name);
/* ============================================================ */
/* Table: employee                                              */
/* ============================================================ */
create table hao.employee (
   code                 varchar(8)              not null,
   name                 varchar(16)             not null,
   phone                varchar(16)             not null,
   job                  varchar(8)              null,
   constraint employee_pkey primary key (code)
) without oids;
-- set table ownership
alter table hao.employee owner to hao;
/* ============================================================ */
/* Index: employee_name_key                                     */
/* ============================================================ */
create unique index employee_name_key on employee using BTREE (
name);
/* ============================================================ */
/* Index: employee_phone_key                                    */
/* ============================================================ */
create unique index employee_phone_key on employee using BTREE (
phone);
/* ============================================================ */
/* Table: job                                                   */
/* ============================================================ */
create table hao.job (
   code                 varchar(8)              not null,
```

```
    name                    varchar(16)              not null,
    salary                  int4                     null default 1200,
    department              varchar(8)               null,
    constraint job_pkey primary key (code)
) without oids;
-- set table ownership
alter table hao.job owner to hao;
/* =================================================================== */
/* Index: job_name_key                                             */ 
/* =================================================================== */
create unique index job_name_key on job using BTREE (name);
alter table employee
    add constraint fk_employee_job foreign key (job)
        references job (code);
alter table job
    add constraint fk_job_dept foreign key (department)
        references department (code);
```

4.4 "高校教材管理系统"物理数据模型

　　由于"高校教材管理系统"案例的概念数据模型已经创建,所以案例数据库的物理数据模型可以通过正向工程进行自动生成,而不需要通过手工方式重新创建。在生成物理数据模型时,按大多数 DBMS 的惯例,自动生成的索引名通常是在前面加前缀,如图 4.25 所示。

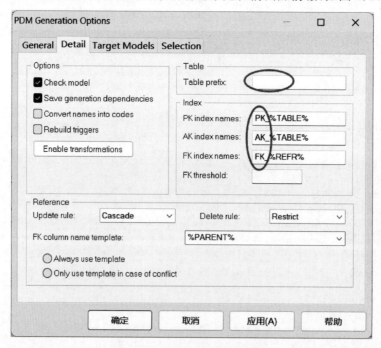

图 4.25　PDM 生成选项设置

　　通过正向工程创建的"高校教材管理系统"的 PDM 如图 4.26 所示。

　　案例数据库的 PDM 生成后,可以利用 PDM 进一步生成数据库创建的 SQL 脚本,详细转换步骤这里不再赘述。

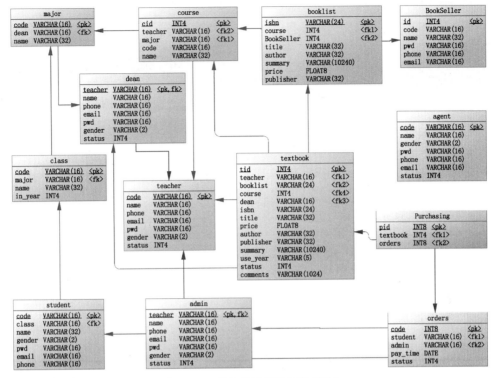

图 4.26 高校教材管理系统 PDM

小结

本章主要介绍了数据库物理模型创建的三种方法,读者可以针对自己的应用场景去选择创建方法,其中,通过 CDM 生成 PDM 方法是新数据库系统开发最常用的方式,而反向工程创建数据库物理模型方法则经常应用在大数据分析项目中,用来对已经存在的业务数据库建模。

习题 4

1. PowerDesigner 物理数据模型的功能包含哪些方面?
2. PowerDesigner 创建 PDM 有哪些方法?
3. 什么情况下会使用反向工程?

本章学习目标

- 具体了解 openGauss 的特点、架构、运行环境和技术指标。
- 掌握 openGauss 的安装、启停。

本章主要介绍 openGauss 的发展历程、特点、软件架构及技术指标,重点介绍 openGauss 的安装步骤,数据库服务的启动与停止。

5.1 openGauss 简介

openGauss 是华为 GaussDB 的开源产品,openGauss 是华为深度融合在数据库领域的多年经验,结合企业级场景要求推出的新一代企业级开源数据库。GaussDB 的发展历程如图 5.1 所示。

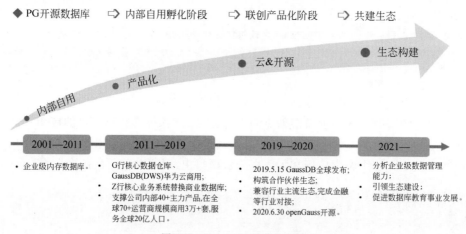

图 5.1 GaussDB 的发展历程

华为 GaussDB 产品的发展史如下所述。

2001 年,华为中央研究院 Dopra 团队为了支持华为所生产的电信产品(如交换机、路由器等),启动了内存数据存储组件 DopraDB 的研发。

2005 年,华为的通信产品需要一个以内存处理为中心的数据库,评估了当时最高性能的内存数据库软件,发现其性能和特性无法满足业务诉求,便启动了 SMDB(Simple Memory DataBase)的开发。

2008 年,华为核心网络产品线需要在产品中使用一款轻量级、小型化的磁盘数据库,于是华为基于 PostgreSQL 开源数据库开发了 ProtonDB。

2011 年年底,华为真正把数据库作为一个完整的产品来做。华为成立了 2012 实验室,也有了高斯实验室和 GaussDB。

2012 年,华为高斯部成立后,结合电信软件公司在 SMDB 长期使用中面临的开发效率低、数据一致性弱等关键痛点,立项开发了高斯部成立后的第一款产品 GMDB V2 系列。

2014 年,孵化出 Gauss OLAP 数据库第一个产品版本。

2016 年,华为高斯部启动分布式 OLTP 数据库的研发工作。

2017 年,华为与招商银行开始就 GaussDB 进行联合创新。华为启动了面向事务和分析混合处理的数据库研发。

2018 年 3 月,Gauss OLTP 数据库开始在招商银行综合支付交易系统成功上线投产。

2018 年,华为第一个 Gauss HATP 数据库问世,并成功落地中国民生银行。

2019 年 9 月,华为宣布将开源 GaussDB,开源后将其命名为 openGauss。

2019 年 9 月,华为正式发布 GaussDB 数据库认证,包括 HCIA-GaussDB(华为认证 GaussDB 数据库工程师)、HCIP-GaussDB-OLTP(华为认证 GaussDB OLTP 数据库高级工程师)、HCIP-GaussDB-OLAP(华为认证 GaussDB OLAP 数据库高级工程师)。

2020 年 6 月 30 日,openGauss 正式面世,数据库源代码对外开放。

2020 年 7 月 20 日,华为发布关系型数据库 GaussDB(for MySQL)和非关系型数据库 GaussDB NoSQL 系列两大云原生数据库新品。

2020 年 8 月,华为把 GaussDB 数据库并入了华为云,并且调整涉及业务、组织、生态多个方面。

2021 年 2 月,华为云企业级分布式数据库 GaussDB 全网商用。

2023 年,华为云发布新一代分布式数据库 GaussDB。

2024 年 5 月 6 日,华为云官宣,旗下关系型云数据库产品 GaussDB 基础版发布。

openGauss 是衍生自 Postgres-XC,而 Postgres-XC 是一个基于 PostgreSQL 的分布式数据库项目,旨在提供高可用性、可伸缩性和容错能力。Postgres-XC 是一个具有同步复制功能的多节点数据库服务器集合。这种设计允许在不同的机器上运行多个实例,并通过 cURL 协议[①]或 pgpool 代理[②]进行数据交互,这样不仅可以提高性能和可用性,还可以使应用程序轻松地实现对大规模数据的访问、处理和分析。所以 openGauss 从源头上说是基于 PostgreSQL 的关系型数据库管理系统,采用客户机/服务器、单进程多线程架构;支持单机和一主多备部署方式,同时支持备机可读、双机高可用等特性。

1. openGauss 的特点

openGauss 相比于其他开源数据库主要有以下几个特点。

1) 高性能

(1) 提供了面向多核架构的并发控制技术,结合鲲鹏硬件优化,在两路鲲鹏下 TPC-C[③]测试性能达到 150 万 tpmC。

(2) 针对当前硬件多核非一致性内存访问架构(Non Uniform Memory Access,NUMA)的趋势,在内核关键结构上采用了 NUMA-Aware 的数据结构。

(3) 提供 SQL By Pass 智能快速引擎技术。

---

① cURL 是一种计算机之间通过一个应用程序进行传输数据的协议,支持各种类型的网络传输,包括 FTP、FTPS、HTTP、HTTPS、GOPHER、TELNET、DICT、FILE 及 LDAP 等。

② pgpool 是 PostgreSQL 数据库客户端与 PostgreSQL 服务器之间的代理软件,也就是说,客户端不再直接连接 PostgreSQL 服务器,而是通过 pgpool 进行连接。

③ TPC-C 是由事务处理性能委员会(Transaction Processing Performance Council,TPC)定义的一种衡量 OLTP 系统性能和可伸缩性的基准测试规范,TPC 至今已经推出了 4 套基准程序,其中,早期发布的 TPC-A 和 TPC-B 已被废弃不用,TPC-C 用于测试在线事务处理系统,TPC-D 用于测试决策支持系统。其性能由 tpmC(transactions per minute,tpm)衡量。

2）高可用

（1）支持主备同步、异步以及级联备机多种部署模式。

（2）数据页 CRC 校验，损坏数据页通过备机自动修复。

（3）备机并行恢复，10s 内可升为主机提供服务。

3）高安全

支持全密态计算、访问控制、加密认证、数据库审计、动态数据脱敏等安全特性，提供全方位端到端的数据安全保护。

4）易运维

（1）基于 AI 的智能参数调优和索引推荐，提供 AI 自动参数推荐。

（2）慢 SQL 诊断，多维性能自监控视图，实时掌控系统的性能表现。

（3）提供在线自学习的 SQL 时间预测。

5）全开放

（1）采用木兰宽松许可证协议，允许对代码自由修改、使用、引用。

（2）数据库内核能力全开放。

（3）提供丰富的伙伴认证、培训体系和高校课程。

2. 系统架构

基于 openGauss 的数据库系统整体架构如图 5.2 所示，主要包含客户端驱动程序、运行管理（Operation Manager，OM）模块、openGauss 主/备数据节点等几部分。用户的业务应用程序通过客户端驱动程序连接使用数据节点中的数据，OM 负责集群日常运维、配置管理。openGauss 数据节点包括服务器实例及物理数据存储。

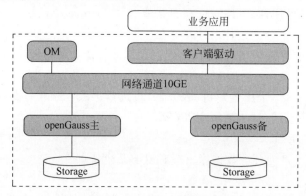

图 5.2　openGauss 系统架构

openGauss 系统架构中各个模块的说明如表 5.1 所示。

表 5.1　openGauss 架构模块

名称	描　述	说　明
OM	运维管理模块（Operation Manager），提供 openGauss 日常运维、配置管理的接口、工具	不同于数据节点和客户端驱动模块，OM 为用户提供了相关工具对 openGauss 实例进行管理
客户端驱动	客户端驱动（Client Driver），负责接收来自应用的访问请求，并向应用返回执行结果；负责与 openGauss 实例的通信，下发 SQL 在 openGauss 实例上执行，并接收命令执行结果	客户端驱动和应用运行在同一个进程内，部署在同一个物理节点

续表

名称	描　　述	说　　明
openGauss 主（备）	openGauss 主（备）数据节点，负责处理存储业务数据（支持行存、列存、内存表存储）、执行数据查询任务，以及向客户端驱动返回执行结果	openGauss 数据节点包含主、备两种类型。支持一主多备。建议将主、备 openGauss 数据节点分散部署在不同的物理节点中
Storage	服务器的本地存储资源，持久化存储数据	

3．openGauss 的技术指标

openGauss 的技术指标如表 5.2 所示。

表 5.2　openGauss 的技术指标

技　术　指　标	最　大　值
数据库容量	受限于操作系统与硬件
单表大小	32TB
单行数据大小	1GB
每条记录单个字段的大小	1GB
单表记录数	248
单表列数	250～1600（随字段类型不同会有变化）
单表中的索引个数	无限制
复合索引包含列数	32
单表约束个数	无限制
并发连接数	10 000
分区表的分区个数	32 768（范围分区）/64（哈希分区/列表分区）
分区表的单个分区大小	32TB
分区表的单个分区记录数	255

5.2　openGauss 的功能介绍

openGauss 的显著功能主要概括如下几个方面。

（1）标准 SQL 支持。

支持标准的 SQL92/SQL99/SQL2003/SQL2011 规范，支持 GBK 和 UTF-8 字符集，支持 SQL 标准函数与分析函数，支持存储过程。

（2）数据库存储管理功能。

支持表空间，可以把不同表规划到不同的存储位置。

（3）提供主备双机。

事务支持 ACID 特性、单节点故障恢复、双机数据同步、双机故障切换等。

（4）应用程序接口。

支持标准 JDBC 4.0 的特性、ODBC 3.5 特性。

（5）管理工具。

提供安装部署工具、实例启停工具、备份恢复工具。

（6）安全管理。

支持 SSL 安全网络连接、用户权限管理、密码管理、安全审计等功能，保证数据库在管理

层、应用层、系统层和网络层的安全性。

下面对 openGauss 的功能进行详细介绍。

1. 支持标准 SQL

openGauss 数据库支持标准的结构化查询语言（Structured Query Language，SQL）。SQL 标准是一个国际性的标准，定期会进行更新和演进。SQL 标准的定义分成核心特性以及可选特性，绝大部分的数据库都没有 100% 支撑 SQL 标准。openGauss 数据库支持 SQL92/SQL99/SQL2003 等，同时支持 SQL2011 大部分的核心特性，另外还支持部分的可选特性。

2. 支持标准开发接口

openGauss 数据库提供业界标准的 ODBC（Open Database Connectivity，开放式数据库连接）及 JDBC（Java Database Connectivity，Java 数据库连接）接口，保证用户能将业务快速迁移至 openGauss。目前支持标准的 ODBC 3.5 及 JDBC 4.0 接口，其中，ODBC 能够支持 CentOS、openEuler、SUSE、Windows 等平台，JDBC 无平台差异。

3. 混合存储引擎支持

openGauss 数据库支持行存储引擎、列存储引擎和内存存储引擎等。列存支持数据快速分析，更适合 OLAP 业务。内存引擎支持实时数据处理，对有极致性能要求的业务提供支撑。

4. 事务支持

事务支持指的是系统提供事务的能力，openGauss 支持事务的原子性、一致性、隔离性和持久性。事务支持及数据一致性保证是绝大多数数据库的基本功能，只有支持了事务，才能满足事务化的应用需求。

1）原子性

整个事务中的所有操作，要么全部完成，要么全部不完成，不可能停滞在中间某个环节。

2）一致性

事务需要保证从一个一致性状态转移到另一个一致性状态，不能违反数据库的一致性约束。

3）隔离性

隔离事务的执行状态，使它们好像是系统在给定时间内执行的唯一操作。例如，有两个事务并发执行，事务的隔离性将确保每一事务在系统中认为只有该事务在使用系统。

4）持久性

在事务提交以后，该事务对数据库所做的更改便持久地保存在数据库之中，不会因掉电、进程异常故障而丢失。

openGauss 数据库支持事务的隔离级别有读已提交和可重复读，默认隔离级别是读已提交，保证不会读到脏数据。

5. 软硬结合

openGauss 数据库支持软硬件的结合，包括多核的并发访问控制、基于固态硬盘（Solid-State Drive，SSD）的 I/O 优化、智能的缓冲池数据管理。

6. 智能的优化器

openGauss 数据库提供了智能化的基于规则的优化器（Rule-Based Optimizer，RBO）和基于代价的优化器（Cost-Based Optimizer，CBO），可以显著提升数据库性能。openGauss 的执行器包含向量化执行和底层虚拟机（Low Level Virtual Machine，LLVM）编译执行，可以显著提升数据库性能。

7. AI 的支持

传统数据库生态依赖于数据库管理员(Database Administrator,DBA)进行数据的管理、维护、监控、优化。但是在大量的数据库实例中,DBA 难以支持海量实例,而 AI 则可以自动优化数据库,openGauss 数据库的 AI 功能包括 AI 自调优、AI 索引推荐、AI 慢 SQL 诊断等。

8. 安全的支持

openGauss 数据库具有非常好的安全特性,包括透明加密(即存储文件是加密的)、全密态(数据传输、存储、计算都是加密的)、防篡改(用户不可篡改)、敏感数据智能发现等。

9. 函数及存储过程支持

函数和存储过程是数据库中的重要对象,主要功能是将用户特定功能的 SQL 语句集进行封装,并方便调用。存储过程是 SQL、过程语言 SQL(Procedural Language SQL,PL/SQL)的组合。存储过程可以使执行商业规则的代码从应用程序中移动到数据库,从而代码存储一次能够被多个程序使用。

(1)允许客户模块化程序设计,对 SQL 语句集进行封装,调用方便。

(2)存储过程会进行编译缓存,可以提升用户执行 SQL 语句集的速度。

(3)系统管理员通过对执行某一存储过程的权限进行限制,能够实现对相应数据访问权限的限制,避免了非授权用户对数据的访问,保证了数据的安全。

(4)为了处理 SQL 语句,存储过程分配一段内存区域来保存上下文。游标是指向上下文区域的句柄或指针。借助游标,存储过程可以控制上下文区域的变化。

(5)支持 6 种异常信息级别方便客户对存储过程进行调试。存储过程调试是一种调试手段,可以在存储过程开发中,一步一步跟踪存储过程执行的流程,根据变量的值,找到错误的原因或者程序的 bug,提高问题定位效率,支持设置断点和单步调试。

openGauss 支持 SQL 标准中的函数及存储过程,增强了存储过程的易用性。

10. PostgreSQL 接口兼容

兼容 PSQL 客户端,兼容 PostgreSQL 标准接口。

11. 支持 SQL hint

支持 SQL hint(hint 是 SQL 语句的注释,可以指导优化器选择人为指定的执行计划)影响执行计划生成、提升 SQL 查询性能。Plan hint 为用户提供了直接影响执行计划生成的手段,用户可以通过指定 Join 顺序、Scan 方法等多个手段来进行执行计划的调优,以提升查询的性能。

5.3　openGauss 的安装部署

▶ 5.3.1　安装部署形态

openGauss 的安装部署有多种形态,对应多种业务场景,可以针对自己数据库系统的业务需求及投资预算来选择具体的安装部署形态。openGauss 安装部署形态如表 5.3 所示。

表 5.3　openGauss 安装部署形态

部署形态	高可用	场景特点	技术规格
单机	无高可用能力	对系统的可靠性和可用性无任何要求，主要用于体验试用以及调测场景	系统 RTO 和 RPO[①] 不可控。 无实例级容灾能力，一旦出现实例故障，系统不可用。 一旦实例级数据丢失，则数据永久丢失，无法恢复
主备	抵御实例级故障	节点间无网络延迟，要求承受数据库内实例级故障。适用于对系统可靠性要求不高的场景	RPO＝0 实例故障 RTO＜10s 无 AZ 级容灾能力 推荐主备最大可用模式
一主多备	抵御实例级故障	节点间无网络延迟，要求承受数据库内实例级故障	RPO＝0 实例故障 RTO＜10s 无 AZ 级容灾能力 推荐主备同步模式 最少 2 个副本，最多 4 个副本

下面简单介绍各种安装部署形态。

1．单机部署

单机部署形态是一种非常特殊的部署形态，这种形态对于可靠性、可用性均无任何保证。由于只有一个数据副本，一旦发生数据损坏、丢失，只能通过物理备份恢复数据。这种部署形态，一般用于数据库体验用户，以及测试环境做语法功能调测等场景。不建议用于商业现网运行。单机部署架构如图 5.3 所示。

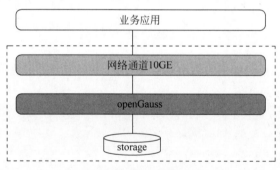

图 5.3　单机部署架构

2．主备部署

主备模式相当于两个数据副本，主机和备机各一个数据副本，备机接收日志、执行日志回放。主备部署架构如图 5.4 所示。

3．一主多备

多副本的部署形态，提供了抵御实例级故障的能力，适用于不要求机房级别容灾，但是需要抵御个别硬件故障的应用场景。

---

① 恢复时间目标（Recovery Time Objective，RTO）和恢复点目标（Recovery Point Objective，RPO）是两个业务连续性和灾难恢复指标。RPO 指的是在灾难事件发生之前，系统所允许的数据丢失程度；RTO 是指在灾难事件发生后，系统恢复到正常运行状态所需的时间。

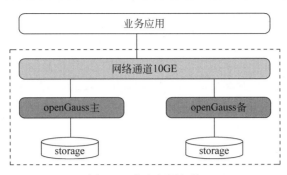

图 5.4　主备部署架构

一般多副本部署时使用 1 主 2 备模式,总共 3 个副本,3 个副本的可靠性为 99.99%,可以满足大多数应用的可靠性要求。一主多备部署架构如图 5.5 所示。

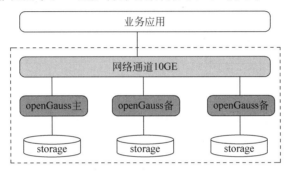

图 5.5　一主多备部署架构

- 主备间 Quorum[①] 复制,至少同步到一台备机,保证最大性能。
- 主备任意一个节点故障,不影响业务的进行。
- 数据有三份,任何一个节点故障,系统仍然有双份数据确保继续运行。任何一个备份都可以升主。
- 主备实例之间不可部署在同一台物理机上。

▶ 5.3.2　单机部署 openGauss

openGauss 目前主要运行在 Linux 操作系统平台下,openGauss 作为国产基础软件,最佳运行的操作系统平台肯定是同为华为产品的 openEuler。

2022 年 3 月,openEuler 22.03 LTS 版本 ISO 安装包仓库及 LTS 官方软件仓库均上线 openGauss 2.1.0 版本安装包,提供 RPM 一键安装 openGauss 的能力,提高用户易用性。

在 openEuler 22.03 LTS 版本下面安装 openGauss 2.1.0 有两种方式。

(1)方式一:安装操作系统时勾选数据库。在使用 openEuler 22.03 LTS ISO 镜像安装操作系统时,在安装引导界面的选择软件包里面勾选 openGauss Server,在安装完成操作系统后,便会默认安装上 openGauss 数据库并启动单机数据库进程。

(2)方式二:安装完操作系统后使用 yum 一键安装。如果在安装操作系统时没有选择 openGauss 软件包,还可以在安装完系统后,通过执行下列命令一键安装 openGauss 的单机数据库实例。

---

① Quorum 是一种分布式系统中常用的,用来保证数据冗余和最终一致性的投票算法。

```
yum install opengauss -y
```

openEuler 内置的 openGauss 版本比较低,功能不够齐全,如果只是为了 openGauss 的教学,可以在安装 openEuler 时一键安装内置的 openGauss,简单便捷。

真正进行数据库系统开发时通常不选用内置的 openGauss,下面介绍通过虚拟机软件(VirtualBox)安装 openGauss 5.0.2 的具体方法。

1. 安装 VirtualBox

VirtualBox 是 Oracle 公司开发的开源免费虚拟机软件,可以运行在 Windows、Linux、macOS 等操作系统平台下,支持 x86_64、ARM 处理器架构类型。需要通过官网地址下载 Windows 版本的 VirtualBox 7.0 软件。

以管理员身份运行下载的安装文件,此时可能会提示需要安装一个 Microsoft Visual C++ 2019 Redistributable Package 安装包,如图 5.6 所示,此时需要先中止 VirtualBox 的安装,从网上下载此安装包,先行安装此包,然后再重新安装 VirtualBox,具体的安装步骤这里不再赘述。

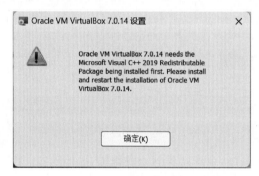

图 5.6　Visual C++ 2019

2. 下载 openEuler

通过 openEuler 官网下载安装镜像包,下载时需要注意选择 CPU 架构(x86_64)、场景(服务器)、软件包类型(Offline Standard ISO),单击"点此下载"下载 ISO 安装镜像包到本地硬盘以备后用,如图 5.7 所示。

图 5.7　下载 openEuler

3. 新建虚拟机

VirtualBox 安装成功后，运行 VirtualBox，如图 5.8 所示。单击"新建"按钮新建虚拟机。

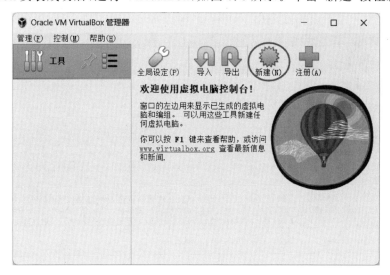

图 5.8　VirtualBox 主界面

在如图 5.9 所示的创建虚拟机界面中输入新建虚拟机的名称，选择虚拟光盘时选择前面下载到本地的 ISO 文件，单击"下一步"按钮继续。

图 5.9　新建虚拟机

在如图 5.10 所示的界面中设置虚拟机内存大小（4096MB）、处理器数量（2CPU），单击"下一步"按钮继续。

在如图 5.11 所示的界面中设置虚拟硬盘大小（20GB），单击"下一步"按钮继续。

在如图 5.12 所示的界面中显示新建虚拟机的基本信息，单击"完成"按钮完成虚拟机的创建。

4. 安装 openEuler

创建完成后会自动启动虚拟机，并开始通过 ISO 镜像文件安装 openEuler，如图 5.13 所示。

视频讲解

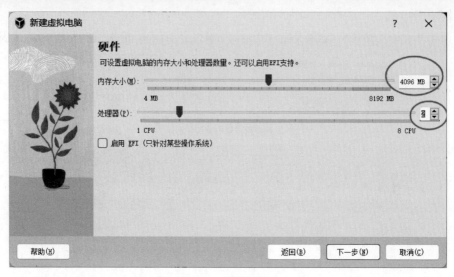

图 5.10　硬件设置

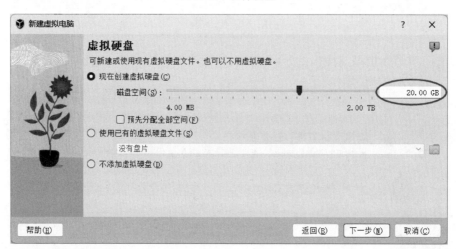

图 5.11　硬盘大小设置

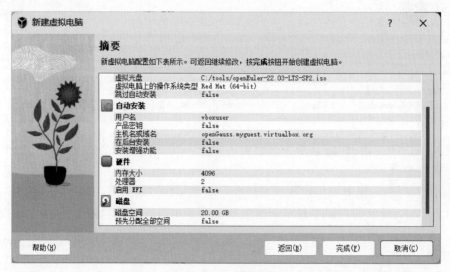

图 5.12　虚拟机信息

图 5.13　openEuler 安装启动界面

在语言选择框中选择"中文",单击"继续"按钮进入安装设置界面,如图 5.14 所示。

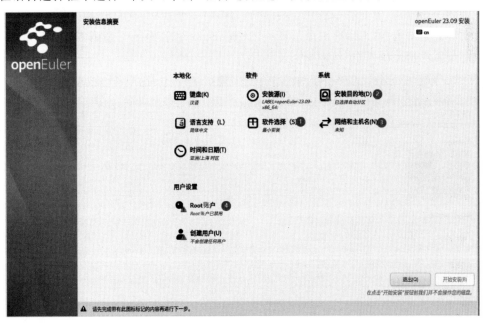

图 5.14　openEuler 安装设置

在如图 5.14 所示界面中单击"软件选择"进入"软件选择"窗口,如图 5.15 所示。在此窗口中选择"服务器"安装类型,不要勾选右边的"openGauss 数据库",表示安装 openEuler 操作系统时,不集成安装 openGauss 数据库管理系统,单击"完成"按钮返回上层界面。

图 5.15　软件选择

在如图 5.14 所示界面中单击"安装目的地"进入"安装目标位置"选择界面,如图 5.16 所示。在此界面中勾选"本地标准磁盘",表示把 openEuler 操作系统安装到本地虚拟硬盘中,单击"完成"按钮返回上层界面。

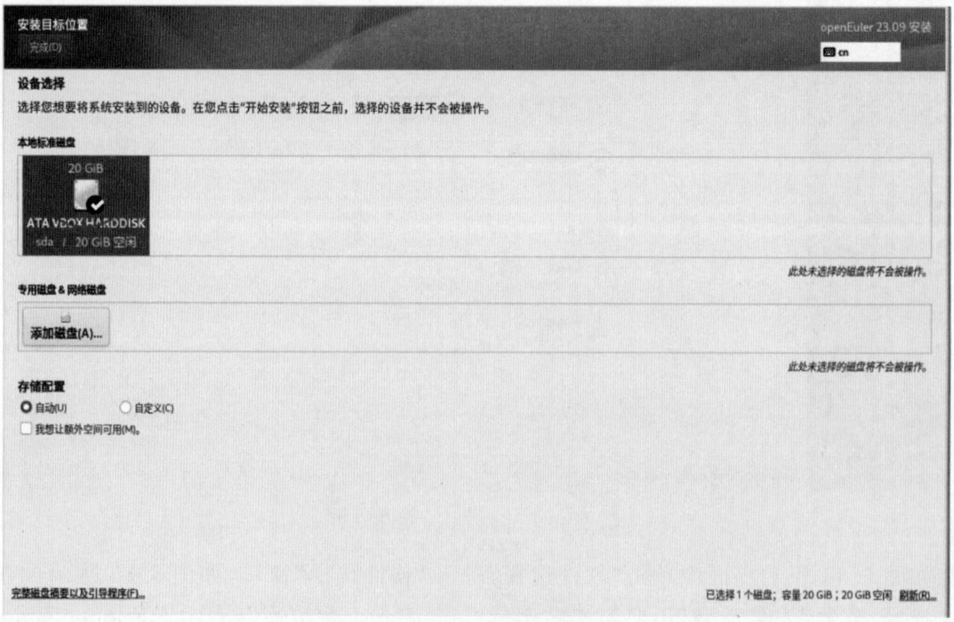

图 5.16　安装目标位置选择

在如图 5.14 所示界面中单击"网络和主机名"进入以太网和主机名设置界面,如图 5.17 所示。在此界面可以设置以太网虚拟网卡的 IP 地址、网关、路由等信息,在此只需要设置一下主机名为 gaussMaster,以太网可以不用设置,让其自动分配,单击"完成"按钮返回上层界面。

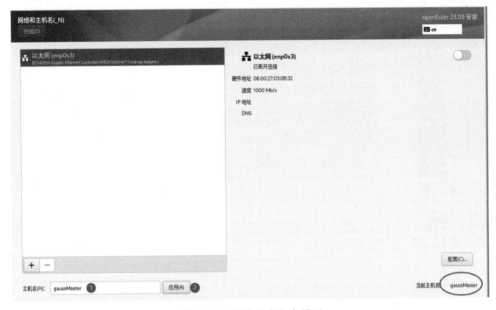

图 5.17　网络和主机名设置

在如图 5.14 所示界面中单击"Root 账户"进入超级用户账号 root 的设置界面,如图 5.18 所示。在此界面可选择"启用 root 账户"并设置 root 的密码,密码要求最少 8 位长度,密码串最好由大小写字母、特殊字符、数字共同组成,密码设置完成后最好记下来,以免遗忘,单击"完成"按钮返回上层界面。

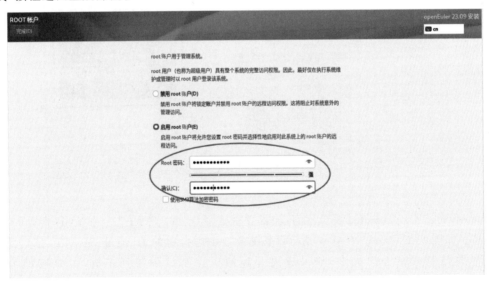

图 5.18　root 账户设置

在如图 5.14 所示界面中完成各项设置后,单击"开始安装"开始 openEuler 的真正安装,安装时间为 10~30min,安装完成后,单击"重启系统"按钮重启虚拟服务器,如图 5.19 所示。

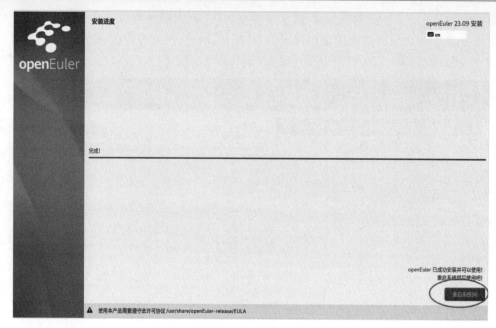

图 5.19　安装完成界面

5. 登录 openEuler

安装结束后，在 VirtualBox 中会添加一台虚拟机，如图 5.20 所示。

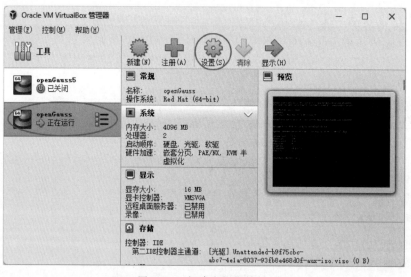

图 5.20　新建虚拟机结果

重启系统进入 openEuler 登录界面，输入登录账号（root）、密码进入系统，宣告 openEuler 安装成功，如图 5.21 所示。在登录成功后系统会显示虚拟机的 IP 地址（10.0.2.15），此时键盘、鼠标的控制权在虚拟机中，如果想离开虚拟机控制权跳转到主机，可以按键盘上的 Ctrl 键。

6. 配置端口转发

openEuler 正如所有 Linux 操作系统一样，操作访问的方式主要通过命令行，使用非常不方便。另外，真实的物理服务器通常都安置在中心机房，需要利用终端设备通过网络远程操作访问 openEuler 服务器。同样，不想使用虚拟机提供的终端访问 openEuler 系统，因此，需要

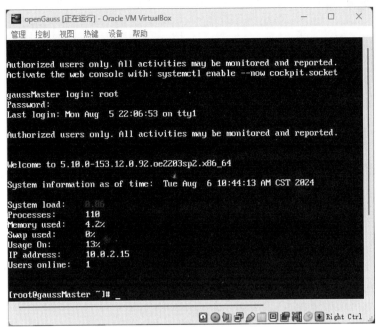

图 5.21　openEuler 登录

设置虚拟机的"端口转发",让对主机的特定端口的访问转发到虚拟机对应的端口,实现虚拟机的远程访问。

在图 5.20 的界面中选中 openGauss 虚拟机,单击"设置"按钮,打开虚拟机设置窗口,如图 5.22 所示,选择左边框中的"网络",单击右边的"端口转发"按钮,弹出"端口转发规则"对话框,如图 5.23 所示。

图 5.22　网络设置

在图 5.23 的界面中通过单击右上角的"增加"(＋)按钮可以添加端口转发规则,也可以通过单击右上角的"删除"(×)按钮将不需要的端口转发规则删除掉,在这里设置两条转发规则,

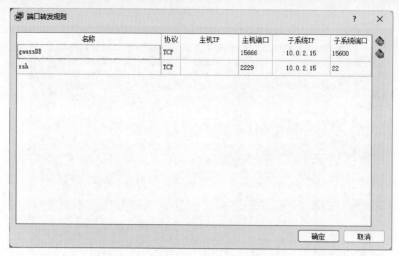

图 5.23　端口转发规则设置

第一条规则实现 openGauss 访问端口（15 666）转发,另外一条为安全外壳协议（Secure Shell,SSH）远程访问端口转发规则。

7. 远程连接 openEuler

openEuler 命令行操作访问方式不够方便,虚拟机内部操作也比较别扭,所以程序员通常会通过一款远程访问工具来远程操作服务器。

MobaXterm 是一款集成了多种远程连接功能的工具,特别适合程序员、网站管理员、IT管理员等需要处理远程工作的人群使用。MobaXterm 支持 SSH、Telnet、Rsh、Xdmc、RDP、VNC、FTP、SFTP 等多种连接方式,使得用户能够通过一个平台连接到不同的远程服务。

在 MobaXterm 中单击 Session 工具按钮创建一个远程连接,在如图 5.24 所示的设置对话框中输入远程主机名称或者 IP、登录账号（root）、端口（转发端口）,单击 OK 按钮完成远程连接创建。

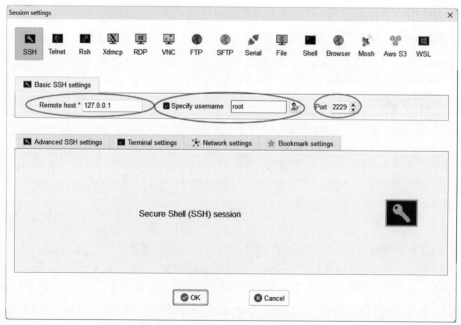

图 5.24　远程连接 openEuler

视频讲解

在 MobaXterm 中双击刚才创建的远程连接就可以远程访问 openEuler 服务器。

8. 安装 openGauss 5.0.2

正式安装前需要执行以下操作,做好安装前的准备工作。

1)安装依赖包

执行下列命令安装 openGauss 需要的依赖包,使用了 dnf 工具。

```
dnf - y install wget curl vim net - tools tar
dnf - y install libaio - devel flex bison ncurses - devel glibc - devel patch readline - devel
libnsl python3 openeuler - lsb ntp\ *
```

2)时间同步

执行下列命令实现时间同步。

```
systemctl restart ntpd
systemctl enable ntpd
#这个可以不执行
ntpdate ntp.aliyun.com &&  hwclock - w
```

3)关闭防火墙

执行下列命令关闭防火墙。最后一条命令用于查看防火墙状态,如果提示"not running",即表示关闭成功。

```
systemctl stop firewalld. service
systemctl disable firewalld. service
firewall - cmd -- state
```

4)关闭 SELinux

执行下列命令关闭 SELinux。最后一条命令用于查看 SELinux 是否关闭成功,如果提示"Disabled",即表示关闭成功。需要重新启动以后才能提示为"Disabled"。

```
setenforce 0
sed - i "s/SELINUX = enforcing/SELINUX = disabled/g" /etc/selinux/config
getenforce
```

5)关闭透明大页

因为透明大页可能会导致 openGauss 性能下降,甚至引发系统不稳定的问题,所以需要执行下列命令关闭透明大页[①]。最后一条命令用于修改 rc. local 属性。

```
echo never > /sys/kernel/mm/transparent_hugepage/enabled
echo never > /sys/kernel/mm/transparent_hugepage/defrag
cat >> /etc/rc. d/rc. local << EOF
if test - f /sys/kernel/mm/transparent_hugepage/enabled;
then
echo never > /sys/kernel/mm/transparent_hugepage/enabled
fi
if test - f /sys/kernel/mm/transparent_hugepage/defrag;
then
echo never > /sys/kernel/mm/transparent_hugepage/defrag
fi
EOF
chmod u + x /etc/rc. d/rc. local
```

---

① 透明大页(Transparent Huge Pages,THP)是 Linux 内核中的一个特性,它允许系统自动将多个小页面(通常为 4KB)合并成一个大页面,通常为 2MB 或更大。这一过程是透明的,即用户空间程序不需要知道这一转换的发生。

6）重新启动

此时需要重新启动服务器。

```
reboot
```

7）设置网卡 MTU

主备节点服务器有一个网卡，名称为 enp0s3，读者需要根据自己的实际网卡进行调整。

```
ifconfig enp0s3 mtu 8192
```

8）设置字符集

将服务器的字符集设置为 en_US.UTF-8。

```
echo LANG = en_US.UTF - 8 >> /etc/profile
source /etc/profile
```

9）设置 RemoveIPC

先执行下列命令检查一下是否开启，如果是 RemoveIPC＝no 则表示本身就是关闭状态。

```
loginctl show - session | grep RemoveIPC
systemctl show systemd - logind | grep RemoveIPC
```

默认安装的操作系统，两个参数都是 RemoveIPC＝no，所以这两个参数不用修改，不过需要先查看下参数值，如果不为 no 则要进行下面的操作，设置 RemoveIPC＝no，最后再检查一下 RemoveIPC 状态。

```
sed - i '/^RemoveIPC/d' /etc/systemd/logind.conf
sed - i '/^RemoveIPC/d' /usr/lib/systemd/system/systemd - logind.service
echo "RemoveIPC = no" >> /etc/systemd/logind.conf
echo "RemoveIPC = no" >> /usr/lib/systemd/system/systemd - logind.service
systemctl daemon - reload
systemctl restart systemd - logind
# 再验证
loginctl show - session | grep RemoveIPC
systemctl show systemd - logind | grep RemoveIPC
```

10）设置 root 用户远程登录

先执行下列命令检查一下 root 是否可以远程登录，如果为 PermitRootLogin yes，则不用修改。

```
cat /etc/ssh/sshd_config | grep PermitRootLogin
```

如果上面的结果为 PermitRootLogin no，则执行下列命令进行修改。

```
sed - i "s/PermitRootLogin no/PermitRootLogin yes/g" /etc/ssh/sshd_config
```

11）配置 Banner

修改 Banner 配置，去掉连接到系统时系统提示的欢迎信息。欢迎信息会干扰安装时远程操作的返回结果，影响安装正常执行。

先执行下列命令修改 Banner 配置，注释掉"Banner"所在的行。

```
sed - i "s/^Banner/# Banner/g" /etc/ssh/sshd_config
```

执行下列命令使设置生效。

```
systemctl restart sshd.service
```

执行下列命令查看是否注释成功。

```
cat /etc/ssh/sshd_config | grep Banner
```

12) Python 处理

openEuler 22.03 需要 Python 3.9. x 版本,执行下列命令查看版本,如果是 Python 3.9. x 则不用处理。

```
python3 - V
```

如果没有 python3,则可以按照如下方式安装 Python 3.9. x 版本。

```
dnf install - y python3
```

13) 内核参数调整

执行下列命令修改内核参数。

```
cat >> /etc/sysctl.conf  << EOF
fs.file - max = 76724200
kernel.sem = 10000  10240000 10000 1024
kernel.shmmni = 4096
kernel.shmall = 1152921504606846720
kernel.shmmax = 18446744073709551615
net.ipv4.ip_local_port_range = 26000 65535
net.ipv4.tcp_fin_timeout = 60
net.ipv4.tcp_retries1 = 5
net.ipv4.tcp_syn_retries = 5
net.core.rmem_default = 21299200
net.core.wmem_default = 21299200
net.core.rmem_max = 21299200
net.core.wmem_max = 21299200
fs.aio - max - nr = 40960000
vm.dirty_ratio = 20
vm.dirty_background_ratio = 3
vm.dirty_writeback_centisecs = 100
vm.dirty_expire_centisecs = 500
vm.swappiness = 10
vm.min_free_kbytes = 193053
EOF
```

执行下列命令查看调整后的参数。

```
sysctl - p
```

14) 用户 limit 调整

执行下列命令进行用户 limit 调整。

```
cat >> /etc/security/limits.conf << EOF
omm soft nofile 1048576
omm hard nofile 1048576
omm soft nproc 131072
omm hard nproc 131072
omm soft memlock unlimited
omm hard memlock unlimited
omm soft core unlimited
omm hard core unlimited
omm soft stack unlimited
omm hard stack unlimited
 *  soft nofile 1048576
 *  hard nofile 1048576
EOF
```

15）创建用户和组

执行下列命令创建用户和组，并修改 omm 用户的密码。

```
groupadd dbgroup - g 1000
useradd omm -- gid 1000 -- uid 1000 -- create - home
passwd omm
```

16）创建目录

执行下列命令创建目录，并修改目录属性。

```
# 源文件目录，用来存放下载的安装包
mkdir - p /opt/software/openGauss
# 安装目录，用来将 openGauss 安装到该目录下
mkdir - p /software/openGauss
# 数据目录，用来存放 openGauss 相关的数据
 mkdir - p /data/openGauss
 chown - R omm:dbgroup /opt/software/openGauss
 chown - R omm:dbgroup /software/openGauss
 chown - R omm:dbgroup /data/openGauss
 chmod - R 775 /opt/software/
 chmod - R 777 /opt/software/openGauss
```

准备工作顺利完成后，可以开始 openGauss 正式安装，具体安装步骤如下。

（1）下载 openGauss 5.0.2。

首先需要从华为官网下载 openGauss 5.0.2 安装包。

```
wget - P /opt/software/openGauss https://opengauss.obs.cn - south - 1.myhuaweicloud.com/5.0.2/
x86_openEuler_2203/openGauss - 5.0.2 - openEuler - 64bit - all.tar.gz
```

（2）解压缩安装包。

先解压缩 openGauss 5.0.2 安装包，第 2 条命令解压缩一个子包。

```
tar - xvf /opt/software/openGauss/openGauss - 5.0.2 - openEuler - 64bit - all.tar.gz - C /opt/
software/openGauss
tar - zxvf /opt/software/openGauss/openGauss - 5.0.2 - openEuler - 64bit - om.tar.gz - C /opt/
software/openGauss
```

（3）编辑 cluster_config.xml 文件。

安装 openGauss 前需要创建 cluster_config.xml 文件。cluster_config.xml 文件包含部署 openGauss 的服务器信息、安装路径、IP 地址以及端口号等。用于告知 openGauss 如何部署。用户需根据不同场景配置对应的 XML 文件。该文档主要包含集群参数配置、主机参数配置、备机参数配置三部分。下面为代码示例，读者可以根据自己的实际情况调整 IP 地址，其他内容无须修改。

```
<?xml version = "1.0" encoding = "UTF - 8"?>
< ROOT >
    <! -- openGauss 整体信息 -->
    < CLUSTER >
        <! -- 数据库名称 -->
        < PARAM name = "clusterName" value = "dbCluster" />
        <! -- 数据库节点名称(hostname) -->
        < PARAM name = "nodeNames" value = "gaussMaster" />
        <! -- 数据库安装目录 -->
        < PARAM name = "gaussdbAppPath" value = "/software/openGauss/install/app" />
        <! -- 日志目录 -->
        < PARAM name = "gaussdbLogPath" value = "/data/openGauss/log/omm" />
        <! -- 临时文件目录 -->
```

```
                < PARAM name = "tmpMppdbPath" value = "/data/openGauss/tmp"/>
                <! -- 数据库工具目录 -->
                < PARAM name = "gaussdbToolPath" value = "/software/openGauss/om" />
                <! -- 数据库 core 文件目录 -->
                < PARAM name = "corePath" value = "/data/openGauss/corefile"/>
                <! -- 节点 IP,与数据库节点名称列表一一对应 -->
                < PARAM name = "backIp1s" value = "10.0.2.15"/>
        </CLUSTER >
        <! -- 每台服务器上的节点部署信息 -->
        < DEVICELIST >
                <! -- 节点 1 上的部署信息 -->
                < DEVICE sn = "gaussMaster">
                    <! -- 节点 1 的主机名称 -->
                    < PARAM name = "name" value = "gaussMaster"/>
                    <! -- 节点 1 所在的 AZ 及 AZ 优先级 -->
                    < PARAM name = "azName" value = "AZ1"/>
                    < PARAM name = "azPriority" value = "1"/>
                    <! -- 节点 1 的 IP,如果服务器只有一个网卡可用,将 backIP1 和 sshIP1 配置成同一个 IP -->
                    < PARAM name = "backIp1" value = "10.0.2.15"/>
                    < PARAM name = "sshIp1" value = "10.0.2.15"/>
                <! -- dn -->
                    < PARAM name = "dataNum" value = "1"/>
                < PARAM name = "dataPortBase" value = "15600"/>
                < PARAM name = "dataNode1" value = "/software/openGauss/install/data/dn"/>
                    < PARAM name = "dataNode1_syncNum" value = "0"/>
                </DEVICE >
        </DEVICELIST >
</ROOT >
```

（4）执行预安装。

只能使用 root 用户执行 gs_preinstall 命令。

```
/opt/software/openGauss/script/gs_preinstall - U omm - G dbgroup - X /opt/software/openGauss/
cluster_config.xml
```

在执行 gs_preinstall 命令时还会出现"Are you sure you want to create the user[omm] (yes/no)?",有人建议选择 no,不创建 omm 用户,因为前面已经创建了 omm 用户,但是如果这里输入"no"会导致报"[GAUSS-51400]：Failed to execute the command：python3…"错误,原因是前面主、备节点创建 omm 用户时并没有建立互信。所以,此时在这里直接输入"yes",预安装命令实际上并不会重新创建 omm 用户,而是建立主、备节点 omm 用户的互信,会要求输入 omm 的密码,按提示输入 omm 的密码即可。

如果一切正常,预安装会出现"Preinstallation succeeded."表示预安装成功。

（5）重新调整目录权限。

root 用户执行下列命令重新设置/opt/software/openGauss 目录属主为 omm。

```
chown - R omm:dbgroup /opt/software/openGauss
```

（6）执行安装。

切换用户 omm 来执行数据库安装,中间有交互过程,要求输入 omm 用户密码,按要求输入即可。

```
su - omm
 /opt/software/openGauss/script/gs_install - X /opt/software/openGauss/cluster_config.xml
```

在执行 gs_install 命令时会出现"Please enter password for database:"提示,要求用户输入数据库的密码,按提示要求输入两次密码。顺利安装完成后会出现 Successfully installed application 提示,表示数据库安装完成。

（7）启动集群。

安装顺利完成后,执行下列命令重新启动集群数据库服务。

```
gs_om - t restart
```

（8）检查状态。

安装顺利完成后,执行下列命令可以查看机群的状态。

```
gs_om - t status -- detail
```

使用 root 用户登录进入系统,需要检查一下 openGauss 是否能够正常登录使用。

数据库安装过程中自动生成的账户称为初始用户。初始用户拥有系统的最高权限,能够执行所有的操作。如果安装时不指定初始用户名称则该账户与进行数据库安装的操作系统用户同名。初始用户会绕过所有权限检查。建议仅将此初始用户作为 DBA 管理用途,而非业务应用。

openGauss 数据库安装的 openEuler 操作系统用户为 omm,切换到该用户下可以进行数据库的常用操作。输入"su -omm",进入 openGauss 管理账户,如图 5.25 所示。

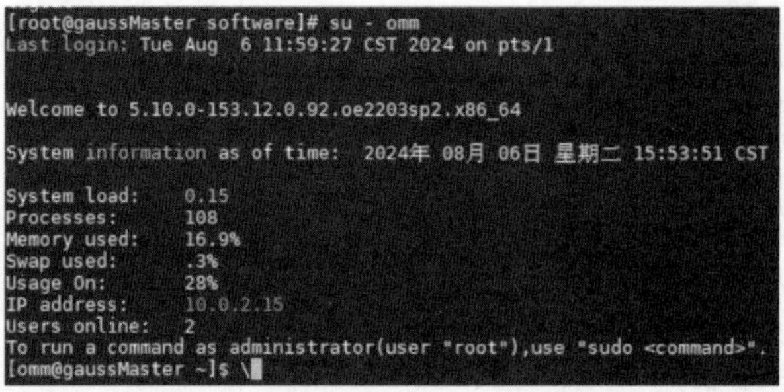

图 5.25　登录用户切换到 openGauss

openEuler 登录用户切换到 omm 后,输入"gsql-d postgres"命令登录 openGauss 的 postgres 数据库,登录数据库后可以查看一下数据库的版本,如图 5.26 所示。

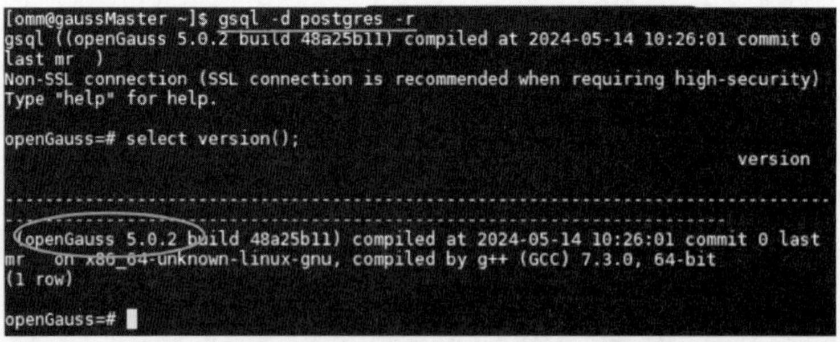

图 5.26　登录 postgres 数据库

9. 自启动配置

如果用户重新启动 openEuler 系统将会发现此时不能登录使用 openGauss,原因是 openGauss 企业版安装后需要通过自带的命令启动服务,而不是 Linux 的自启动服务。因此,需要使用 systemd 服务管理器创建一个 openGauss 自启动服务,集成 openGauss 数据库服务到操作系统的启动流程中,设置 openGauss 服务开机自启动,为业务提供更稳定和可靠的基础环境。

systemd 是一个用于管理 Linux 系统启动过程和系统服务的系统和服务管理器。它提供了更快的启动时间、并行启动服务、更好的日志记录和更强大的管理功能。

openGauss 自启动配置的具体步骤如下。

1）创建服务

创建服务实际上就是在/usr/lib/systemd/system 目录下面新建一个 opengauss.service 文件,在此文件中按照 systemd 管理器要求编辑服务单元信息,详细的代码如下。

```
#定义单元
[Unit]
#服务的描述信息,说明该服务是 openGauss 数据库服务器
Description = OpenGauss Database Server
#在 syslog 和 network 目标之后启动
After = syslog.target network.target
#定义服务
[Service]
#服务类型为 forking,表示服务将在启动时派生一个子进程,后台运行
Type = forking
#以 omm 用户身份运行服务
User = omm
#以 dbgrp 用户组身份运行服务
Group = dbgroup
#设置环境变量,环境变量的内容要视 omm 用户环境变量内容而定
#设置 GPHOME 环境变量为 openGauss 的安装路径
Environment = GPHOME = /software/openGauss/om
#设置 PGHOST 环境变量为 openGauss 的日志路径
Environment = PGHOST = /data/openGauss/tmp
#设置 PGDATA 环境变量为 openGauss 数据目录路径
Environment = PGDATA = /software/openGauss/install/data/dn
#设置 LD LIBRARY PATH 环境变量,指定动态链接库路径
Environment = LD_LIBRARY_PATH = $ GPHOME/lib: $ LD_LIBRARY_PATH
#设置 GAUSSHOME 环境变量为 openGauss 的程序路径
Environment = GAUSSHOME = /software/openGauss/install/app
#设置 GAUSSLOG 环境变量为 openGauss 的日志路径
Environment = GAUSSLOG = /data/openGauss/log/omm/omm
#启动服务的命令
ExecStart = /software/openGauss/om/script/gs_om - t start
#停止服务的命令
ExecStop = /software/openGauss/om/script/gs_om - t stop
#重新加载服务的命令
ExecReload = /software/openGauss/om/script/gs_om - t restart
#配置服务的安装属性
[Install]
#系统运行在多用户模式下
WantedBy = multi - user.target
```

2）重新加载 systemd 配置

执行下列命令让 systemd 配置生效。

```
systemctl daemon - reload
```

3）启用 openGauss 服务

执行 systemctl enable 命令启用 openGauss 服务,使其在 openEuler 系统启动时自动运行。

```
systemctl enable opengauss.service
```

4）启动 openGauss 服务

执行下列命令启动 openGauss 服务,这条命令实际上是执行 gs_om -t start 启动数据库。

```
systemctl start opengauss.service
```

5）查看 openGauss 服务状态

执行下列命令查看 openGauss 服务状态。

```
systemctl status opengauss.service
```

6）重新启动系统

执行 reboot 命令重新启动 openEuler 系统。

7）再次查看状态

再次查看 openGauss 服务状态，如果 openGauss 服务处于 active（running）状态，表示 openGauss 已经正常启动，可以对外提供服务了。

10. 配置 openGauss

视频讲解

openGauss 默认只允许本机（127.0.0.1）可以登录数据库，远程终端还不可以登录 openGauss 数据库，因此需要修改 openGauss 的配置，允许远程终端访问数据库。openGauss 的配置文件保存在服务器数据节点目录下，通过查询环境变量 $PGDATA 可以找到位置。

首先需要利用 Linux 的 vim 文本编辑器修改 postgresql.conf 文件，postgresql.conf 是 PostgreSQL 数据库的主要配置文件，用于控制数据库实例的行为和特性，这个文件包括众多的配置选项，如内存使用限制、连接设置、日志记录规则等。通过修改此文件设置数据库的监听 IP 地址、端口及密码加密方式。将其中的 listen_addresses 参数值设置为 * ，这里默认是 127.0.0.1，表示仅本地可以访问，设置为 * 意味着所有 IP 地址均可访问。同时，也可以修改 port 参数的值，默认为 15600，表示 openGauss 监听客户连接数据库的端口号，如图 5.27 所示。

password_encryption_type 参数表示密码存储类型，取值范围为{0,1,2}，默认为 2,0 表示仅支持 MD5,1 表示支持 MD5、SHA256 两种类型，2 表示只支持 SHA256 类型。这里设置为 1，目的是能让像 Navicat 那样使用 MD5 加密类型的第三工具可以远程连接 openGauss 数据库，如图 5.28 所示。

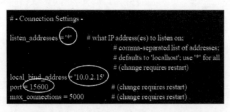

图 5.27　监听 IP 地址、端口设置

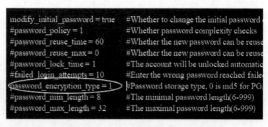

图 5.28　密码存储类型设置

postgresql.conf 文件参数设置完成后，接下来设置 pg_hba.conf 参数文件，该文件为客户端认证配置文件，它与 postgresql.conf 文件在同一路径内。pg_hba.conf 文件的常用格式是一组记录，每行一条客户端认证规则。每条记录指定连接类型（TYPE）、访问数据库（DATABASE）、登录用户（USER）、客户端连接地址（ADDRESS）以及认证方法（METHOD）。利用 vim 编辑器修改 pg_hba.conf 文件内容，主要修改 IPv4、IPv6 连接认证规则，修改结果如图 5.29 所示。这个配置意味着所有用户在所有 IP 可以通过 MD5 加密方式访问所有数据库。

配置完成后需要重启 openGauss 数据库服务，执行 gs_om -t restart 重启数据库服务，出现 Successfully started 提示，说明重启成功。

11. 配置防火墙

安装 openGauss 时已经关闭了防火墙，为了数据库的安全可以考虑重新启用防火墙，然后

```
#TYPE  DATABASE        USER            ADDRESS                 METHOD

# "local" is for Unix domain socket connections only
local   all             all                                     trust
host    all     omm     10.0.2.15/32    trust
# IPv4 local connections:
host    all             all             127.0.0.1/32            trust
host    all     all     0.0.0.0/0       sha256
# IPv6 local connections:
host    all             all             ::1/128                 trust
# Allow replication connections from localhost, by a user with the
```

图 5.29　客户端认证规则设置

利用 firewalld 设置防火墙通行策略，确保 openGauss 默认的端口号 15600 能够通过防火墙。注意，修改防火墙的时候必须要退出 omm 用户，使用 logout 就可以回到 root 用户，然后执行如下命令进行防火墙配置。

```
#重新启用防火墙
systemctl enable firewalld.service
systemctl start firewalld.service
firewall-cmd --zone=public --add-port=15600/tcp --permanent
firewall-cmd --reload
```

12. 远程连接 openGauss

在配置、测试远程连接 openGauss 数据库之前，还需要创建一个新用户，因为 openGauss 的初创用户（omm）是不允许远程登录的。利用 CREATE USER 命令创建一个新用户 jimmy，并授予它系统管理员（sysadmin）的身份。

```
CREATE USER jimmy WITH SYSADMIN IDENTIFIED BY '**********';
```

Data Studio 是华为自研的高斯配套客户端工具，提供集成开发环境，帮助开发人员便捷地构建应用程序，以图形化界面形式提供数据库关键特性。主要应用于创建和管理数据库对象（数据库对象包括数据库、模式、函数、存储过程、表、索引、序列、视图和表空间），执行 SQL 语句/SQL 脚本，编辑和执行 PL/SQL 语句，查看图形化的查询执行计划和开销，导入和导出表数据。

Data Studio 工具依赖 JDK，请先在客户端主机上安装 JDK，不同版本的 Data Studio 对 JDK 版本的要求也不一样，Data Studio 2.0 版本要求 JDK 1.8，而 Data Studio 5.0 则至少需要 JDK 11，在安装、运行 Data Studio 之前需要提前安装好相应版本的 JDK，JDK 下载地址为 https://jdk.java.net/。

Data Studio 客户端工具需要从 openGauss 官网下载，官网地址为 https://opengauss.org/zh/download/。从官网下载解压安装包后直接解压即可运行 Data Studio。解压后可以获取如下文件和文件夹，如图 5.30 所示。

定位并双击 Data Studio.exe，启动 Data Studio 客户端。Data Studio 启动后，默认打开“新建/选择数据库连接”对话框。创建数据库连接时需要输入名称、主机、端口号、数据库、用户名和密码等连接参数，必选参数用星号（*）标识，如果没有配置启用 SSL 协议，则需要取消勾选“启用 SSL”复选框，如图 5.31 所示。

通过数据库连接成功登录后进入用户主界面，如图 5.32 所示。主界面主要由主菜单、工具栏、SQL 代码编辑区、运行结果输出区、SQL 助手、对象浏览器组成。详细的使用说明可以通过选择“帮助”→“使用手册”主菜单，打开“Data Studio 用户手册.pdf”文档查阅。

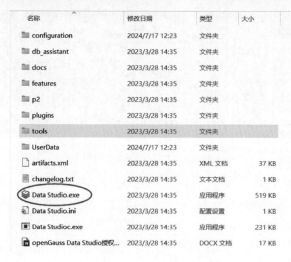

图 5.30　Data Studio 目录结构

图 5.31　创建数据库连接

图 5.32　Data Studio 主界面

5.4　openGauss 工具

　　openGauss 提供客户端和服务器端应用程序(工具),帮助用户更好地维护 openGauss,提供的常用工具如表 5.4 所示。工具位于安装数据库服务器的 ＄GPHOME/script 和 ＄GAUSSHOME/bin 路径下。

表 5.4　openGauss 工具

分类	工具名称	简　　介
客户端工具	gsql	gsql 是 openGauss 提供在命令行下运行的数据库连接工具,可以通过此工具连接服务器并对其进行操作和维护,除了具备操作数据库的基本功能,gsql 还提供了若干高级特性,便于用户使用
服务端工具	gs_cgroup	gs_cgroup 是 openGauss 提供的负载管理工具。负责创建默认控制组、创建用户自定义控制组、删除用户自定义控制组、更新用户自定义控制组的资源配额和资源限额、显示控制组配置文件内容、显示控制组树状结构和删除用户的所有控制组
	gs_check	gs_check 改进增强,统一化当前系统中存在的各种检查工具,例如 gs_check、gs_checkos 等,帮助用户在 openGauss 运行过程中,全量地检查 openGauss 运行环境、操作系统环境、网络环境及数据库执行环境,也有助于在 openGauss 重大操作之前对各类环境进行全面检查,有效保证操作执行成功
	gs_ctl	gs_ctl 用于检查操作系统、控制参数、磁盘配置等内容,并对系统控制参数、I/O 配置、网络配置和 THP 服务等信息进行配置
	gs_checkperf	gs_checkperf 工具可定期对 openGauss 级别(主机 CPU 占用率、Gauss CPU 占用率、I/O 使用情况等)、节点级别(CPU 使用情况、内存使用情况、I/O 使用情况)、会话/进程级别(CPU 使用情况、内存使用情况、I/O 使用情况)、SSD 性能(写入、读取性能)进行检查,让用户了解 openGauss 的负载情况,采取对应的改进措施
	gs_collector	gs_collector 在 openGauss 发生故障时,收集 OS 信息、日志信息以及配置文件信息,来定位问题
	gs_dump	gs_dump 是一款用于导出数据库相关信息的工具,支持导出完整一致的数据库对象(如数据库、模式、表、视图等)数据,同时不影响用户对数据库的正常访问
	gs_dumpall	gs_dumpall 是一款用于导出数据库相关信息的工具,支持导出完整一致的 openGauss 数据库所有数据,同时不影响用户对数据库的正常访问
	gs_guc	gs_guc 用于设置 openGauss 配置文件("postgresql.conf""pg_hba.conf")中的参数,配置文件中参数的默认值是单机的配置模式,可以使用 gs_guc 来设置适合的参数值
	gs_encrypt	gs_encrypt 用于对输入的明文字符串进行加密操作
	gs_om	openGauss 提供了 gs_om 工具帮助对 openGauss 进行维护,包括启动 openGauss、停止 openGauss、查询 openGauss 状态、生成静态配置文件、刷新动态配置文件、SSL 证书替换、启停 Kerberos 认证、显示帮助信息和显示版本号信息的功能
	gs_plan_simulator	gs_plan_simulator 工具用于收集与执行计划相关的数据并能够在其他环境上进行执行计划的复现,从而定位执行计划类相关问题
	gs_restore	gs_restore 是 openGauss 提供的针对 gs_dump 导出数据的导入工具。通过此工具可由 gs_dump 生成的导出文件进行导入
	gs_ssh	openGauss 提供了 gs_ssh 工具帮助用户在 openGauss 各节点上执行相同的命令
	gs_sdr	openGauss 提供了 gs_sdr 工具,在不借助额外存储介质的情况下实现跨 region 的异地容灾。提供流式容灾搭建、灾备升主、计划内主备切换、容灾解除、容灾状态监控功能、显示帮助信息和显示版本号信息等功能

下面重点介绍一些主要的 openGauss 自带工具，有些工具会在其他章节介绍。

1. gs_ctl

gs_ctl 是 openGauss 提供的一个数据库服务控制工具，提供了启动、停止、重启数据库服务以及查询数据库状态等功能。对于配置了主备同步的 openGauss 环境，gs_ctl 还提供了主备切换和主备状态查询的功能。通过合理使用 gs_ctl 工具，可以方便地管理 openGauss 数据库服务，确保数据库的稳定运行。

在使用 gs_ctl 工具时，需以操作系统用户 omm 执行 gs_ctl 命令。在执行停止或重启操作前，请确保已经备份了所有重要数据，以防止数据丢失。

对于配置了主备同步的环境，在执行主备切换等操作时，需要谨慎操作，并确保操作符合当前的备份和恢复策略。

以下是 gs_ctl 工具的主要功能和使用方法介绍。

1）启动 openGauss 节点

使用下面的命令可以启动 openGauss 数据库服务。如果数据库已经启动，可能会收到错误提示。

```
gs_ctl start
```

2）停止 openGauss 节点

使用下面的命令可以停止 openGauss 数据库服务。需要注意的是，停止数据库前请确保已经保存了所有重要的数据。

```
gs_ctl stop
```

3）重启 openGauss 节点

使用下面的命令可以重新启动 openGauss 数据库服务。

```
gs_ctl restart
```

4）重新加载配置文件

使用下面的命令可以在不停止数据库的情况下，重新加载配置文件（如 postgresql.conf、pg_hba.conf），使更改的配置生效。

```
gs_ctl reload
```

5）查询数据库状态

使用下面的命令可以查询当前 openGauss 数据库的状态，如是否正在运行、进程 ID（PID）等。

```
gs_ctl status
```

如果数据库正在运行，该命令会返回类似 server is running（PID：xxx）的提示信息。如果数据库未运行，则会提示数据库未启动。

2. gsql

gsql 是 openGauss 数据库提供的命令行工具，用于在命令行环境下与数据库进行交互。它支持执行 SQL 语句、查询数据库状态、查看数据库对象信息等操作。gsql 除支持交互式输入并执行 SQL 语句外，还可以调用执行一个磁盘文件中的 SQL 脚本语句。

gsql 提供许多简短的元命令，帮助管理员查看数据库对象的信息、查询缓存区信息、格式化 SQL 输出结果，以及连接到新的数据库等。

下面通过举例介绍 gsql 常用功能。

1) 连接数据库

要使用 gsql 工具首先需要连接数据库,使用 gsql 连接数据库时,可以通过命令行参数指定数据库名称、服务器地址、端口号、用户名和密码等信息。gsql 常用的命令行参数如表 5.5 所示。

表 5.5　gsql 命令行参数

参数	描　　述	说　　明
-h	指定服务器地址	登录主机(ip:192.168.8.16): -h 192.168.8.16
-d	指定登录的数据库名称	登录 hr 数据库: -d hr
-p	指定端口号	服务器端口号为 7654: -p 7654
-U	指定登录用户名	登录用户名为 jimmy: -U jimmy
-W	指定用户密码	
-c	只运行单个命令(SQL 或内部),然后退出	查询所有用户信息: -c'select * from pg_user'
-f	执行文件中的 SQL 脚本命令,然后退出	执行 query.sql 脚本文件: -f query.sql
-r	提供了 gsql 命令的历史版本的支持,可以使用上箭头和下箭头或者 Tab 键自动补全	

例如,需要通过 jimmy 用户登录本机的 postgres 数据库的命令如下,此时 openGauss 会提示输入 jimmy 的密码。

```
gsql - d postgres - h 127.0.0.1 - p 7654 - U jimmy
```

2) 执行 SQL 语句

连接数据库后,可以在 gsql 命令行中直接输入 SQL 语句并执行。例如,查询当前登录用户的信息。注意,由于 gsql 是命令行工具,执行 SQL 语句的输出结果可能会快速滚动而影响阅读。

```
select * from user;
```

3) 退出 gsql

在 gsql 命令行中,可以使用\q 命令或按 Ctrl+D 组合键退出 gsql。

4) 元命令

gsql 提供许多简短的元命令,帮助管理员查看数据库对象的信息、查询缓存区信息、格式化 SQL 输出结果,以及连接到新的数据库等。常用的元命令如表 5.6 所示。

表 5.6　gsql 元命令

命　　令	功 能 描 述	说　　明
\l	显示当前 openGauss 集群中的所有数据库	
\l+	显示更详细的数据库信息,包括数据库大小、编码、所有者等	

命　　令	功　能　描　述	说　　明
\c［数据库名|-［用户名称]]	连接到新的数据库	例如，连接到 hr 数据库： \c hr
\conninfo	显示当前数据库的连接信息	
\du	显示当前数据库集群中的所有用户和角色	
\du+	显示更详细的用户信息，包括权限等	
\dn	显示当前数据库中的所有模式	
\dn+	显示当前数据库中更详细的模式信息	
\d{t|i|s|v|S}［模式]	显示当前数据库中所有表/索引/序列/视图/系统表	例如，查看用户所有表： \dt
\d［名字]	显示表/索引/序列/视图等对象的详细信息	例如，查看 major 表的结构： \d major
\h［命令]	显示指定 SQL 命令或者元命令的语法帮助	例如，查看 create database 语法： \h create database
\q	退出 gsql，返回到 os	

3. gs_om

openGauss 提供了 gs_om 工具帮助对 openGauss 进行维护，包括启动 openGauss、停止 openGauss、查询 openGauss 状态、查询静态配置、生成静态配置文件、查询 openGauss 状态详细信息、生成动态配置文件、SSL 证书替换、显示帮助信息和显示版本号信息等功能。需以操作系统用户 omm 执行 gs_om 命令。

以下是 gs_om 工具的主要功能和使用方法介绍。

（1）启动 openGauss。

```
gs_om - t start [ - h HOSTNAME] [ - D dataDir] [ -- time - out = SECS] [ -- security - mode = MODE]
[ -- cluster - number = None] [ - l LOGFILE]
```

（2）停止 openGauss。

```
gs_om - t stop [ - h HOSTNAME] [ - D dataDir] [ -- time - out = SECS] [ - m MODE] [ - l LOGFILE]
```

（3）重启 openGauss。

```
gs_om - t restart [ - h HOSTNAME] [ - D dataDir] [ -- time - out = SECS] [ -- security - mode = MODE]
[ - l LOGFILE] [ - m MODE]
```

（4）查询 openGauss 状态。

```
gs_om - t status [ - h HOSTNAME] [ - o OUTPUT] [ -- detail] [ -- all] [ - l LOGFILE]
```

（5）生成静态配置文件。

```
gs_om - t generateconf - X XMLFILE [ -- distribute] [ - l LOGFILE]
gs_om - t generateconf -- old - values = old -- new - values = new [ -- distribute] [ - l LOGFILE]
```

（6）生成动态配置文件，备机 failover 或 switchover 成主机后，需要执行此操作。

```
gs_om - t refreshconf
```

（7）查看静态配置。

```
gs_om - t view [ - o OUTPUT]
```

（8）查询 openGauss 状态详细信息。

```
gs_om - t query [ - o OUTPUT]
```

(9) SSL 证书替换。

```
gs_om - t cert -- cert - file = CERTFILE [ - l LOGFILE]
gs_om - t cert -- rollback
```

(10) 开启、关闭数据库内 Kerberos 认证。

```
gs_om - t kerberos - m [install|uninstall] - U USER [ - l LOGFILE] [ -- krb - client| -- krb -
server]
```

小结

通过本章内容的学习,读者可对 openGauss 与众不同的特点有所了解,参考本章所介绍的方法可以进行 openGauss 的安装、配置,并保证通过客户端工具可以连接、管理、操作 openGauss 数据库。另外,作为一个合格的 DBA,对于 openGauss 常用工具的使用方法与技巧一定要好好学习与掌握。

习题 5

1. openGauss 有哪些与众不同的特点?
2. openGauss 有哪些安装部署形态?
3. 在个人计算机上安装 openEuler 及 openGauss。

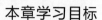

本章学习目标

- 了解 openGauss 数据库系统架构。
- 了解 openGauss 服务器体系架构。
- 了解 openGauss 服务器功能架构。

学完本章内容以后,读者将能够了解 openGauss 的整体架构,能够掌握 openGauss 数据库系统架构、openGauss 服务器体系架构、openGauss 服务器功能架构。通过本章内容的学习,读者将对 openGauss 服务器体系架构进行充分了解,掌握 openGauss 服务器各个功能模块的职能。

视频讲解

6.1 openGauss 数据库系统架构

基于 openGauss 的数据库系统常见架构如图 6.1 所示,主要包含业务应用、客户端驱动程序、运行管理(Operation Manager,OM)模块、openGauss 主/备数据节点和本地存储资源(Storage)等几部分。

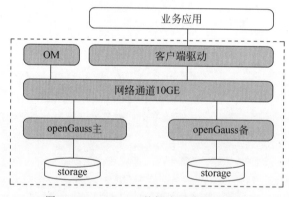

图 6.1 openGauss 数据库系统常见架构

(1) 客户端驱动:负责接收来自业务应用的访问请求,并向业务应用返回执行结果;负责与 openGauss 数据节点的通信,下发 SQL 在 openGauss 实例上执行,并接收命令执行结果。

(2) 运维管理模块:提供集群日常运维、配置管理的接口、工具。

(3) 主/备数据节点:数据节点运行服务器实例进程,负责处理存储业务数据(支持行存、列存、内存表存储)、执行数据查询任务以及向客户端驱动返回执行结果。

(4) 本地存储资源:服务器的本地存储资源,持久化存储数据。

用户的业务应用利用客户端驱动程序通过高速网络通道连接使用数据节点中的数据,OM 负责集群日常运维、配置管理,数据节点负责加工处理、存储数据资源。

6.2　openGauss 体系架构

openGauss 的体系架构主要是指数据节点的服务器架构,openGauss 体系架构如图 6.2 所示。openGauss 体系架构主要由服务器实例(Instance)、数据库(Database)和相关配置文件、日志文件组成。

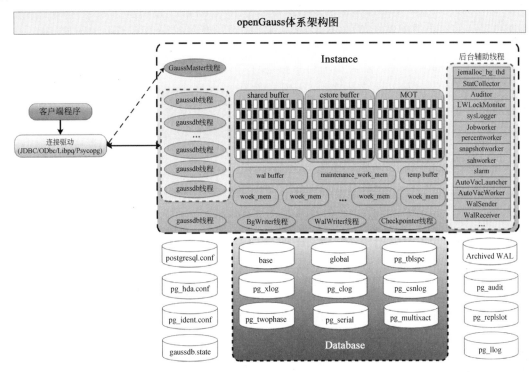

图 6.2　openGauss 体系架构

▶ 6.2.1　数据库实例

Instance 部分主要指的是数据库运行时的内存部分。openGauss 属于单进程多线程模型的数据库,客户端可以使用 JDBC/ODBC/Libpq/Psycopg 等驱动程序向 openGauss 的后端管理线程 GaussMaster 发起连接请求。客户端驱动程序主要包括以下几种。

(1) JDBC:JDBC(Java Database Connectivity,Java 数据库连接)是一种用于执行 SQL 语句的 Java API,可以为多种关系数据库提供统一访问接口,应用程序可基于它操作数据。openGauss 库提供了对 JDBC 4.0 特性的支持,需要使用 JDK 1.8 版本编译程序代码,不支持 JDBC 桥接 ODBC 方式。

(2) ODBC:ODBC(Open Database Connectivity,开放数据库互连)是由 Microsoft 公司基于 X/OPEN CLI 提出的用于访问数据库的应用程序编程接口。应用程序通过 ODBC 提供的 API 与数据库进行交互,增强了应用程序的可移植性、扩展性和可维护性。openGauss 目前提供对 ODBC 3.5 的支持。但需要注意的是,当前数据库 ODBC 驱动基于开源版本,对于 tinyint、smalldatetime、nvarchar2 类型,在获取数据类型的时候,可能会出现不兼容。

(3) Libpq:Libpq 是 openGauss 的 C 语言程序接口。客户端应用程序可以通过 Libpq 向

openGauss 后端服务进程发送查询请求并且获得返回的结果。需要注意的是，在官方文档中提到，openGauss 没有对这个接口在应用程序开发场景下的使用做验证，不推荐用户使用这个接口做应用程序开发，建议用户使用 ODBC 或 JDBC 接口来替代。

（4）Psycopg：Psycopg 可以为 openGauss 数据库提供统一的 Python 访问接口，用于执行 SQL 语句。openGauss 数据库支持 Psycopg2 特性，Psycopg2 是对 Libpq 的封装，主要使用 C 语言实现，既高效又安全。它具有客户端游标和服务器端游标、异步通信和通知、支持 COPY TO/COPY FROM 功能，支持多种类型 Python 开箱即用，适配 PostgreSQL 数据类型；通过灵活的对象适配系统，可以扩展和定制适配。Psycopg2 兼容 Unicode 和 Python 3。

当 GaussMaster 线程接收到客户端程序发送过来的服务请求后，会根据收到的信息立即创建一个子线程，这个子线程对请求进行身份验证成功后成为对应的后端业务处理 gaussdb 线程，之后该客户端发送的请求将由此业务处理子线程负责处理。当 gaussdb 线程接收到客户端发送过来的查询（SQL）后，会调用 openGauss 的 SQL 引擎对 SQL 语句进行词法解析、语法解析、语义解析、查询重写等处理操作，然后使用查询优化器生成最小代价的查询路径计划。之后，SQL 执行器会按照已制定的最优执行计划对 SQL 语句进行执行，并将执行结果反馈给客户端。

在 SQL 执行器的执行过程中通常会先访问内存的共享缓冲区（如 shared buffer、cstore buffer、MOT 等）。内存共享缓冲区缓存数据库常被访问的索引、表数据、执行计划等内容。共享缓冲区的高速 RAM 硬件，为 SQL 的执行提供了高效的运行环境，大幅减少了磁盘 I/O，极大地提升了数据库性能。

下面对服务器实例的内存结构进行介绍。

（1）共享内存缓冲区（Share Buffer）。

Share Buffer 是行存引擎默认使用的缓冲区，是数据库服务器的核心内存区域，用于缓存从磁盘读取的数据块。当数据库执行查询或其他操作时，它首先会尝试在共享内存缓冲区中查找所需的数据。如果数据已经在缓冲区中，那么数据库就可以直接从内存中读取，而无须访问磁盘。openGauss 的行存引擎是将表按行存储到硬盘分区上，采用 MVCC[①] 多版本并发控制，事务之间读写互不冲突，有着很好的并发性能，适合于 OLTP 场景。

（2）列存缓冲区（Cstore Buffer）。

Cstore Buffer 是列存引擎默认使用的缓冲区，列存引擎将整个表按照不同列划分为若干个 CU（Compression Unit，压缩单元），以 CU 为单位进行管理，数据按列组织并存储在缓冲区中，这有助于优化某些类型的查询，适合于 OLAP 场景。

（3）内存优化表（Memory-Optimized Table，MOT）。

MOT 是内存引擎默认使用的缓冲区，openGauss 的 MOT 内存引擎的索引结构以及整体的数据组织都是基于 Masstree[②] 模型实现的，其乐观并发控制和高效的缓存块利用率使得 openGauss 可以充分发挥内存的性能，同时，在确保高性能的前提下，内存引擎有着与 openGauss 原有机制相兼容的并行持久化和检查点能力，确保数据的永久存储，适合于高吞吐低时延的业务处理场景。

---

① 多版本并发控制（Multi-Version Concurrency Control，MVCC）是一种并发控制的方法，一般在数据库管理系统中，实现对数据库的并发访问。

② Masstree 是一种结合了基数树（Trie 树）和 B＋树优点的数据结构，主要用于高性能的键值（Key-Value）存储引擎中。

（4）WAL 缓冲区（WAL[①] Buffer）。

WAL Buffer 是数据库系统用于确保数据持久性和一致性的重要机制。WAL 缓冲区用于暂存还未写入磁盘的 WAL 日志记录。这有助于减少磁盘 I/O 操作的次数，提高性能。

（5）临时缓冲区（Temp Buffer）。

Temp Buffer 缓冲区用于存储数据库会话期间的临时数据，如临时表的内容。它有助于加速临时数据的访问和处理。

（6）工作缓冲区（work_mem）。

work_mem 是事务执行内部排序或 Hash 表写入临时文件之前使用的内存缓冲区。

（7）维护缓冲区（maintenance_work_mem）。

maintenance_work_mem 一般是在 openGauss 执行维护性操作时使用的，如 CREATE INDEX、ALTER TABLE ADD FOREIGN KEY 等操作，maintenance_work_mem 内存区域的大小决定了维护操作的执行效率。

SQL 执行器在共享缓冲区中对数据页的操作会被记录到 WAL buffer 中，当客户端发起事务的 commit 请求时，WAL buffer 的内容将被 WAL Writer 线程刷新到磁盘并保存在 WAL 日志文件中，确保那些已提交的事务都被永久记录，不会丢失。

数据库实例除前面介绍的内存结构外，还有若干个不同的线程常驻内存，各负其责。下面对数据库实例的线程进行介绍。

1. 业务处理线程（gaussdb 线程）

gaussdb 线程负责处理客户端请求的任务，当客户端发送连接请求给 GaussMaster 管理线程后，GaussMaster 线程会分配相应的 gaussdb 线程给客户端使用，后面该客户端的请求和操作由该业务处理子线程负责。

2. 日志写线程（WalWriter）

日志写线程在 openGauss 中被命名为 WalWriter 线程。该线程负责将内存中的预写日志（WAL）页数据刷新到预写日志文件中，确保那些已提交的事务都被永久记录，不会丢失。

预写日志（WAL）和主流数据库中常见的重做日志功能类似，里面记录了 openGauss 数据文件的变更操作，数据库在执行 SQL 操作时会先将这些变更操作记录在预写日志文件中，然后才定期刷数据至数据文件中。

WalWriter 进程的写间隔时间由参数 wal_writer_delay 控制，默认 200ms 调用一次写日志操作。

3. 数据页写线程（PageWriter 和 BgWriter）

数据页写线程在 openGauss 数据库中应该包含两个线程：PageWriter 和 BgWriter。操作系统数据块大小一般是 4KB，数据库一般是 8KB/16KB/32KB，openGauss 默认是 8KB，这样就有可能造成页面断裂问题，一个数据库数据块刷到操作系统的过程中可能发生因宕机而造成块损坏从而导致数据库无法启动的问题。PageWriter 线程负责将脏页数据复制至双写（double-writer）区域并落盘，然后将脏页转发给 BgWriter 子线程进行数据下盘操作，这样可以防止该现象的发生，因为如果发生数据页"折断"的问题，就会从双写空间里找到完整的数据页进行恢复。

BgWriter 线程主要负责对共享缓冲区的脏页数据进行下盘操作，目的是让数据库线程在

---

① WAL：Write-Ahead Logging，预定日志。

进行用户查询时可以很少或者几乎不等待写动作的发生(写动作由后端写线程完成)。这样的机制同样也减少了检查点造成的性能下降。后端写线程将持续地把脏页面刷新到磁盘上,所以在检查点到来的时候,只有少量页面需要刷新到磁盘上。但是这样还是增加了 I/O 的总净负荷,因为在以前的检查点间隔里,一个重复弄脏的页面可能只会冲刷一次,而现在在一个检查点间隔内,后端写进程可能会写好几次。但在大多数情况下,连续的低负荷要比周期性的尖峰负荷好一些,毕竟数据库稳定十分重要。

4. 检查点线程（Checkpointer）

检查点线程一般会周期性地发起数据库检查点,检查点是一个事务日志中的点,所有数据文件都在这个点被更新,然后将数据脏页刷新到磁盘的数据文件中,确保数据库一致。

当数据库从崩溃状态恢复后,已经做过 checkpoint 的更改就不再需要从预写日志中恢复,这大大加快了数据库系统崩溃后的恢复速度。

5. 统计线程（StatCollector）

统计线程在 openGauss 数据库中被命名为 StatCollector,该线程负责统计 openGauss 数据库的信息,这些信息包括物理硬件资源使用信息、对象属性及使用信息、SQL 运行信息、会话信息、锁信息、线程信息等,并且将这些收集到的统计信息保存在 pgstat.stat 文件中。这些统计信息经常被用来做性能分析、故障分析、健康检查和状态监控等。

6. 日志发送线程（WalSender）

日志发送线程在 openGauss 中被命名为 WalSender,这个线程主要是在 openGauss 主备环境中,主节点上运行,发送预写日志给备节点。

7. 日志接收线程（WalReceiver）

日志接收线程在 openGauss 中被命名为 WalReceiver,这个线程主要是在 openGauss 主备环境中,备节点上运行,接收预写日志记录。

8. 清理线程（AutoVacLauncher、AutoVacWorker）

清理线程的原因是 openGauss 默认使用 MVCC 来保证事务的原子性和隔离性。而 MVCC 机制使得数据库的更新和删除记录实际不会被立即删除并释放存储空间,而是标记为历史快照版本,openGauss 使用 MVCC 机制和这些历史快照实现数据的读写不冲突。但是这样会使得操作频繁的表积累大量的过期数据,占用磁盘空间,当扫描查询数据时,需要更多的 I/O 消耗,降低查询效率。所以需要一个线程对这些过期数据进行清理,并回收存储空间。Autovacuum 线程就是这个后台清理线程,负责回收表或 B-Tree 索引中已经删除的行所占据的存储空间,这个线程也是由一个发起线程和一个执行线程组成,在 openGauss 中分别被命名为 AutoVacLauncher 和 AutoVacWorker。当 Autovacuum 参数打开后,AutoVacLauncher 线程会由 GaussMaster 线程启动,并且会不断地将数据库需要做 vacuum 的对象信息保存在共享内存中,当表上被删除或更新的记录数超过设定的阈值时,调用 AutoVacWorker 线程对这个表的存储空间进行回收清理工作。

9. 归档线程（WalWriter）

归档线程在 openGauss 数据库中被命名为 WalWriter,当数据库归档周期（archive_timeout)到达的时候,由 GaussMaster 调用归档线程（WalWriter）,强制切换预写日志,并执行归档操作。

10. 管理线程（GaussMaster）

管理线程也就是指 postmaster 线程,在 openGauss 中被命名为 GaussMaster。管理线程可以看作一个消息转发中心，例如，前端程序发送一个启动信息给管理线程，管理线程根据收到的信息会立即创建一个子线程，这个子线程对请求进行身份验证成功后成为后端线程。

管理线程也会参与操作系统方面的操作，例如，启停数据库。但其本身不参与openGauss数据库内的基本操作，它只是在必要的时刻启动相应的子线程去完成操作，当某些后台线程Crash掉后，管理线程还会负责重置该线程。

11. 轻量级锁监控线程（LWLockMonitor）

轻量级锁监控线程在openGauss中被命名为LWLockMonitor，轻量级锁（LWLock）主要提供对共享内存的互斥访问，如Clog buffer（事务提交状态缓存）、Shared buffers（数据页缓存）、Substran buffer（子事务缓存）等。该轻量级锁监控线程主要检测轻量级锁（LWLock）产生的死锁。

12. 审计线程（Auditor）

审计线程在openGauss数据库中被命名为Auditor，这个线程使用重定向的方式从管理线程、后台线程以及其他子线程获取审计数据，并保存在审计文件中。审计文件的尺寸和保留时间可以使用postgresql.conf配置文件的参数进行配置，如果达到任一个限制，则审计线程会停止对当前审计文件的写入，重新创建一个审计文件，开始写入审计信息。

13. 系统日志线程（SysLogger）

系统日志线程在openGauss数据库中被命名为SysLogger，和审计线程一样，也是使用重定向的方式捕获管理线程、后台线程以及其他子线程的stderr输出，并写入一组日志文件中。可以使用log_rotation_age和log_rotation_size参数设置日志文件的保留时间和尺寸限制，当达到任一限制时，Syslogger线程将关闭对当前日志文件的写入，重新创建日志文件并执行后续的写入。

14. 告警检测线程（AlarmChecker）

告警检测线程在openGauss数据库中被命名为AlarmChecker，是openGauss的告警检测线程。

15. JOB线程（JobScheduler）

JOB线程其实和Autovacuum一样，也分为调度线程和工作线程。调度线程JobScheduler会根据pg_job表里面定义的JOB周期，对已经过期的JOB进行调用，由JobWorker线程执行实际的JOB任务。

16. 百分比统计线程（PercentileJob）

百分比统计线程在openGauss数据库中被命名为PercentileJob，该线程根据percentile参数设置的值计算SQL响应时间的百分比信息。目前，openGauss的percentile参数仅支持80和95。

17. 服务启动线程（StartupProcess）

服务启动线程在openGauss数据库中被命名为StartupProcess，主要负责openGauss启动时的线程初始化或者执行recovery操作。

18. 子线程回收线程（Reaper）

子线程回收线程在openGauss数据库中被命名为Reaper，主要负责回收处于die状态的子线程。

▶ 6.2.2 数据库文件

数据节点，顾名思义就是存储数据文件的物理节点，每个数据库节点都存储着多个类型的数据文件（目录）。openGauss 实例结构主要包括数据文件、日志文件、参数文件、控制文件和统计文件等。数据文件存储数据库数据，包括表、索引等。日志文件记录数据库操作信息，例如，事务日志、归档日志等。参数文件包含数据库启动和运行时的配置参数。控制文件记录数据库的物理结构信息，如数据文件、日志文件的位置和状态。统计文件记录数据库运行的统计信息，如执行的 SQL 语句、锁信息等。数据库文件结构如表 6.1 所示。

表 6.1　数据库文件结构

目录名称	描述
base	openGauss 数据库对象默认存储在该目录，如默认的数据库 postgres、用户创建的数据库及关联的表等对象
global	存储 openGauss 共享的系统表或者说是共享的数据字典表
pg_tblspc	即 openGauss 的表空间目录，里面存储 openGauss 定义的表空间的目录软链接，这些软链接指向 openGauss 数据库表空间文件的实际存储目录
pg_xlog	存储 openGauss 数据库的 WAL 日志文件
pg_clog	存储 openGauss 数据库事务提交状态信息
pg_csnlog	存储 openGauss 数据库的快照信息，openGauss 事务启动时会创建一个 CSN[①]快照，在 MVCC 机制下，CSN 作为 openGauss 的逻辑时间戳，模拟数据库内部的时序，用来判断其他事务对于当前事务是否可见
pg_twophase	存储两阶段事务提交信息，用来确保数据一致性
pg_serial	存储已提交的可序列化事务信息
pg_multixact	存储多事务状态信息，一般用于共享行级锁
Archived WAL	openGauss 数据库 WAL 日志的归档目录，保存 openGauss 的历史 WAL 日志
pg_audit	存储 openGauss 数据库的审计日志文件
pg_replslot	存储 openGauss 数据库的复制事务槽数据
pg_llog	保存逻辑复制时的状态数据

openGauss 数据库保存在 ＄PGDATA 目录下，详细的文件（目录）如图 6.3 所示。

图 6.3　openGauss 数据库文件（目录）架构

▶ 6.2.3 参数配置文件

参数文件包含数据库启动和运行时的配置参数。控制文件记录数据库的物理结构信息，如数据文件、日志文件的位置和状态。数据库主要的参数文件、控制文件如表 6.2 所示。

---

① 提交顺序号（Commit Sequence Number，CSN），使用一个全局自增的长整数作为逻辑的时间戳，模拟数据库内部的时序，该逻辑时间戳被称为提交顺序号。

表 6.2　参数配置文件

文 件 名 称	描　　述
postgresql.conf	openGauss 的配置文件,在 GaussMaster 线程启动时会读取该文件,获取监听地址、服务端口、内存分配、功能设置等配置信息,并且根据该文件,在 openGauss 启动时创建共享内存和信号量池等
pg_hba.conf	基于主机的接入认证配置文件,主要保存鉴权信息(如允许访问的数据库、用户、IP段、加密方式等)
pg_ident.conf	客户端认证的配置文件,主要保存用户映射信息,将主机操作系统的用户与 openGauss 数据库用户做映射
gaussdb.state	主要保存数据库当前的状态信息(如主备 HA 的角色、rebuild 进度及原因、sync 状态、LSN 信息等)

6.3　openGauss 功能架构

openGauss 的最小管理单元是实例,一个实例代表了一个独立运行的数据库,每个实例包含不同的功能模块。openGauss 的功能架构如图 6.4 所示。

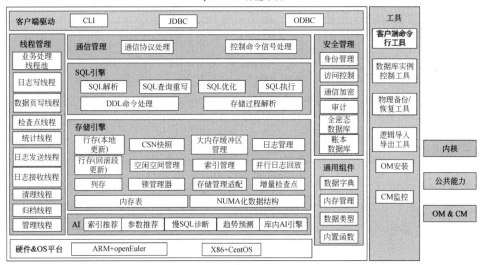

图 6.4　openGauss 功能架构

最左侧部分属于 openGauss 后台线程部分,通过对该部分的理解,可以了解到数据库在运行时,后台都有哪些工作要做。最右边部分属于 openGauss 提供的各类管理工具。

▶ 6.3.1　通信管理

通信管理部分包括通信协议处理和控制命令信号处理两部分。

1. 通信协议处理

这部分主要涉及的是 openGauss 数据库所使用的前端和后端协议,根据连接的状态不同,存在几种不同的子协议,如启动、查询、函数调用、COPY、终止等。

2. 控制命令信号处理

信号是一种软件中断机制,openGauss 数据库线程之间的通信是离不开这些信号的,如常见的 SIGTERM、SIGQUIT、SIGCHILD、SIGUSR1、SIGUSR2 等，这些信号在 openGauss 的线程源代码中随处可见。

▶ 6.3.2 SQL 引擎

SQL 引擎部分包含整个 SQL 处理流程所需要的模块。

1. SQL 解析

当客户端发送 SQL 语句，服务端业务处理线程接收后，首先会对接收到的 SQL 语句进行解析，这些解析依次包括词法解析(将用户输入的 SQL 语句拆解成单词(Token)序列，并识别出关键字、标识、常量等，确定每个词固有的词性)、语法解析(根据 SQL 的标准定义语法规则，使用词法分析中产生的词去匹配语法规则，如果一个 SQL 语句能够匹配一个语法规则，则生成对应的抽象语法树)、语义解析(对语法树进行有效检查，检查语法树中对应的表、列、函数、表达式等是否有对应的元数据，将抽象语法树转换为逻辑执行计划)。

2. SQL 查询重写

当 SQL 语句生成逻辑执行计划后，即到了 SQL 查询重写阶段，利用已有语句特征和关系代数运算(如交换律、结合律、分配律等)来生成更高效的等价语句。

3. SQL 优化

SQL 优化依赖于 SQL 的查询重写，它根据生成的高效等价 SQL 语句，枚举不同的候选执行路径，这些执行路径互相等价但是执行效率不同，经过对它们进行执行代价的计算，最终获得一个最优的执行路径。

这里所说的执行代价如处理一条元组的 CPU 代价，加载一个数据页的 I/O 代价，如果是分布式数据库，数据元组的传输代价。

根据哪些统计信息计算这些代价呢？例如，根据表的元组数、字段宽度、NULL 记录比率、distinct 值、MCV 值(表每一列的高频词汇)、HB 值(直方图，不包含 MCV 值)等表的特征值，以及一定的代价计算模型，计算出每一个执行步骤的不同执行方式的输出元组数和执行代价(cost)。

4. SQL 执行

SQL 执行工作由 SQL 执行器完成，而 SQL 执行器在数据库的整个体系结构中起承上启下的作用，上连优化器，下连存储。当 SQL 执行器接收到优化器返回的执行计划树后，遍历整个执行树，根据每个算子的不同特征进行初始化(例如，HashJoin 这个算子，在初始化阶段会进行 Hash 表的初始化，这个初始化主要是内存分配)。

初始化完毕后就进入了执行阶段，执行器会对执行树进行迭代遍历，通过从磁盘读取数据，根据执行树的具体逻辑完成查询语义。

最后将是执行器的清理阶段，这里主要是释放内存，清理资源。

5. DDL 命令处理

DDL 的命令也需要执行基本的词法解析、语法解析和语义解析等操作，但是基本不需要做什么优化处理。DDL 命令在被解析完毕后，查询对应的数据字典后就可以开始执行更新操作。

6. 存储过程解析

存储过程是一组可以完成特定功能的 SQL 语句集合，经编译后存储在数据库中。存储过程的执行效率比逐条执行的 SQL 语句高很多，因为普通的 SQL 语句，每次都会对 SQL 进行解析、编译、执行,而存储过程只是在第一次执行时进行解析、编译、执行,以后都是对结果进行调用。而存储过程解析工作就是在 SQL 引擎模块中完成的。

▶ 6.3.3　存储引擎

数据库存储引擎主要解决的问题是:

(1) 存储的数据必须保证原子性、一致性、隔离性、持久性。

(2) 支持高并发读写、高性能读写。

(3) 充分发挥硬件的性能,解决数据的高效存储和检索能力。

1. 行存引擎

openGauss 的行存引擎是将表按行存储到硬盘分区上,支持高并发读写、低时延。主要面向 OLTP 场景设计,OLTP 就是在线联机事务处理,它的特点是随机小 I/O 操作频繁,数据变化较大,常见于那些交易型事务处理场景,如银行交易系统、订货发货系统等。

openGauss 的行存引擎使用 MVCC 多版本并发控制,MVCC 机制在更新的时候并不是就地更新,而是在原有页面中保留上一个版本,转而在这个页面(如果空间不够则会在新页面)中创建一个新的版本进行历史版本的累计与更新。相应的页面中会同时存有不同版本的同一行数据,当拿到不同快照版本的事务时,事务之间对这一条数据的读写互不冲突,有着很好的并发性能,对历史版本的检索可以在页面本身或者邻近页面进行,也不需要额外的 CPU 开销和 I/O 开销,效率非常高。

2. 列存引擎

列存引擎主要面向 OLAP 场景设计,OLAP 就是在线联机分析处理,常见于分析决策型使用场景,如某公司决策层想要获得今年某产品在各个区域的销售情况统计信息,就建议使用列存引擎。

列存引擎的存储基本单位是 CU(Compression Unit,压缩单元),表里面一列的一部分数据组成的压缩数据块就可以称为 CU。行存引擎是以行为单位来管理,而列存引擎则将整个表按照不同列划分为若干个 CU,以 CU 为单位进行管理。

列存具有以下优势。

(1) CU 的数据特征一般比较相似,适合压缩且压缩比很高,节省大量的磁盘空间。

(2) 在多列表中,如果仅访问少数几个列,在这种场景中可以很大程度减少需要读取的数据量,大幅降低 I/O 消耗,提升查询性能。

(3) 基于列批量数据向量运算,结合向量化执行引擎,CPU 的缓存命中率比较高,OLAP 性能更好。

(4) 列存表同样支持基本的 DML 操作和 MVCC 多版本控制,从使用角度看兼容性比较好,基本对用户是透明的。

3. 内存引擎

内存表也就是 MOT 内存引擎,作为在 openGauss 中与传统基于磁盘的行存储、列存储并存的一种高性能存储引擎,基于全内存态的数据存储,为 openGauss 提供了高吞吐的实时数据处理分析能力和极低的事务处理延时,在不同的业务负载场景下,可以达到其他引擎事务处理能力的 3~10 倍。

内存引擎之所以有较强的事务处理能力,并不是简单地因为它是基于内存而非磁盘,更多的是因为它的索引结构以及整体的数据组织都是基于 Masstree 模型实现的,Masstree 架构的乐观并发控制和高效的缓存块利用率使得openGauss可以全面地利用内存中可以实现的无锁化数据及索引结构、高效的数据管控、基于NUMA架构的内存管控、优化的数据处理算法及事务管理机制等。

需要注意的是，全内存态存储并不代表着内存引擎中处理的数据会因为系统故障而丢失，相反，内存引擎有着与openGauss的原有机制相兼容的并行持久化、检查点能力（CALC逻辑一致性异步检查点），使得内存引擎有着与其他存储引擎相同的容灾能力以及主备副本带来的高可靠能力。

4. CSN 快照

CSN（Commit Sequence Number）是待提交事务的序列号（一个64位无符号自增长整数），常用于多版本可见性判断和MVCC机制，在openGauss内部使用CSN作为逻辑的时间戳，模拟数据库内部的时序。

openGauss在MVCC机制下，每个事务都有一个单独的事务状态存储区域，记录了该事务的状态信息和CSN信息。每个非只读操作都会取得一个事务号（xid），当事务提交的时候openGauss会向前推进CSN，同时，会将当前的CSN与事务的xid映射关系保存在CSN log中。

openGauss事务启动时会创建一个CSN快照，CSN快照创建的过程大致步骤可以理解为：在事务启动的那一时刻，会遍历当前所有活动的（还未提交）事务，记录在一个活动Transaction的ID数组中；选择所有活跃事务中最小的TransactionID，记录在xmin中，选择所有已提交事务中最大的TransactionID，加1后记录在xmax中。

所有事务ID小于xmin的事务可以被认为已经完成，即事务已提交，其所做的修改对当前快照可见。

所有事务ID大于或等于xmax的事务可以被认为正在执行，其所做的修改对当前快照不可见。

对于事务ID处在[xmin，xmax)区间的事务，需要结合活跃事务列表与事务提交日志CLOG，判断其所做的修改对当前快照是否可见。

5. 空闲空间管理

openGauss使用MVCC多版本并发控制机制，更新和删除操作并不会在页面中删除数据本身，这样在数据库长时间运行后会有大量的历史版本保存在存储空间中，造成空间膨胀。为了解决这一问题，存储引擎内部需要定期对历史数据进行清理，以保证数据库的健康运行。

存储空间的清理分为页面级的清理、表级清理、数据库级清理等。

页面级的清理机制称为heap_page_prune，这是一种较为轻量化的清理方式，这种机制由页面的空闲空间阈值触发，仅改动页面本身，不改动对应的索引页面，可以很好地解决同一条数据记录的历史遗留版本。

表级别和数据库级别的清理机制称为vacuum，vacuum清理机制的触发可以由用户手动触发，也可以根据参数阈值后台自动触发。vacuum操作除了清理废旧的元组数据以外，还会对索引进行清理以释放存储空间，同时也会更新对应的统计信息。

6. 锁管理器

锁管理器对事务并发访问过程中数据库对象的加锁操作进行管理，判断两个事务访问同一个对象的时候加的锁的类型是否相容，是否允许事务在相应对象上加锁。锁管理器对事务并发过程中使用的锁进行记录、追踪和管理。

7. 大内存缓冲区管理

大内存缓冲区介于数据存储引擎和外部文件系统之间,常用来同外部文件系统进行 page 页面交换并作缓冲,对内存共享页面的脏页进行 LRU 算法淘汰并刷盘,保证内存使用的高效,减少磁盘的访问。

8. 索引管理

索引可以有效提升数据的访问效率,索引管理主要管理的是索引结构,包括索引创建、更改、删除等。

9. 存储管理适配

存储管理适配指的就是对存储介质层的管理,对不同的存储介质进行适配封装,对上层数据页面访问屏蔽底层真正存储系统的差异,例如,管理 HDD 的使用、管理 SSD 的使用。

10. 日志管理

传统数据库一般都采用串行刷日志的设计,因为日志有顺序依赖关系,即一个事务产生的多条 redo/undo 记录的前后顺序依赖关系很强。

在日志管理这部分,openGauss 主要对日志系统进行了并行设计,采用多个 Log Writer 线程并行写的机制,打散串行刷日志的锁控制瓶颈,充分发挥 SSD 的多通道 I/O 处理能力。

11. 并行日志回放

并行日志回放指的是将重做日志中已记录的数据文件变更操作重新应用到系统/页面中的过程,这个过程通常发生在实例故障恢复抑或者是主备实例之间的数据同步过程中的备机实例上(即主实例的改动需要在备机实例回放重做,以达到主备实例状态一致)。

openGauss 数据库为了能够充分利用 CPU 多核的特点,加快数据库异常后恢复及备机实例日志回放的速度,在备机的日志回放中使用了多线程并行回放技术。整个并行回放系统由分配模块和回放模块组成,分配模块负责解析日志并分配日志给回放模块,而回放模块负责将解析后的日志进行实际回放操作。

因为事务的提交和操作之间的顺序对于数据一致性至关重要,所以重做日志中每条记录都有一个 64 位无符号整数的日志序列号(LSN)。openGauss 为了提升整体并行回放机制的可靠性,会在对每一个页面执行回放动作之前,对事务日志中的 LSN 和页面结构中的 Last_LSN 进行校验,以保证回放过程中数据库系统的一致性。

openGauss 默认有 4 个并行回放线程,当然也可以使用参数 recovery_max_workers 调整。

12. 增量检查点

数据库中事务对数据文件操作的持久化与事务提交不是同步的,也就是说,事务提交需要对应的重做日志强制刷盘,但是并不强制要求对应的数据页被刷盘,这样就使得当数据库实例从崩溃状态恢复时,需要对重做日志进行回放,读取所有没有被刷盘的数据页进行恢复,这样就使得日志回放代价较高,故障恢复时间较长。

数据库检查点可以让存储引擎将数据缓冲区中的脏页写入磁盘中,并记录信息到日志文件和控制文件。当数据库实例从崩溃状态恢复时,可以直接从检查点时刻的 LSN 位置开始执行回放,降低数据库的日志回放代价,缩小故障恢复时间。

但由于检查点本身需要将缓冲区的所有脏页刷盘,从而造成每次检查点时刻对数据库实例造成了较大的物理 I/O 压力,导致数据库运行性能波动较大,较大的性能波动对于核心业务系统可能造成灾难性故障。

为了解决检查点造成的数据库性能波动问题,openGauss 数据库引入了增量检查点机制,默认 1min 执行一次。

在增量检查点机制下，会维护一个按照 LSN 顺序递增排列的脏页面队列，定期由 pagewriter 线程对这些队列中的脏页进行刷盘操作，并记录已被刷盘的脏页最新的 LSN（recLSN）。当触发增量检查点的时候，并不是等待所有脏页刷盘，而是使用当前脏页队列的 recLSN 作为检查点 LSN 位置，这样的增量检查点使得整个数据库系统 I/O 性能更加平滑，且系统故障恢复时间更短。

pagewriter 线程在前面的线程管理部分已经做过基本介绍，当增量检查点机制打开时，不再使用 full_page_writes 防止半页写问题，而是依赖双写（double-writer）特性保护。pagewriter 线程将脏数据页复制到双写（double-writer）区域并落盘，然后将脏页转发给 bgwriter 子线程进行数据下盘操作，这样就防止了数据页"折断"故障的发生。

13. NUMA 化数据架构

openGauss 根据鲲鹏处理器的多核 NUMA 架构特点，做了一系列的相关优化，例如，采用 NUMA 绑核的方式尽量减少跨核内存访问的时延问题；为了充分发挥鲲鹏多核算力优势，使用并行日志系统设计、CLog 分区等，大幅提升 OLTP 系统的处理性能。

openGauss 基于鲲鹏芯片所使用的 ARMv8.1 架构，利用 LSE 扩展指令集替代传统的 CAS 指令实现高效的原子操作，从而提升多线程间同步性能、XLog 写入性能等。

▶ 6.3.4 安全管理

高安全是 openGauss 数据库给企业带来的重要价值之一，为了有效保障用户隐私数据，防止信息泄露，构建了由内而外的数据库安全保护措施。

openGauss 的安全机制充分考虑了数据库可能的接入方，包括 DBA、用户、应用程序以及通过攻击途径连接数据库的攻击者等。

1. 身份管理

在身份管理方面，openGauss 使用了一系列的认证机制来实现，通过认证模块限制用户对数据库的访问，通过口令认证、证书认证等机制保障认证过程中的安全，通过黑白名单限制访问 IP，通过数据库属性或用户属性限制连接数。

2. 访问控制

在访问控制方面，用户以某个角色登录数据库系统后，通过基于角色的访问控制机制获得相应的数据库资源和对象访问权限，用户每次在访问数据库对象时，均需要使用存取控制机制进行权限校验。为了解决系统管理员用户权限高度集中的问题，openGauss 系统引入了三权分立角色模型，在该模型中，安全管理员负责用户角色的创建，系统管理员对创建的用户进行赋权（不再拥有创建角色和用户的权限，也不再拥有查看和维护数据库审计日志的权限，同时还不再拥有管理其他用户模式及对象的权限），审计管理员则审计所有用户的操作行为。

3. 通信加密

用户对对象的访问操作本质上是对数据的管理，包括增加、删除、修改、查询等操作。数据在存储、传输、处理、显示等阶段都会面临信息泄露的风险。

openGauss 提供了数据加密、数据脱敏、加密数据导入导出等机制保障数据的隐私安全。

另外，openGauss 还将引入全程加密技术，数据在客户端进行加密后进入服务端，服务端基于密文场景，对密文进行查询和检索。并且，openGauss 将构建基于可信硬件的可信计算能力，在可信硬件中，完成对数据的解密和计算，计算完毕后再加密返回，构成完整的 openGauss

全程加密方案架构。

4. 审计

openGauss 针对用户所关心的行为提供了基础审计能力,审计内容包括事件的发起者、事件的发生时间和事件的内容。

openGauss 可以从以下维度做审计。

- 用户的登录、注销审计。
- 数据库启动、停止、恢复审计。
- 用户越权访问、锁定、解锁审计。
- 数据库对象的 DDL、DML 以及函数的操作审计。
- 权限的赋权和回收审计。
- 参数修改审计。

openGauss 将这些审计所产生的内容以二进制格式单独存储于文件中,审计管理员可以通过 pg_query_audit()函数查看审计日志内容。

▶ 6.3.5　通用组件

通用组件部分主要包含数据字典、内存管理、数据类型和内置函数等。

1. 数据字典

数据字典可以看作数据库的元数据,元数据就是描述数据属性的一些数据。

用户可以通过查询系统表的内容获取数据库相关信息,如表的属性信息、数据库的属性信息、数据类型的属性信息等。在 SQL 执行的过程中辅助执行语义的解析。

2. 内存管理

内存管理模块负责根据 openGauss 数据库的参数配置,规划数据库各种内存的分配。例如,使用 max_process_memory 参数控制数据库节点可用内存的最大峰值,使用 work_mem 参数控制 SQL 内部排序和 Hash 表写入临时磁盘之前可以使用的内存大小等。

3. 数据类型

数据类型支撑了数据库的访问和计算,它定义了数据库中数据的属性。表的每一列都属于一种数据类型,数据库根据数据类型使用对应的函数对数据内容进行操作,例如,openGauss 可对数值型数据进行加、减、乘、除操作等。

4. 内置函数

函数是在数据库内定义的子程序,数据库通过内置函数可以实现特定的功能需求,例如,数学计算、数据库管理、数据库信息查询等操作。

▶ 6.3.6　管理工具

蓝色部分的代码主要是华为自研的客户端和服务器端工具,帮助用户更好地维护 openGauss。

1. 客户端命令行工具

客户端命令行工具,典型的代表就是 gsql,这个工具前面已经做过简单解释,不再重复介绍。

2. 数据库实例控制工具

openGauss 常见的实例控制工具,主要包括 gs_ctl(启停数据库、加载配置文件、主备状态切换和查询等)、gs_initdb(初始化数据库实例,生成数据库目录、系统表并创建默认的数据库和模板数据库等）等。

3. 物理备份/恢复工具

openGauss 提供了 gs_basebackup 工具做基础的物理备份。

gs_basebackup 的实现目标是对数据库文件进行二进制复制，远程执行 gs_basebackup 时，需要使用系统管理员账户。这个工具当前支持热备份模式和压缩格式备份。

数据恢复操作比较简单，因为 gs_basebackup 是对数据库按二进制进行备份，因此恢复时可以直接复制替换原有的文件，或者直接在备份的库上启动数据库。

4. 逻辑导入导出工具

在逻辑导入导出工具部分，openGauss 主要提供了 gs_dump 和 gs_dumpall 工具。

gs_dump 工具可以帮助用户以纯文本格式、目录归档格式、tar 归档格式、用户自定义格式对一个数据库的对象导出，这些对象包括模式、表、视图等。

gs_dumpall 工具可以以纯文档格式导出 openGauss 数据库的所有数据，包括默认数据库 postgres 的数据、自定义数据库的数据、openGauss 所有数据库公共的全局对象。

在数据库恢复方面，纯文本的备份数据可以直接使用 gsql 工具导入，通过-f 参数指定备份文本即可。

关于其他格式的备份集恢复，可以使用 gs_restore 工具完成。该工具可以将备份文件内容导入数据库中，也可以导入指定文本文件中，等效于直接使用 gs_dump 导出为纯文本格式。

5. OM 安装

OM（Operation Manager）是 openGauss 的运维管理模块，提供集群日常运维、配置管理的管理接口、工具。

openGauss 提供了 gs_om 工具帮助用户对 openGauss 数据库实例进行维护，包括启动 openGauss、停止 openGauss、查询 openGauss 状态、生成静态配置文件、刷新动态配置文件、显示帮助信息和显示版本号信息的功能。

6. CM 监控

CM（Cluster Manager）是集群管理模块，由 CM Agent、CM Monitor 和 CM Server 组成。CM 模块常见于分布式的 gauss 数据库，负责集群内高可用，管理和监控分布式系统中各个功能单元和物理资源运行情况，确保整个系统稳定运行。

CM 包括以下几个组件。

- CM Agent：负责监控所在主机上主备 GTM、CN、主备 DN 的运行状态并将状态上报给 CM Server。同时负责执行 CM Server 下发的仲裁指令。集群的每台主机上均有 CM Agent 进程。CM Server 会将集群的拓扑信息保存在 ETCD。
- OM Monitor：看护 CM Agent 的定时任务，其唯一的任务是在 CM Agent 停止的情况下将 CM Agent 重启。如果 CM Agent 重启不了，则整个主机不可用，需要人工干预。
- CM Server：根据 CM Agent 上报的实例状态判定当前状态是否正常，是否需要修复，并下发指令给 CM Agent 执行。

小结

openGauss 的体系架构分为三层：存储层、计算层和用户层。其中，存储层主要负责数据的存储和管理，计算层则负责数据的计算和运算，用户层则是 openGauss 与用户交互的接口。

　　存储层主要包括存储引擎和存储管理器两部分。其中,存储引擎负责数据的存储和访问操作,而存储管理器则负责数据的存储布局、容量管理、事务管理等。

　　计算层主要包括计算引擎和任务调度器两部分。计算引擎则负责查询计算和数据处理等操作,任务调度器则负责任务的调度和分配。

　　用户层主要包括客户端和应用接口两部分。客户端是用户与openGauss交互的接口,应用接口则是开发者与openGauss之间的接口。

习题 6

1. openGauss数据库系统架构主要包括哪些内容?
2. openGauss数据库体系架构中的实例主要包括哪些线程?
3. openGauss的物理文件有哪些?各保存什么内容?

本章学习目标

- 具体了解表空间的基本概念。
- 掌握表空间的管理,包括创建表空间、删除表空间、重命名表空间、查看表空间。

表空间是数据库的逻辑划分,所有的数据库对象都存放在指定的表空间中,但主要存放的是表,所以称作表空间。通过使用表空间,管理员可以控制一个数据库安装的磁盘布局。如果初始化数据库所在的分区或者卷空间已满,又不能逻辑上扩展更多空间,可以在不同的分区上创建和使用表空间,直到系统重新配置空间。

本章首先简述了 openGauss 表空间的基本概念,然后深入介绍表空间的创建、查询、使用和删除等知识与方法,帮助读者全面掌握表空间的使用技巧。

7.1 openGauss 的表空间

7.1.1 表空间的概念

对于 openGauss 数据库,表空间是一个目录,可以存在多个表空间,每个表空间所对应的目录存储的是其所包含的数据库的各种物理文件。openGauss 的表空间这一特性和 Oracle 不一样,Oracle 的表空间是一个逻辑概念,Oracle 表空间不是一个目录,其数据是存放于数据文件之上的,一个表空间可以对应着一个或多个物理的数据文件。

openGauss 的表空间是一个目录,仅起到物理隔离的作用,对于其管理功能更依赖于表空间所在的文件系统。每个表空间可以对应多个数据库。数据库管理的对象可分布在多个表空间上。openGauss 数据库的逻辑结构如图 7.1 所示。

7.1.2 表空间的作用

数据库的表空间(Tablespace)是数据库管理系统中的一个重要概念,主要用于管理和组织数据存储的物理结构。表空间的用处主要体现在以下几方面。

1. 数据组织

表空间允许数据库管理员(DBA)将数据文件和控制文件按照逻辑结构进行组织。这样,可以将相关的数据对象(如表、索引、分区等)放置在同一个表空间中,从而提高数据的逻辑关联性和访问效率。

2. 空间管理

通过使用表空间,可以更有效地管理数据库的存储空间。例如,可以为不同的应用或用户分配不同的表空间,从而实现资源的合理分配和控制。此外,表空间还可以帮助限制数据文件的最大大小,避免单个文件过大导致的管理问题。

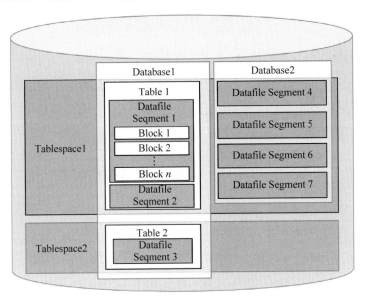

图 7.1 openGauss 数据库的逻辑结构

3. 性能优化

合理的表空间设计可以提高数据库的 I/O 性能。通过将频繁访问的数据放置在高速存储设备上的表空间，而将不常访问的数据放置在低速存储设备上的表空间，可以优化数据的读取速度和整体性能。

4. 数据安全

表空间可以提供一定程度的数据安全性。例如，可以通过备份特定的表空间来实现数据的部分备份，而不是整个数据库的备份。这样，在恢复数据时，只需恢复受影响的表空间，而不是整个数据库，从而提高恢复效率。

5. 维护与恢复

表空间的另一个重要用途是简化数据库的维护和恢复工作。当需要对数据库进行维护时，可以只对特定的表空间进行操作，而不影响其他表空间中的数据。此外，在数据恢复过程中，可以单独恢复某个表空间，而不必恢复整个数据库，这样可以减少恢复时间并降低数据丢失的风险。

6. 扩展性与灵活性

使用表空间可以提高数据库的扩展性和灵活性。随着数据量的增长，可以通过添加新的数据文件到现有的表空间，或者创建新的表空间来满足存储需求。这种方式使得数据库可以更灵活地适应不断变化的业务需求。

7. 成本控制

通过合理规划表空间，可以有效地控制存储成本。例如，可以根据数据的重要性和访问频率，将数据存储在不同成本的存储介质上，如 SSD、HDD 等，从而实现成本效益的最大化。

▶ 7.1.3 openGauss 的默认表空间

在 openGauss 完成安装部署后，会自动创建两个表空间：pg_default 和 pg_global。

1. 默认表空间 pg_default

默认表空间用来存储非共享系统表、用户表、用户表 index、临时表、临时表 index、内部临时表的默认表空间。对应存储目录为实例数据目录下的 base 目录。

2. 共享表空间 pg_global

共享表空间用来存放共享系统表（系统字典表）的表空间。对应存储目录为实例数据目录下的 global 目录。

可以通过查询系统视图 pg_tablespace 来查看表空间信息，如图 7.2 所示。

图 7.2　查看系统默认表空间

pg_default 对应存储目录为实例数据目录的 base 子目录下，pg_global 对应存储目录为实例数据库目录下的 global 子目录下。

在 HCS(HUAWEI CLOUD Stack,华为云)等场景下一般不建议用户使用自定义的表空间。用户自定义表空间通常配合主存（即默认表空间所在的存储设备，如磁盘）以外的其他存储介质使用，以隔离不同业务可以使用的 I/O 资源，而在 HCS 等场景下，存储设备都是采用标准化的配置，无其他可用的存储介质，自定义表空间使用不当不利于系统长稳运行以及影响整体性能，因此建议使用默认表空间即可。

▶ 7.1.4　openGauss 的表空间特性

相对于其他数据库，openGauss 数据库的表空间存在很多相同的特点，但又有很多自己的特性，根据 openGauss 官网介绍，部分特性如下。

- 如初始化数据库所在分区或卷空间已满，又无法逻辑上扩展更多空间，可在不同分区创建和使用表空间，直到系统重新配置空间。
- 表空间允许数据库管理员根据数据库对象使用模式安排数据位置，例如，将频繁使用的索引放在性能较好的 SSD 盘，将归档文件或对性能要求不高的表放在非 SSD 盘，从而提高性能降低费用。
- 数据库管理员还可以通过表空间设置占用的磁盘空间，当和其他数据共用分区时，可防止表空间占用相同分区上的其他空间。
- 表空间还可以控制数据库数据占用的磁盘空间，当表空间所在磁盘使用率达到 90%时，数据库将被设置为只读模式，当磁盘使用率降到 90%以下时，数据库将恢复到读写模式。

视频讲解

7.2　表空间管理

在数据库设计和配置过程中，表空间和用户的创建遵循一定的顺序，以确保数据库的组织、管理和安全性。以下是建立表空间与创建用户的推荐步骤，以及它们各自的考虑因素。

1．建立表空间

设计数据库时，首先要确定表空间的需求和布局。表空间是数据库中用来存放数据的逻辑容器，它决定了数据的物理存储位置、磁盘限额等。根据企业的实际需求，可以选择只建立一个表空间，或者根据数据类型、性能需求等因素建立多个表空间。

建立多个表空间的意义如下。

（1）性能优化：通过将不同类型的数据存放在不同的表空间中，可以提高数据访问的输入输出性能，因为不同的表空间可以对应到不同的磁盘或磁盘分区上，充分利用硬件资源。

（2）管理便捷：多个表空间使得数据库管理员能够更灵活地管理存储空间，例如，对特定表空间进行备份、恢复或扩展操作，而不影响其他表空间中的数据。

（3）安全控制：表空间可以设置不同的权限控制，确保只有特定用户或角色能够访问或修改其中的数据，从而提高了数据库的安全性。

2．建立用户，并指定默认表空间

在创建用户时，应指定其默认表空间。默认表空间是用户在创建数据库对象（如表、索引等）时，数据默认存储的表空间。

指定默认表空间的意义如下。

（1）简化操作：用户在创建数据库对象时，如果不指定表空间，那么对象将自动存储在用户的默认表空间中，这简化了创建对象的步骤，提高了工作效率。

（2）资源控制：通过为用户指定不同的默认表空间，可以实现对用户存储资源的控制，例如，限制用户可用的磁盘空间大小，防止某个用户占用过多的存储资源。

（3）权限管理：由于表空间可以设置权限，指定用户的默认表空间也是一种权限管理手段，可以控制用户对数据的访问和操作范围。

综上所述，在数据库设计中，按照先创建表空间再创建用户的顺序进行，可以确保数据库结构的合理性和安全性，同时提高数据库的性能和管理效率。

▶ 7.2.1 创建表空间

创建表空间的语法如下。

```
CREATE TABLESPACE tablespace_name
[ OWNER user_name ] [ RELATIVE ] LOCATION 'directory'[ MAXSIZE 'space_size' ]
```

参数说明如下。

（1）tablespace_name。

要创建的表空间名称。表空间名称不能和数据集群中的其他表空间重名，且名称不能以"pg"开头，这样的名称留给系统表空间使用。取值范围：字符串，要符合标识符命名规范。

（2）OWNER user_name。

指定该表空间的所有者。省略时，新表空间的所有者是当前用户。只有系统管理员可以创建表空间，但是可以通过 OWNER 子句把表空间的所有权赋给其他非系统管理员。取值范围：字符串，已存在的用户。

（3）RELATIVE。

若指定该参数，表示使用相对路径，LOCATION 目录是相对于各个 CN/DN 数据目录下的。目录层次为 CN 和 DN 的数据目录/pg_location/相对路径。相对路径最多指定两层。若没有指定该参数，表示使用绝对表空间路径，LOCATION 目录需要使用绝对路径。

（4）LOCATION 'directory'。

用于表空间的目录。当创建绝对表空间路径时，对于目录有如下要求。

- GaussDB 系统用户必须对该目录拥有读写权限，并且目录为空。如果该目录不存在，将由系统自动创建。
- 目录必须是绝对路径，目录中不得含有特殊字符（如＄，＞等）。
- 目录不允许指定在数据库数据目录下。
- 目录需要为本地路径。
- 取值范围：字符串，有效的目录。

（5）MAXSIZE 'space_size'。

指定表空间在单个 DN 上的最大值。取值范围：字符串格式为正整数＋单位，单位当前支持 K/M/G/T/P。解析后的数值以 K 为单位，且范围不能够超过 64 比特表示的有符号整数，即 1～9 007 199 254 740 991KB。

创建表空间时可以使用相对目录，系统会默认在实例数据目录（由环境变量 ＄PGDATA 定义）的 pg_location 目录下创建子目录，子目录名与表空间名相同。切换至 omm 用户，通过 gsql 连接 postgres 数据库，执行下列命令创建表空间 hr，生成的目录结构如图 7.3 所示。

```
CREATE TABLESPACE hr RELATIVE LOCATION 'hr';
```

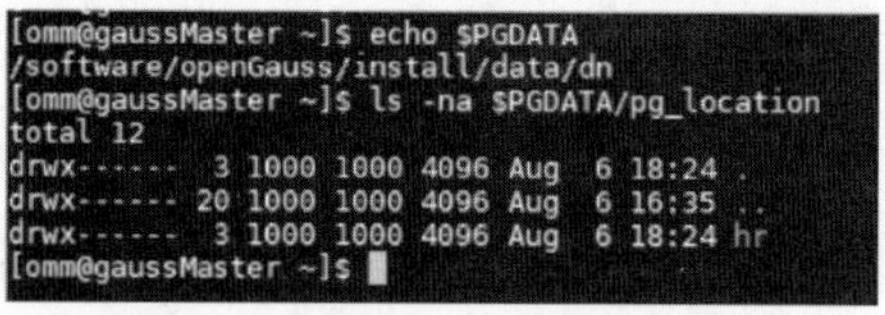

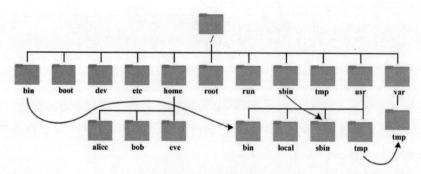

图 7.3　在默认目录下创建表空间

在创建表空间时如果想要使用绝对路径，在创建表空间之前，就需要先创建表空间对应的目录，Linux 的目录结构如图 7.4 所示。其中，home 子目录是用户的主目录，在 Linux 中，每个用户都有一个自己的目录，一般该目录名是以用户的账号命名的，如图 7.4 图中的 alice、bob 和 eve。

图 7.4　Linux 目录结构

用户自定义表空间时，尽量不要和系统默认表空间放在同一目录结构中，可以将用户创建表空间对应的物理目录设置在/home 用户目录下。

高校教材管理系统案例数据库的表空间拟放置在/home/omm/data 目录下。所以，需要首先创建目录结构，并将目录结构授权 omm 用户读写访问。以 root 用户身份执行下列命令，创建目录结构。

```
mkdir – p /home/omm/data
chmod – R 774 /home/omm
chown – R omm /home/omm
```

在 gsql 工具中以初始用户 omm 身份执行下列命令创建表空间 space_textbook。

```
CREATE TABLESPACE space_textbook LOCATION '/home/omm/data/textbook';
```

此时,在 gsql 工具中利用\db+命令可以查看所有表空间的详情,如图 7.5 所示。从中可以看到表空间的名称、属主、路径等信息。

图 7.5 表空间信息

▶ 7.2.2 在表空间中创建对象

执行如下命令创建一个新用户 jim。

```
CREATE USER jim IDENTIFIED BY 'Jim@1357';
```

执行下列命令,以 jim 的身份连接登录 postgres 数据库。

```
gsql – d postgres – r – U jim
```

尝试在 hr 表空间上创建一张测试表 test,此时会报“permission denied for …”错误,测试表创建失败,如图 7.6 所示。

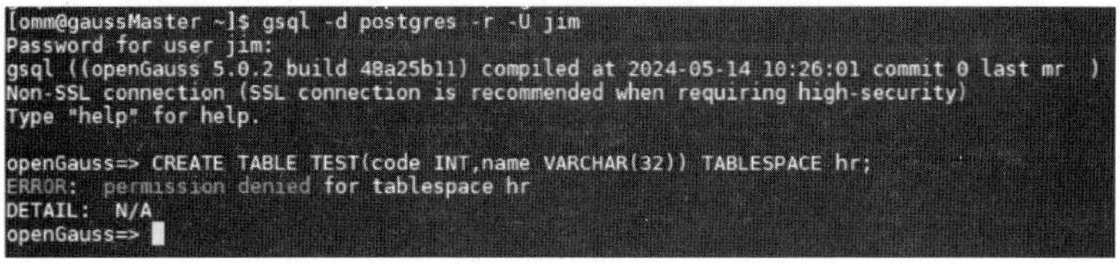

图 7.6 在指定表空间上创建表

报错的原因是用户 jim 没有表空间 hr 的使用权限,hr 表空间的属主或者初始用户 omm 可以执行下列语句将 hr 表空间的 CREATE 权限授予 jim 用户。

```
GRANT CREATE ON TABLESPACE hr TO jim;
```

如果用户拥有表空间的 CREATE 权限,就可以在表空间上创建数据库对象,如数据库、表和索引等。

以创建表为例,有如下两种方式。

(1)执行如下命令在指定表空间 hr 创建表 test。

```
CREATE TABLE test(code INT,name VARCHAR(32)) TABLESPACE hr;
```

(2)先使用 set default_tablespace 设置默认表空间 hr,再创建表。

```
SET default_tablespace = 'hr';
```

假设设置“hr”为默认表空间,然后创建表 test2。

```
CREATE TABLE test2(code INT,name VARCHAR(32));
```

7.2.3 查询表空间

1. 方式一

pg_tablespace 系统表记录了所有表空间的基本信息，通过查询 pg_tablespace 系统表就可以了解数据库表空间的情况。执行下列命令可查到系统和用户定义的全部表空间。

```
SELECT spcname,spcowner,spcacl,spcmaxsize,relative FROM pg_tablespace;
```

查询结果如图 7.7 所示，其中，spcname 为表空间名称，spcowner 为表空间属主，spcacl 为表空间的控制列表，spcmaxsize 为表空间的最大值，relative 为是否采用相对路径。

```
openGauss=# SELECT spcname,spcowner,spcacl,spcmaxsize,relative FROM pg_tablespace;
    spcname     | spcowner |         spcacl          | spcmaxsize | relative
----------------+----------+-------------------------+------------+----------
 pg_default     |       10 |                         |            | f
 pg_global      |       10 |                         |            | f
 space_textbook |       10 |                         |            | f
 hr             |       10 | {omm=C/omm,jim=C/omm}   |            | t
(4 rows)

openGauss=# 
```

图 7.7　查询表空间信息

2. 方式二

可以使用 gsql 程序的元命令\db+查询表空间，查询结果如图 7.8 所示。

```
openGauss=# \db+
                          List of tablespaces
      Name      | Owner |        Location         | Access privileges | Description
----------------+-------+-------------------------+-------------------+-------------
 hr             | omm   | hr                      | omm=C/omm        +|
                |       |                         | jim=C/omm         |
 pg_default     | omm   |                         |                   |
 pg_global      | omm   |                         |                   |
 space_textbook | omm   | /home/omm/data/textbook |                   |
(4 rows)
```

图 7.8　查看表空间信息

7.2.4 查询表空间使用情况

用户可以使用 PG_TABLESPACE_SIZE 函数进行表空间使用情况查询，此函数的唯一参数为需要查询的目标表空间名称。

```
SELECT PG_TABLESPACE_SIZE('hr');
```

返回如下信息。

```
pg_tablespace_size
----------------------
              8192
(1 row)
```

其中，8192 表示表空间的大小，单位为字节。

7.2.5 重命名表空间

执行如下命令对表空间 hr 重命名为 space_hr。

```
ALTER TABLESPACEhr RENAME TO space_hr;
```

修改表空间名称后，仍可正常查询原表空间上的表数据信息，修改表空间名称，其对应的目录名称并未随之改变。

▶ 7.2.6 删除表空间

用户必须是表空间的 owner 或者系统管理员才能删除表空间。

以 jimmy 或 omm 用户身份执行如下命令尝试直接删除 hr 表空间,此时会报"tablespace XXX is not empty"信息,原因是 hr 表空间中有几张 jim 用户的表,所以不能直接删除表空间。

可以执行下列语句先删除用户 jim 及其所有对象(包括表)。

```
DROP USER jim CASCADE;
```

删除表空间的所有表以后就可以执行如下命令删除表空间 hr。

```
DROP TABLESPACE hr;
```

表空间删除后其对应的物理目录并不会删除,需要用户手动删除,请注意表空间所对应的目录名称并不一定与表空间名称一致。

小结

虽然 openGauss 的表空间并不像 Oracle 那么重要,但作为一个数据组织的逻辑单元,在提高数据库性能、管理磁盘空间、增强数据安全性、方便数据恢复和分割数据等诸多方面还是有不少好处的。在实施一个数据库系统项目时,系统运维人员需要很好地规划、设计好表空间,合理高效地对项目数据库的数据进行组织存储。

习题 7

1. 表空间有什么作用?
2. openGauss 创建表空间时相对路径如何查看?
3. openGauss 删除表空间时要注意哪些事项?

本章学习目标

- 具体了解 openGauss 的安全机制。
- 掌握用户的管理,包括创建用户、删除用户、用户授权、查看用户。

系统安全包含两层含义,第一层是指系统运行安全,系统运行过程通常受到诸如病毒感染、网络非法入侵等破坏性威胁;第二层是指系统信息安全,系统资料被黑客入侵盗取。数据库的安全性是指保护数据库,防止不合法地使用,以免数据被泄露、更改或破坏。

数据库安全的防护技术有客户端接入认证、用户验证与权限控制、数据库加密(核心数据存储加密)、数据脱敏(敏感数据匿名化)、数据库审计等技术手段。

本章主要介绍数据库安全防护技术中的客户端接入认证、用户管理与权限控制的理论和技术,帮助读者深入理解数据库安全的重要性,掌握数据库安全管理的关键技术与方法。

8.1 openGauss 的安全性

▶ 8.1.1 openGauss 的安全机制概览

openGauss 的安全机制充分考虑了数据库可能的接入方,包括 DBA、用户、应用程序以及通过攻击途径连接数据库的攻击者等。

openGauss 不仅提供了用户访问所需的客户端工具 gsql,同时支持 JDBC/ODBC 等通用客户端工具。整个 openGauss 系统通过认证模块来限制用户对数据库的访问,通过口令认证、证书认证等机制来保障认证过程中的安全,同时可以通过黑白名单限制访问 IP。

用户以某种角色登录系统后,通过基于角色的访问控制(Role Based Access Control,RBAC)策略,可获得相应的数据库资源以及对应的对象访问权限。

用户每次在访问数据库对象时,均需要使用自主存取控制机制访问控制列表(Access Control List,ACL)进行权限校验。常见的用户包括超级用户、管理员用户和普通用户,这些用户依据自身角色的不同,获取相应的权限,并依据 ACL 来实现对对象的访问控制。所有访问登录、角色管理、数据库运维操作等过程均通过独立的审计进程进行日志记录,以用于后期行为追溯。

openGauss 在校验用户身份和口令之前,需要验证最外层访问源的安全性,包括端口限制和 IP 地址限制。访问信息源验证通过后,服务端身份认证模块对本次访问的身份和口令进行有效性校验,从而建立客户端和服务端之间的安全信道。整个登录过程通过一套完整的认证机制来保障,满足 RFC 5802 通信标准。RFC 5802 是因特网工程工作组(Internet Engineering Task Force,IETF)发布的一个标准,它定义了一种名为加盐挑战响应认证机制(Salted Challenge Response Authentication Mechanism,SCRAM)的身份验证机制。这种机制是一种挑战-应答身份验证机制,通过使用盐值(salt)来增加安全性。SCRAM 机制包括多个步骤,涉及客户端和服务器之间的双向认证,确保双方的身份验证和通信的安全性。这种认证机制支持多种加密算法,如 MD5、SHA256、SM3 等,提供了灵活的认证方式选择,以适应不同的安全需求。openGauss 的认证过程包括客户端和服务器之间的双向认证,确保只有经过授权的用户才能访问数据库,保护数据的安全性和完整性。

登录系统后用户依据不同的角色权限进行资源管理。角色是目前主流的权限管理概念,角色实际上是权限的集合,用户则归属于某个角色组。管理员通过增加和删除角色的权限,可简化对用户成员权限的管理。

用户登录后可访问的数据库对象包括数据库(Database)、模式(Schema)、表(Table)、视图(View)、索引(Index)、序列(Sequence)、函数(Function)及语言(Language)等。实际应用场景中,不同的用户所获得的权限均不相同,因此每一次对象访问操作,都需要进行权限检查。当用户权限发生变更时,需要更新对应的对象访问权限,且权限变更即时生效。

用户对对象的访问操作本质上是对数据的管理,包括增加、删除、修改、查询等各类操作。数据在存储、传输、处理、显示等阶段都会面临信息泄露的风险。openGauss 提供了数据加密、数据脱敏以及加密数据导入导出等机制保障数据的隐私安全。

▶ 8.1.2 openGauss 的安全认证

openGauss 是一款标准的基于客户端/服务端(C/S)模式工作的数据库系统,每一个完整的会话连接都由后台服务进程和客户端进程组成。一个完整的 openGauss 认证过程如图 8.1 所示。

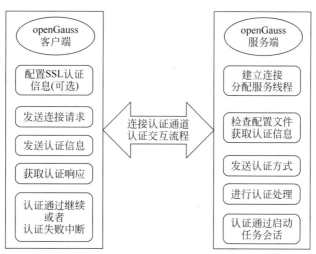

图 8.1 openGauss 认证详细流程

(1) 客户端依据用户需求配置相关认证信息,这里主要指 SSL(Secure Sockets Layer,安全套接层)认证相关信息,建立与服务端之间的连接。

(2) 连接建立完成后,客户端发送访问所需要的连接请求信息给服务端,对请求信息的验证工作都在服务端完成。

(3) 服务端首先需要进行访问源的校验,即依据配置文件对访问的端口号、访问 IP 地址、允许用户访问范围以及访问数据对象进行校验。

(4) 在完成校验后连同认证方式和必要的信息返回给客户端。

（5）客户端依据认证方式加密口令并发送认证所需的信息给服务端。

（6）服务端对收到的认证信息进行认证。认证通过，则启动会话任务与客户端进行通信提供数据库服务；否则，拒绝当前连接，并退出会话。客户端安全认证机制是 openGauss 的第一层安全保护机制，解决了访问源与数据库服务端间的信任问题。通过这层机制可有效拦截非法用户对数据库进行恶意访问，避免后续的非法操作。

8.2 配置客户端接入认证

1. 配置 IP 白名单

客户端主机需要连接数据库服务器时会发送连接请求信息给服务器，连接请求包括主机 IP、用户口令、认证证书等信息，服务器认证过程中首先会检测主机 IP 是否在服务器监听范围，这个监听 IP 范围就是 IP 访问的白名单，即允许访问的主机 IP。在 $PGDATA/postgresql.conf 配置文件中设置监听 IP 范围，参数为 listen_addresses，此参数指定服务器在哪些 TCP/IP 地址上侦听客户端连接。尽量避免侦听主机上所有网卡地址，侦听地址配置参数 listen addresses 不建议允许包含表示所有 IP 地址的'*'或'0.0.0.0'字符串。对于包含多个网卡的主机，侦听所有 IP 地址将无法做到网络隔离，通过禁止侦听主机上所有 IP 地址可以阻止来自其他网络的恶意连接请求。

单实例模式下，此参数默认值为 listen_addresses='localhost'，即只允许服务器内部访问，如果是主备集群模式，此参数的值除了本机地址名还加上了其他数据节点的 IP，即只允许集群内部主机的互访，集群外不允许访问。

通常情况下，数据库服务器只开放给数据库系统应用服务器主机、DBA 远程运维主机、程序员主机等有限的 IP 范围访问，所以设置参数 listen_addresses 为"localhost"外加需要接收业务请求的网卡 IP 地址，多个地址间用逗号隔开，然后重启数据库，IP 白名单就设置完成了。

2. 配置客户端认证方式

如果主机需要远程连接数据库，必须在数据库系统的配置文件中增加此主机的信息，并且进行客户端接入认证。配置文件（默认名称为 pg_hba.conf）存放在数据库的数据目录里。hba(host-based authentication)表示是基于主机的认证。

本产品支持如下三种认证方式，这三种方式都需要配置 pg_hba.conf 文件。

* 基于主机的认证：服务器端根据客户端的 IP 地址、用户名及要访问的数据库来查看配置文件从而判断用户是否通过认证。
* 口令认证：包括远程连接的加密口令认证和本地连接的非加密口令认证。
* SSL 加密：使用 OpenSSL(开源安全通信库)提供服务器端和客户端安全连接的环境。

pg_hba.conf 文件的格式是一行写一条信息，表示一个认证规则，空白和注释（以#开头）被忽略。

每个认证规则是由若干空格和"/"，空格和制表符分隔的字段组成。如果字段用引号包围，则它可以包含空白。一条记录不能跨行存在。

每条认证规则由以下几部分组成。

1）TYPE

TYPE 表示认证类别，总共有 4 个选项，如表 8.1 所示。

表 8.1 认证类别选项

名　　称	描　　述
local	表示这条记录只接受通过 UNIX 域套接字进行的连接
host	表示这条记录既接受一个普通的 TCP/IP 套接字连接,也接受一个经过 SSL 加密的 TCP/IP 套接字连接
hostssl	表示这条记录只接受一个经过 SSL 加密的 TCP/IP 套接字连接
hostnossl	表示这条记录只接受一个普通的 TCP/IP 套接字连接

2）DATABASE

DATABASE 表示允许主机访问的数据库名称,如果不对访问数据库做限制就取值为 all,表示可以访问服务器上的所有数据库。

3）USER

USER 为允许连接访问的数据库用户名称,如果不对访问用户做限制就取值为 all,表示允许所有用户连接访问服务器。如果只允许若干个具体用户连接访问,用户名之间用逗号分隔。

4）ADDRESS

ADDRESS 允许访问的 IP 地址范围,支持 IPv4 和 IPv6,可以使用如下两种形式来表示。

- IP 地址/掩码长度。例如,10.10.0.0/24。
- IP 地址子网掩码。例如,10.10.0.0 255.255.255.0。

5）METHOD

METHOD 声明连接时使用的认证方法。openGauss 支持多种认证方式,详细解释请参见表 8.2。

表 8.2 认证方法选项

名称	描　　述
trust	采用这种认证模式时,本产品只完全信任从服务器本机使用 gsql 且不指定-U 参数的连接,此时不需要口令。trust 认证对于单用户工作站的本地连接是非常合适和方便的,通常不适用于多用户环境
reject	无条件地拒绝连接。常用于过滤某些主机,即在此可以设置 IP 黑名单
md5	要求客户端提供一个 MD5 加密的口令进行认证。 • MD5 加密算法安全性低,存在安全风险,建议使用更安全的加密算法。 • openGauss 保留 MD5 认证和密码存储,是为了便于第三方工具的使用
sha256	要求客户端提供一个 SHA256 算法加密的口令进行认证,该口令在传送过程中结合 salt(服务器发送给客户端的随机数)的单向 SHA256 加密,增强了安全性
sm3	要求客户端提供一个 SM3 算法加密口令进行认证,该口令在传送过程中结合 salt(服务器发送给客户端的随机数)的单项 SM3 的加密,增加了安全性
cert	客户端证书认证模式,此模式需进行 SSL 连接配置且需要客户端提供有效的 SSL 证书,不需要提供用户密码。该认证方式只支持 hostssl 类型的规则
gss	使用基于 gssapi 的 Kerberos 认证。 • 该认证方式依赖 Kerberos Server 等组件,仅支持 openGauss 内部通信认证。当前版本暂不支持外部客户端通过 Kerberos 认证连接。 • 开启 openGauss 内部 Kerberos 认证会增加内部节点建连时间,即影响首次涉及内部建连的 SQL 操作性能,内部连接建立好后,后续操作不受影响
peer	获取客户端所在操作系统用户名,并检查与数据库初始用户名是否一致。此方式只支持 local 模式本地连接,并支持通过配置 pg_ident.conf 建立操作系统用户与数据库用户的映射关系

8.3　用户管理

▶ 8.3.1　默认权限机制

数据库对象创建后，进行对象创建的用户就是该对象的所有者。openGauss安装后的默认情况下，未开启三权分立，数据库系统管理员具有与对象所有者相同的权限。也就是说，对象创建后，默认只有对象所有者或者系统管理员可以查询、修改和销毁对象，以及通过GRANT将对象的权限授予其他用户。

为使其他用户能够使用对象，必须向用户或包含该用户的角色授予必要的权限。

openGauss支持以下的权限：SELECT、INSERT、UPDATE、DELETE、TRUNCATE、REFERENCES、CREATE、CONNECT、EXECUTE、USAGE、ALTER、DROP、COMMENT、INDEX和VACUUM等。

- SELECT：允许对指定的表、视图、序列执行SELECT命令，UPDATE或DELETE时也需要对应字段上的SELECT权限。
- INSERT：允许对指定的表执行INSERT命令。
- UPDATE：允许对声明的表中任意字段执行UPDATE命令。通常，UPDATE命令也需要SELECT权限来查询出哪些行需要更新。SELECT…FOR UPDATE和SELECT…FOR SHARE除了需要SELECT权限外，还需要UPDATE权限。
- DELETE：允许执行DELETE命令删除指定表中的数据。通常，DELETE命令也需要SELECT权限来查询出哪些行需要删除。
- TRUNCATE：允许执行TRUNCATE语句删除指定表中的所有记录。
- REFERENCES：创建一个外键约束，必须拥有参考表和被参考表的REFERENCES权限。
- CREATE：对于数据库，允许在数据库里创建新的模式；对于模式，允许在模式中创建新的对象。如果要重命名一个对象，用户除了必须是该对象的所有者外，还必须拥有该对象所在模式的CREATE权限；对于表空间，允许在表空间中创建表，允许在创建数据库和模式的时候把该表空间指定为默认表空间。
- CONNECT：允许用户连接到指定的数据库。
- EXECUTE：允许使用指定的函数，以及利用这些函数实现的操作符。
- USAGE：对于过程语言，允许用户在创建函数的时候指定过程语言；对于模式，USAGE允许访问包含在指定模式中的对象，若没有该权限，则只能看到这些对象的名称；对于序列，USAGE允许使用nextval函数；对于Data Source对象，USAGE是指访问权限，也是可赋予的所有权限，即USAGE与ALL PRIVILEGES等价。
- ALTER：允许用户修改指定对象的属性，但不包括修改对象的所有者和修改对象所在的模式。
- DROP：允许用户删除指定的对象。
- COMMENT：允许用户定义或修改指定对象的注释。
- INDEX：允许用户在指定表上创建索引，并管理指定表上的索引，还允许用户对指定表执行REINDEX和CLUSTER操作。
- VACUUM：允许用户对指定的表执行ANALYZE和VACUUM操作。Analyze命令语句用来完成对全库、单表、列、相关性多列进行收集统计信息，VACUUM 用于回收四元组占用的存储空间。

- ALL PRIVILEGES：一次性给指定用户/角色赋予所有可赋予的权限。只有系统管理员有权执行 GRANT ALL PRIVILEGES。

不同的权限与不同的对象类型关联。有关各权限的详细信息，请参见 GRANT。

要撤销已经授予的权限，可以使用 REVOKE。对象所有者的权限（例如 ALTER、DROP、COMMENT、INDEX、VACUUM、GRANT 和 REVOKE）是隐式的，无法授予或撤销。即只要拥有对象就可以执行对象所有者的这些隐式权限。对象所有者可以撤销自己的普通权限，例如，使表对自己以及其他人只读，系统管理员用户除外。

系统表和系统视图要么只对系统管理员可见，要么对所有用户可见。标识了需要系统管理员权限的系统表和视图只有系统管理员可以查询。有关信息，请参考系统表和系统视图。

数据库提供对象隔离的特性，对象隔离特性开启时，用户只能查看有权限访问的对象（表、视图、字段、函数），系统管理员不受影响。有关信息，请参考 ALTER DATABASE。

不建议用户修改系统表和系统视图的权限。

▶ 8.3.2 管理员

1. 初始用户

数据库安装过程中自动生成的账户称为初始用户。初始用户拥有系统的最高权限，能够执行所有的操作。如果安装时不指定初始用户名称则该账户与进行数据库安装的操作系统用户同名，最经典的初始用户是 omm 用户。如果在安装时不指定初始用户的密码，安装完成后密码为空，在执行其他操作前需要通过 gsql 客户端修改初始用户的密码。如果初始用户密码为空，则除修改密码外无法执行其他 SQL 操作以及升级、扩容、节点替换等操作。

初始用户会绕过所有权限检查。建议仅将此初始用户作为 DBA 管理用途，而非业务应用。

2. 系统管理员

系统管理员是指具有 SYSADMIN 属性的账户，默认安装情况下具有与对象所有者相同的权限，但不包括 dbe_perf（专门用来保存性能监控视图模式）模式的对象权限。

要创建新的系统管理员，请以初始用户或者系统管理员用户身份连接数据库，并使用带 SYSADMIN 选项的 CREATE USER 语句或 ALTER USER 语句进行设置。

```
CREATE USER jim WITH SYSADMIN PASSWORD "xxxxxxxxx";
```

或者

```
CREATE USER jim PASSWORD 'Jim@1235';
ALTER USER jim SYSADMIN;
```

使用 ALTER USER 命令时，要求用户已存在。

3. 安全管理员

安全管理员是指具有 CREATEROLE 属性的账户，具有创建、修改、删除用户或角色的权限。要创建新的安全管理员，三权分立关闭时，请以系统管理员或者安全管理员身份连接数据库，三权分立打开时，请以安全管理员身份连接数据库，并使用带 CREATEROLE 选项的 CREATE USER 语句或 ALTER USER 语句进行设置。

4. 审计管理员

审计管理员是指具有 AUDITADMIN 属性的账户,具有查看和删除审计日志的权限。要创建新的审计管理员,三权分立关闭时,请以系统管理员或者安全管理员身份连接数据库,三权分立打开时,请以安全管理员身份连接数据库,并使用带 AUDITADMIN 选项的 CREATE USER 语句或 ALTER USER 语句进行设置。

5. 监控管理员

监控管理员是指具有 MONADMIN 属性的账户,具有查看 dbe_perf 模式下视图和函数的权限,也可以对 dbe_perf 模式的对象权限进行授予或收回。

要创建新的监控管理员,请以系统管理员身份连接数据库,并使用带 MONADMIN 选项的 CREATE USER 语句或 ALTER USER 语句进行设置。

6. 运维管理员

运维管理员是指具有 OPRADMIN 属性的账户,具有使用 Roach 工具执行备份恢复的权限。

要创建新的运维管理员,请以初始用户身份连接数据库,并使用带 OPRADMIN 选项的 CREATE USER 语句或 ALTER USER 语句进行设置。

7. 安全策略管理员

安全策略管理员是指具有 POLADMIN 属性的账户,具有创建资源标签、脱敏策略和统一审计策略的权限。

要创建新的安全策略管理员,请以系统管理员用户身份连接数据库,并使用带 POLADMIN 选项的 CREATE USER 语句或 ALTER USER 语句进行设置。

▶ 8.3.3 三权分立

默认权限机制和管理员两节的描述基于的是 openGauss 创建之初的默认情况。从前面的介绍可以看出,默认情况下拥有 SYSADMIN 属性的系统管理员,具备系统最高权限。

在实际业务管理中,为了避免系统管理员拥有过度集中的权利带来高风险,可以设置三权分立。将系统管理员的部分权限分立给安全管理员和审计管理员,形成系统管理员、安全管理员和审计管理员三权分立。

三权分立后,系统管理员将不再具有 CREATEROLE 属性(安全管理员)和 AUDITADMIN 属性(审计管理员)能力。即不再拥有创建角色和用户的权限,也不再拥有查看和维护数据库审计日志的权限。

三权分立后,系统管理员只会对自己作为所有者的对象有权限。

初始用户的权限不受三权分立设置影响,因此建议仅将此初始用户作为 DBA 管理用途,而非业务应用。

三权分立的设置办法为将参数 enableSeparationOfDuty 设置为 on,此参数默认为 off。

三权分立后的权限变化,如表 8.3 所示。

表 8.3 三权分立后的系统管理员权限变化

对　　象	系统管理员
表空间	无变化
表	只对自己的表及其他用户放在 public 模式下的表有所有的权限,对其他用户放在属于各自模式下的表无权限
索引	只可以在自己的表及其他用户放在 public 模式下的表上建立索引

续表

对　象	系统管理员
模式	只对自己的模式有所有的权限,对其他用户的模式无权限
函数	只对自己的函数及其他用户放在 public 模式下的函数有所有的权限,对其他用户放在属于各自模式下的函数无权限
自定义视图	只对自己的视图及其他用户放在 public 模式下的视图有所有的权限,对其他用户放在属于各自模式下的视图无权限
系统表	无变化
系统视图	无变化

注意,PG_STATISTIC 系统表和 PG_STATISTIC_EXT 系统表存储了统计对象的一些敏感信息,如高频值 MCV。进行三权分立后,系统管理员仍可以通过访问这两张系统表,得到统计信息里的那些信息。

视频讲解

▶ 8.3.4 用户管理

1. 创建、修改和删除用户

使用 CREATE USER 和 ALTER USER 可以创建和管理数据库用户。openGauss 包含一个或多个已命名数据库。用户和角色在整个 openGauss 范围内是共享的,但是其数据并不共享。即用户可以连接任何数据库,但当连接成功后,任何用户都只能访问连接请求里声明的那个数据库。

默认情况下,openGauss 用户账户只能由系统管理员或拥有 CREATEROLE 属性的安全管理员创建和删除。在用户登录 openGauss 时会对其进行身份验证。用户可以拥有数据库和数据库对象(例如表),并且可以向用户和角色授予对这些对象的权限以控制谁可以访问哪个对象。除系统管理员外,具有 CREATEDB 属性的用户可以创建数据库并授予对这些数据库的权限。

(1) 要创建用户,请使用 SQL 语句 CREATE USER。

例如,创建新用户,并设置用户拥有 CREATEDB 属性。

```
CREATE USER username WITH CREATEDB PASSWORD "xxxxxxxxx";
```

(2) 要删除现有用户,请使用 DROP USER。

```
DROP USER username;
```

(3) 要更改用户账户(例如,重命名用户或更改密码),请使用 ALTER USER。

更换密码:

```
ALTER USER username WITH PASSWORD 'newpassword';
```

重命名用户:

```
ALTER USER old_username RENAME TO new_username;
```

(4) 要查看用户列表,请查询视图 pg_user。

```
SELECT * FROM pg_user;
```

(5) 要查看用户属性,请查询系统表 pg_authid。

```
SELECT * FROM pg_authid;
```

2. 私有用户

对于有多个业务部门,各部门间使用不同的数据库用户进行业务操作,同时有一个同级的数据库维护部门使用数据库管理员进行维护操作的场景下,业务部门可能希望在未经授权的情况下,管理员用户只能对各部门的数据进行控制操作(DROP、ALTER、TRUNCATE),但是不能进行访问操作(INSERT、DELETE、UPDATE、SELECT、COPY)。即针对管理员用户,表对象的控制权和访问权要能够分离,提高普通用户数据安全性。openGauss 提供了私有用户方案,即创建具有 INDEPENDENT 属性的用户。针对该用户的对象,系统管理员和拥有 CREATEROLE 属性的安全管理员在未经其授权前,只能进行控制操作(DROP、ALTER、TRUNCATE),无权进行 INSERT、DELETE、SELECT、UPDATE、COPY、GRANT、REVOKE、ALTER OWNER 操作。

```
CREATE USER user_independent WITH IDEPENDENT IDENTIFIED BY "1234@abc";
```

3. 永久用户

openGauss 提供永久用户方案,即创建具有 PERSISTENCE 属性的永久用户。

```
CREATE USER user_persistence WITH persistence IDENTIFIED BY "1234@abc";
```

只允许初始用户创建、修改和删除具有 PERSISTENCE 属性的永久用户。

8.4 角色管理

角色是一组用户的集合。通过 GRANT 把角色授予用户后,用户即具有了角色的所有权限。推荐使用角色进行高效权限分配。例如,可以为设计、开发和维护人员创建不同的角色,将角色 GRANT 给用户后,再向每个角色中的用户授予其工作所需数据的差异权限。在角色级别授予或撤销权限时,这些更改将作用到角色下的所有成员。

openGauss 提供了一个隐式定义的拥有所有角色的组 PUBLIC,所有创建的用户和角色默认拥有 PUBLIC 所拥有的权限。关于 PUBLIC 默认拥有的权限请参考 GRANT。要撤销或重新授予用户和角色对 PUBLIC 的权限,可通过 GRANT 和 REVOKE 指定关键字 PUBLIC 实现。

要查看所有角色,请查询系统表 PG_ROLES。

```
SELECT * FROM PG_ROLES;
```

1. 创建、修改和删除角色

一般情况下,只有系统管理员和具有 CREATEROLE 属性的用户才能创建、修改或删除角色。三权分立下,只有初始用户和具有 CREATEROLE 属性的用户才能创建、修改或删除角色。

(1) 要创建角色,请使用 CREATE ROLE。执行下列语句创建一个开发人员角色 dev。

```
CREATE ROLE dev PASSWORD '********';
```

(2) 要修改现有角色,请使用 ALTER ROLE。执行下列语句将 dev 角色锁定,意味着 dev 角色拥有的权限将暂停使用。

```
ALTER ROLE dev ACCOUNT LOCK;
```

(3) 要在已有角色中添加用户,请使用 GRANT 命令。执行下列语句将 jimmy 用户添加到 dev 角色中。

```
GRANT dev TO jimmy WITH ADMIN OPTION;
```

（4）要删除角色，请使用 DROP ROLE。DROP ROLE 只会删除角色，并不会删除角色中的成员用户账户。执行下列语句将 dev 角色删除掉。

```
DROP ROLE dev;
```

有关创建、修改和删除角色的详细操作请查阅 openGauss 数据库管理相关文档。

2．内置角色

openGauss 提供了一组默认角色，以 gs_role_开头命名。它们提供对特定的、通常需要高权限的操作的访问，可以将这些角色 GRANT 给数据库内的其他用户或角色，让这些用户能够使用特定的功能。在授予这些角色时应当非常小心，以确保它们被用在需要的地方。表 8.4 描述了内置角色允许的权限范围。

表 8.4　内置角色权限描述

角 色 名	角 色 权 限
gs_role_copy_files	具有执行 copy…to/from filename 的权限，但需要先打开 GUC 参数 enable_copy_server_files
gs_role_signal_backend	具有调用函数 pg_cancel_backend、pg_terminate_backend 和 pg_terminate_session 来取消或终止其他会话的权限，但不能操作属于初始用户和 PERSISTENCE 用户的会话
gs_role_tablespace	具有创建表空间（tablespace）的权限
gs_role_replication	具有调用逻辑复制相关函数的权限，例如，kill_snapshot、pg_create_logical_replication_slot、pg_create_physical_replication_slot、pg_drop_replication_slot、pg_replication_slot_advance、pg_create_physical_replication_slot_extern、pg_logical_slot_get_changes、pg_logical_slot_peek_changes、pg_logical_slot_get_binary_changes、pg_logical_slot_peek_binary_changes
gs_role_account_lock	具有加解锁用户的权限，但不能加解锁初始用户和 PERSISTENCE 用户
gs_role_pldebugger	具有执行 dbe_pldebugger 下调试函数的权限

关于内置角色的管理有如下约束。

（1）以 gs_role_开头的角色名作为数据库的内置角色保留名，禁止新建以"gs_role_"开头的用户/角色，也禁止将已有的用户/角色重命名为以"gs_role_"开头。

（2）禁止对内置角色的 ALTER 和 DROP 操作。

（3）内置角色默认没有 LOGIN 权限，不设预置密码。

（4）gsql 元命令\du 和\dg 不显示内置角色的相关信息，但若显示指定了 pattern 为特定内置角色则会显示。

（5）三权分立关闭时，初始用户、具有 SYSADMIN 权限的用户和具有内置角色 ADMIN OPTION 权限的用户有权对内置角色执行 GRANT/REVOKE 管理。三权分立打开时，初始用户和具有内置角色 ADMIN OPTION 权限的用户有权对内置角色执行 GRANT/REVOKE 管理。

8.5　模式

Schema 被称作模式。通过管理 Schema，允许多个用户使用同一数据库而不相互干扰，可以将数据库对象组织成易于管理的逻辑组，同时便于将第三方应用添加到相应的 Schema 下而不引起冲突。

　　每个数据库包含一个或多个 Schema。数据库中的每个 Schema 包含表和其他类型的对象。数据库创建初始，默认具有一个名为 public 的 Schema，且所有用户都拥有此 Schema 的 usage 权限，只有系统管理员和初始化用户可以在 public Schema 下创建普通函数、聚合函数、存储过程和同义词对象，只有初始化用户可以在 public Schema 下创建操作符，其他用户即使赋予 create 权限后也不可以创建上述 5 种对象。可以通过 Schema 分组数据库对象。Schema 类似于操作系统目录，但 Schema 不能嵌套。默认只有初始化用户可以在 pg_catalog 模式下创建对象。

　　相同的数据库对象名称可以应用在同一数据库的不同 Schema 中，而没有冲突。例如，a_schema 和 b_schema 都可以包含名为 mytable 的表。具有所需权限的用户可以访问数据库的多个 Schema 中的对象。

　　CREATE USER 创建用户的同时，系统会在执行该命令的数据库中，为该用户创建一个同名的 SCHEMA。

　　数据库对象是创建在数据库搜索路径中的第一个 Schema 内的。有关默认情况下的第一个 Schema 情况及如何变更 Schema 顺序等更多信息，请参见搜索路径。

1. 创建、修改和删除 Schema

　　(1) 要创建 Schema，请使用 CREATE SCHEMA。默认初始用户和系统管理员可以创建 Schema，其他用户需要具备数据库的 CREATE 权限才可以在该数据库中创建 Schema，赋权方式请参考 GRANT 中将数据库的访问权限赋予指定的用户或角色中的语法。

　　执行下列语句创建一个 hrm 模式，并将 jimmy 用户作为此模式的所有者。

```
CREATE SCHEMA hrm  AUTHORIZATION jimmy;
```

　　(2) 要更改 Schema 名称或者所有者，请使用 ALTER SCHEMA。Schema 所有者可以更改 Schema。

　　执行下列语句将 hrm 模式的属主修改为 jim 用户，要确保 jim 用户已经创建。

```
ALTER SCHEMA hrm OWNER TO jim;
```

　　(3) 要在 Schema 内创建表，请以 schema_name.table_name 格式创建表。不指定 schema_name 时，对象默认创建到搜索路径中的第一个 Schema 内。

　　以 jim 的身份登录数据库，执行下列语句在 hrm 模式上创建一张 department 表。

```
CREATE TABLE hrm.department(code VARCHAR(8),name VARCHAR(32));
```

　　(4) 要查看 Schema 所有者，请对系统表 pg_namespace 和 pg_user 执行如下关联查询。执行下列语句查看 hrm 模式的所有者。

```
SELECT s.nspname, u.usename AS nspowner FROM pg_namespace s, pg_user u WHERE nspname = 'hrm' AND s.nspowner = u.usesysid;
```

　　(5) 要查看所有 Schema 的列表，请查询 pg_namespace 系统表。

```
SELECT * FROM pg_namespace;
```

　　(6) 要查看属于某 Schema 下的表列表，请查询系统视图 pg_tables。

　　以下查询会返回 Schema hrm 中的表列表。

```
SELECT distinct(tablename),schemaname from pg_tables where schemaname = 'hrm';
```

　　(7) 要删除 Schema 及其对象，请使用 DROP SCHEMA。Schema 所有者可以删除 Schema。

如果直接执行下列语句试图删除 Schema hrm，系统会报"ERROR：cannot drop schema hrm because other objects depend on it"错误信息，原因是 hrm 模式下面有一张 deparment 表存在，所以不能直接删除。

```
DROP SCHEMA hrm;
```

通常只能在模式下面的所有对象已经全部删除之后才会删除模式。如果想简单粗暴地直接删除模式及模式下面的对象，就需要使用 DROP SCHEMA CASCADE 命令删除。

```
DROP SCHEMA hrm CASCADE;
```

2．搜索路径

搜索路径定义在 search_path 参数中，参数取值形式为采用逗号分隔的 Schema 名称列表。如果创建对象时未指定目标 Schema，则该对象会被添加到搜索路径中列出的第一个 Schema 中。当不同 Schema 中存在同名的对象时，查询对象未指定 Schema 的情况下，将从搜索路径中包含该对象的第一个 Schema 中返回对象。

（1）要查看当前搜索路径，请使用 SHOW。

```
SHOW SEARCH_PATH;
search_path
-----------------
" $ user",public
(1 row)
```

search_path 参数的默认值为" $ user"，public。 $ user 表示与当前会话用户名同名的 Schema 名，如果这样的模式不存在，$ user 将被忽略。所以默认情况下，用户连接数据库后，如果数据库下存在同名 Schema，则对象会添加到同名 Schema 下，否则对象被添加到 Public Schema 下。

（2）要更改当前会话的默认 Schema，请使用 SET 命令。

执行如下命令将搜索路径设置为 jimmy、public，首先搜索 jimmy。

```
SET SEARCH_PATH TO jimmy, public;
```

8.6　权限管理

通常将数据库众多的权限分为两大类，一类为访问数据的权限，称为对象权限，如 SELECT、INSERT、UPDATE、DELETE、EXECUTE 等权限；另外一类为数据库结构定义与修改权限，称为系统权限，如 CREATE、ALTER、DROP、INDEX 等权限。

对象的所有者默认拥有所有对象权限，而新创建的用户拥有极少的系统权限。本着最少权限原则，如果其他用户想拥有他不具备的对象权限，新用户想拥有更多的系统权限，只能通过对象所有者或者系统管理员通过 GRANT 授予其必要的权限。

同样，要撤销已经授予的权限，可以使用 REVOKE。对象所有者的权限（例如 ALTER、DROP、COMMENT、INDEX、VACUUM、GRANT 和 REVOKE）是隐式的，无法授予或撤销。即只要拥有对象就可以执行对象所有者的这些隐式权限。对象所有者可以撤销自己的普通权限，例如，使表对自己以及其他人只读，系统管理员用户除外。

▶ 8.6.1　GRANT

1. 功能描述

使用 GRANT 命令进行用户授权包括以下几种场景。

1）将系统权限授权给角色或用户

系统权限又称为用户属性，包括 SYSADMIN、CREATEDB、CREATEROLE、AUDITADMIN、MONADMIN、OPRADMIN、POLADMIN 和 LOGIN。

系统权限一般通过 CREATE/ALTER ROLE 语法来指定。其中，SYSADMIN 权限可以通过 GRANT/REVOKE ALL PRIVILEGE 授予或撤销。但系统权限无法通过 ROLE 和 USER 的权限被继承，也无法授予 PUBLIC。

执行如下命令将 SYSADMIN 权限授予 jim。

```
ALTER USER jim WITH SYSADMIN;
```

2）将数据库对象授权给角色或用户

将数据库对象（如表和视图、指定字段、数据库、函数、模式、表空间等）的相关权限授予特定角色或用户；GRANT 命令将数据库对象的特定权限授予一个或多个角色。这些权限会追加到已有的权限上。

关键字 PUBLIC 表示该权限要赋予所有角色，包括以后创建的用户。PUBLIC 可以看作一个隐含定义好的组，它总是包括所有角色。任何角色或用户都将拥有通过 GRANT 直接赋予的权限和所属的权限，再加上 PUBLIC 的权限。

如果声明了 WITH GRANT OPTION，则被授权的用户也可以将此权限赋予他人，否则就不能授权给他人。这个选项不能赋予 PUBLIC，这是 openGauss 特有的属性。

openGauss 会将某些类型的对象上的权限授予 PUBLIC。默认情况下，对表、表字段、序列、外部数据源、外部服务器、模式或表空间对象的权限不会授予 PUBLIC，而以下这些对象的权限会授予 PUBLIC：数据库的 CONNECT 权限和 CREATE TEMP TABLE 权限、函数的 EXECUTE 特权、语言和数据类型（包括域）的 USAGE 特权。当然，对象拥有者可以撤销默认授予 PUBLIC 的权限并专门授予权限给其他用户。为了更安全，建议在同一个事务中创建对象并设置权限，这样其他用户就没有时间窗口使用该对象。

对象的所有者默认具有该对象上的所有权限，出于安全考虑，所有者可以舍弃部分权限，但 ALTER、DROP、COMMENT、INDEX、VACUUM 以及对象的可再授予权限属于所有者固有的权限，隐式拥有。

omm 用户执行如下命令可将 hr.department 表的 INSERT 和 SELECT 权限授予 jim。

```
GRANT INSERT,SELECT ON hr.department TO jim;
```

3）将角色或用户的权限授权给其他角色或用户

将一个角色或用户的权限授予一个或多个其他角色或用户。在这种情况下，每个角色或用户都可视为拥有一个或多个数据库权限的集合。

当声明了 WITH ADMIN OPTION，被授权的用户可以将该权限再次授予其他角色或用户，以及撤销所有由该角色或用户继承到的权限。当授权的角色或用户发生变更或被撤销时，所有继承该角色或用户权限的用户拥有的权限都会随之发生变更。

数据库系统管理员可以给任何角色或用户授予/撤销任何权限。拥有 CREATEROLE 权限的角色可以赋予或者撤销任何非系统管理员角色的权限。

omm 用户执行如下命令将 jim 的权限授予 dev 角色。

```
GRANT jim TO dev;
```

4）将 ANY 权限授予角色或用户

将 ANY 权限授予特定的角色和用户，当声明了 WITH ADMIN OPTION，被授权的用户可以将该 ANY 权限再次授予其他角色/用户，或从其他角色/用户处回收该 ANY 权限。ANY 权限可以通过角色被继承，但不能赋予 PUBLIC。初始用户和三权分立关闭时的系统管理员用户可以给任何角色/用户授予或撤销 ANY 权限。

目前支持以下 ANY 权限：CREATE ANY TABLE、ALTER ANY TABLE、DROP ANY TABLE、SELECT ANY TABLE、INSERT ANY TABLE、UPDATE ANY TABLE、DELETE ANY TABLE、CREATE ANY SEQUENCE、CREATE ANY INDEX、CREATE ANY FUNCTION、EXECUTE ANY FUNCTION、CREATE ANY PACKAGE、EXECUTE ANY PACKAGE、CREATE ANY TYPE、ALTER ANY TYPE、DROP ANY TYPE、ALTER ANY SEQUENCE、DROP ANY SEQUENCE、SELECT ANY SEQUENCE、ALTER ANY INDEX、DROP ANY INDEX、CREATE ANY SYNONYM、DROP ANY SYNONYM、CREATE ANY TRIGGER、ALTER ANY TRIGGER、DROP ANY TRIGGER。详细的 ANY 权限范围描述请查阅 openGauss 官方文档。

注意事项：

（1）不允许将 ANY 权限授予 PUBLIC，也不允许从 PUBLIC 回收 ANY 权限。

（2）ANY 权限属于数据库内的权限，只对授予该权限的数据库内的对象有效，例如，SELECT ANY TABLE 只允许用户查看当前数据库内的所有用户表数据，对其他数据库内的用户表无查看权限。

（3）即使用户被授予 ANY 权限，也不能对私有用户下的对象进行访问操作（INSERT、DELETE、UPDATE、SELECT）。

（4）ANY 权限与原有的权限相互无影响。

（5）如果用户被授予 CREATE ANY TABLE 权限，在同名 schema 下创建表的属主是该 schema 的属主，用户对表进行其他操作时，需要授予相应的操作权限。与此类似的还有 CREATE ANY FUNCTION、CREATE ANY PACKAGE、CREATE ANY TYPE、CREATE ANY SEQUENCE 和 CREATE ANY INDEX，在同名模式下创建的对象的属主是同名模式的属主；而对于 CREATE ANY TRIGGER 和 CREATE ANY SYNONYM，在同名模式下创建的对象的属主为创建者。

（6）需要谨慎授予用户 CREATE ANY FUNCTION 或 CREATE ANY PACKAGE 的权限，以免其他用户利用 DEFINER 类型的函数或 PACKAGE 进行权限提升。

omm 用户执行如下命令将 jim 的权限授予 dev 角色。

```
GRANT CREATE ANY TABLE TO jim;
```

2. 综合示例

（1）首先删除用户 joe、jim，在之前的案例练习中已经创建了这两个用户。

```
DROP USER IF EXISTS joe CASCADE;
DROP USER IF EXISTS jim CASCADE;
```

（2）重新创建用户 joe、jim。

```
CREATE USER joe PASSWORD 'Joe@1235';
CREATE USER jim PASSWORD 'Jim@1235';
```

（3）以 jim 身份登录数据库，创建测试表。

```
gsql - d postgres - r - U jim - W 'Jim@1235'
```

创建一张测试表 jim_test。

```
CREATE TABLE jim_test(code INT);
```

此表保存在 jim 默认的 jim 模式下，通过查询可以看到记录数量为 0，即空表。

```
SELECT * FROM jim.jim_test;
```

插入两条样本数据，此表目前有两条记录。

```
INSERT INTO jim.jim_test VALUES (1);
INSERT INTO jim.jim_test VALUES (2);
```

（4）以 joe 身份登录数据库，试图访问测试表。

```
gsql - d postgres - r - U joe  - W  'Joe@1235'
```

执行 SELECT 语句查询 jim.jim_test 表，此时会报 ERROR：permission denied for schema jim 错误信息，意思是 joe 没有 jim 模式的使用权限。

```
SELECT * FROM jim.jim_test;
```

（5）以 jim 身份登录数据库，给 joe 授权访问 jim 模式。

```
gsql - d postgres - r - U jim  - W  'Jim@1235'
```

jim 将自己同名的 jim 模式的 USAGE 权限授予 joe。

```
GRANT USAGE ON SCHEMA jim TO joe;
```

（6）以 joe 身份登录数据库，再次访问测试表。

```
gsql - d postgres - r - U joe  - W  'Joe@1235'
```

再次查询 jim.jim_test 表，这次又报 ERROR：permission denied for relation jim_test 错误信息，表示 joe 没有 jim_test 表的查询权限。

```
SELECT * FROM jim.jim_test;
```

（7）以 jim 身份登录数据库，给 joe 授予测试表的访问权限。

```
gsql - d postgres - r - U jim  - W  'Joe@1235'
```

jim 将 jim_test 表的 INSERT 和 SELECT 授予 joe。

```
GRANT INSERT, SELECT ON jim.jim_test TO joe;
```

（8）以 joe 身份登录数据库，第三次访问测试表。

```
gsql - d postgres - r - U joe  - W  'Joe@1235'
```

第三次查询 jim.jim_test，执行成功，可以查询到两条记录。

```
SELECT * FROM jim.jim_test;
```

joe 尝试对测试表进行插入操作，成功插入两条记录。

```
INSERT INTO jim.jim_test VALUES (3);
INSERT INTO jim.jim_test VALUES (4);
```

joe 试图进行删除操作,结果报 ERROR:permission denied for relation jim_test 错误信息,意思是 joe 没有测试表的删除权限,符合安全策略要求。

```
DELETE  jim.jim_test WHERE code = 3;
```

joe 试图在 jim 上创建一张自己的测试表,报 ERROR:permission denied for schema jim 错误,原因是 joe 没有在 jim 模式下创建对象的权限。

```
CREATE TABLE jim.joe_test(code INT);
```

(9) 以 omm 身份登录数据库,给 joe 授予 CREATE ANY TABLE 权限,允许 joe 在 jim 模式下创建表。注意,只有初始用户和系统管理员才可以授予 ANY 类权限。

```
GRANT CREATE ANY TABLE TO joe;
```

(10) 以 joe 身份登录数据库,再次在 jim 模式下创建表,成功。

```
CREATE TABLE jim.joe_test(code INT);
```

▶ 8.6.2　REVOKE

REVOKE 用于撤销一个或多个角色的权限。

1. 语法格式

不同的对象,REVOKE 语句有不同的格式。下面列出常见对象权限撤销的 REVOKE 语法格式。

(1) 回收指定表或视图权限。

```
REVOKE [ GRANT OPTION FOR ]
    { { SELECT | INSERT | UPDATE | DELETE | TRUNCATE | REFERENCES | ALTER | DROP | COMMENT | INDEX |
VACUUM }[, …]
    | ALL [ PRIVILEGES ] }
    ON { [ TABLE ] table_name [, …]
        | ALL TABLES IN SCHEMA schema_name [, …] }
    FROM { [ GROUP ] role_name | PUBLIC } [, …]
    [ CASCADE | RESTRICT ];
```

(2) 回收表上指定字段权限。

```
REVOKE [ GRANT OPTION FOR ]
    { {{ SELECT | INSERT | UPDATE | REFERENCES | COMMENT } ( column_name [, …] ) }[, …]
    | ALL [ PRIVILEGES ] ( column_name [, …] ) }
    ON [ TABLE ] table_name [, …]
    FROM { [ GROUP ] role_name | PUBLIC } [, …]
    [ CASCADE | RESTRICT ];
```

(3) 回收指定序列权限,LARGE 字段属性可选,回收语句不区分序列是否为 LARGE。

```
REVOKE [ GRANT OPTION FOR ]
    { { SELECT | UPDATE | ALTER | DROP | COMMENT }[, …]
    | ALL [ PRIVILEGES ] }
    ON { [ [ LARGE ] SEQUENCE ] sequence_name [, …]
        | ALL SEQUENCES IN SCHEMA schema_name [, …] }
    FROM { [ GROUP ] role_name | PUBLIC } [, …]
    [ CASCADE | RESTRICT ];
```

(4) 回收指定数据库权限。

```
REVOKE [ GRANT OPTION FOR ]
    { { CREATE | CONNECT | TEMPORARY | TEMP | ALTER | DROP | COMMENT } [, …]
```

```
    | ALL [ PRIVILEGES ] }
    ON DATABASE database_name [, …]
    FROM { [ GROUP ] role_name | PUBLIC } [, …]
    [ CASCADE | RESTRICT ];
```

（5）回收指定函数权限。

```
REVOKE [ GRANT OPTION FOR ]
    { { EXECUTE | ALTER | DROP | COMMENT } [, …] | ALL [ PRIVILEGES ] }
    ON { FUNCTION {function_name ( [ {[ argmode ] [ arg_name ] arg_type} [, …] ] )} [, …]
        | ALL FUNCTIONS IN SCHEMA schema_name [, …] }
    FROM { [ GROUP ] role_name | PUBLIC } [, …]
    [ CASCADE | RESTRICT ];
```

（6）回收指定存储过程权限。

```
REVOKE [ GRANT OPTION FOR ]
    { { EXECUTE | ALTER | DROP | COMMENT } [, …] | ALL [ PRIVILEGES ] }
    ON { PROCEDURE {proc_name ( [ {[ argmode ] [ arg_name ] arg_type} [, …] ] )} [, …]
        | ALL PROCEDURE IN SCHEMA schema_name [, …] }
    FROM { [ GROUP ] role_name | PUBLIC } [, …]
    [ CASCADE | RESTRICT ];
```

（7）回收指定对象权限。

```
REVOKE [ GRANT OPTION FOR ]
    { { SELECT | UPDATE } [, …] | ALL [ PRIVILEGES ] }
    ON LARGE OBJECT loid [, …]
    FROM { [ GROUP ] role_name | PUBLIC } [, …]
    [ CASCADE | RESTRICT ];
```

（8）回收指定模式上权限。

```
REVOKE [ GRANT OPTION FOR ]
    { { CREATE | USAGE | ALTER | DROP | COMMENT } [, …] | ALL [ PRIVILEGES ] }
    ON SCHEMA schema_name [, …]
    FROM { [ GROUP ] role_name | PUBLIC } [, …]
    [ CASCADE | RESTRICT ];
```

（9）回收指定表空间上权限。

```
REVOKE [ GRANT OPTION FOR ]
    { { CREATE | ALTER | DROP | COMMENT } [, …] | ALL [ PRIVILEGES ] }
    ON TABLESPACE tablespace_name [, …]
    FROM { [ GROUP ] role_name | PUBLIC } [, …]
    [ CASCADE | RESTRICT ];
```

（10）回收指定类型上权限。

```
REVOKE [ GRANT OPTION FOR ]
    { { USAGE | ALTER | DROP | COMMENT } [, …] | ALL [ PRIVILEGES ] }
    ON TYPE type_name [, …]
    FROM { [ GROUP ] role_name | PUBLIC } [, …]
    [ CASCADE | RESTRICT ];
```

（11）回收 Data Source 对象上的权限。

```
REVOKE [ GRANT OPTION FOR ]
    { USAGE | ALL [PRIVILEGES] }
    ON DATA SOURCE src_name [, …]
    FROM {[GROUP] role_name | PUBLIC} [, …]
    [ CASCADE | RESTRICT ];
```

（12）回收 package 对象的权限。

```
REVOKE [ GRANT OPTION FOR ]
    { { EXECUTE | ALTER | DROP | COMMENT } [, …] | ALL [PRIVILEGES] }
    ON PACKAGE package_name [, …]
    FROM {[GROUP] role_name | PUBLIC} [, …]
    [ CASCADE | RESTRICT ];
```

（13）按角色回收角色上的权限。

```
REVOKE [ ADMIN OPTION FOR ]
    role_name [, …] FROM role_name [, …]
    [ CASCADE | RESTRICT ];
```

（14）回收角色上的 sysadmin 权限。

```
REVOKE ALL { PRIVILEGES | PRIVILEGE } FROM role_name;
```

（15）回收 ANY 权限。

```
REVOKE [ ADMIN OPTION FOR ]
    { CREATE ANY TABLE | ALTER ANY TABLE | DROP ANY TABLE | SELECT ANY TABLE | INSERT ANY TABLE |
    UPDATE ANY TABLE | DELETE ANY TABLE | CREATE ANY SEQUENCE | CREATE ANY INDEX | CREATE ANY FUNCTION |
    EXECUTE ANY FUNCTION | CREATE ANY PACKAGE | EXECUTE ANY PACKAGE | CREATE ANY TYPE | ALTER ANY TYPE |
    DROP ANY TYPE | ALTER ANY SEQUENCE | DROP ANY SEQUENCE | SELECT ANY SEQUENCE | ALTER ANY INDEX | DROP
    ANY INDEX | CREATE ANY SYNONYM | DROP ANY SYNONYM | CREATE ANY TRIGGER | ALTER ANY TRIGGER |    DROP
    ANY TRIGGER } [, …]
    FROM [ GROUP ] role_name [, …];
```

2. 综合示例

（1）以 omm 身份登录数据库，进行权限回收。

回收 joe 用户的 CREATE ANY TABLE。

```
REVOKE CREATE ANY TABLE FROM joe;
```

回收 joe 用户拥有的 jim.jim_test 表对象权限。

```
REVOKE SELECT, INSERT ON jim.jim_test FROM joe;
```

回收 joe 用户对 jim 模式的访问权限。

```
REVOKE USAGE ON SCHEMA jim FROM joe;
```

（2）以 joe 身份登录数据库，测试是否还有权限。

```
gsql - d postgres - r - U joe    - W Joe@1235
```

查询 jim.jim_test 表会报 ERROR：permission denied for schema jim 错误信息，表示 joe 已经没有 jim 模式的访问权限。

```
SELECT * FROM jim.jim_test;
```

查询 jim.joe_test 表也会报 ERROR：permission denied for schema jim 错误信息，表示 joe 已经没有 jim 模式的访问权限。

```
SELECT * FROM jim.joe_test;
```

8.7 用户与角色信息查询

1. 用户信息查询

pg_user 视图提供了访问数据库用户的信息，默认只有初始化用户和具有 sysadmin 属性的用户可以查看，其余用户需要赋权后才可以查看。可以通过下面这条语句查询。

```
SELECT * FROM pg_user;
```

pg_user 视图拥有数十个字段，各字段含义如表 8.5 所示。

表 8.5 pg_user 字段

名　　　称	描　　　述
usename	用户名
usesysid	此用户的 ID
usecreatedb	用户是否可以创建数据库
usesuper	用户是否是拥有最高权限的初始系统管理员
usecatupd	用户是否可以直接更新系统表。只有 usesysid＝10 的初始系统管理员拥有此权限。其他用户无法获得此权限
userepl	用户是否可以复制数据流
passwd	密文存储后的用户口令，始终为 **
valbegin	账户的有效开始时间；如果没有设置有效开始时间，则为 NULL
valuntil	账户的有效结束时间；如果没有设置有效结束时间，则为 NULL
respool	用户所在的资源池
parent	父用户 OID
spacelimit	永久表存储空间限额
tempspacelimit	临时表存储空间限额
spillspacelimit	算子落盘空间限额
useconfig	运行时配置参数的会话默认
nodegroup	用户关联的逻辑 openGauss 名称，如果该用户没有管理逻辑 openGauss，则该字段为空
usemonitoradmin	用户是否是监控管理员。t(true)表示是，f(false)表示否
useoperatoradmin	用户是否是运维管理员。t(true)表示是，f(false)表示否
usepolicyadmin	用户是否是安全策略管理员。t(true)表示是，f(false)表示否

2. 角色信息查询

pg_roles 视图提供访问数据库角色的相关信息，初始化用户和具有 sysadmin 属性或 createrole 属性的用户可以查看全部角色的信息，其他用户只能查看自己的信息。可以通过下面这条语句查询。

```
SELECT * FROM pg_roles;
```

pg_roles 视图同样拥有数十个字段，其查询结果各字段含义如表 8.6 所示。

表 8.6 pg_roles 字段

名　　　称	描　　　述
rolname	角色名称
rolsuper	该角色是否是拥有最高权限的初始系统管理员

续表

名　　称	描　　述
rolinherit	该角色是否继承角色的权限
rolcreaterole	该角色是否可以创建其他的角色
rolcreatedb	该角色是否可以创建数据库
rolcatupdate	该角色是否可以直接更新系统表。只有 usesysid＝10 的初始系统管理员拥有此权限。其他用户无法获得此权限
rolcanlogin	该角色是否可以登录数据库
rolreplication	该角色是否可以复制
rolauditadmin	该角色是否为审计管理员
rolsystemadmin	该角色是否为系统管理员
rolconnlimit	对于可以登录的角色,这里限制了该角色允许发起的最大并发连接数。－1 表示无限制
rolpassword	显示密码占位符
rolvalidbegin	账户的有效开始时间;如果没有设置有效开始时间,则为 NULL
rolvaliduntil	账户的有效结束时间;如果没有设置有效结束时间,则为 NULL
rolrespool	用户所能够使用的 resource pool
rolparentid	用户所在组用户的 OID
roltabspace	用户永久表存储空间限额
roltempspace	用户临时表存储空间限额,单位为 KB
rolspillspace	用户算子落盘空间限额,单位为 KB
rolconfig	运行时配置变量的会话默认
oid	角色的 ID
roluseft	角色是否可以操作外表
rolkind	角色类型
nodegroup	该字段不支持
rolmonitoradmin	该角色是否为监控管理员
roloperatoradmin	该角色是否为运维管理员
rolpolicyadmin	该角色是否为安全策略管理员

8.8　"高校教材管理系统"用户管理

视频讲解

在数据库系统开发实践中,对于数据库的用户设计通常有以下两种方法。

（1）按项目模块来划分用户。对于一些大型项目,需要将项目按功能进行归纳分类成若干个子项目,每个子项目的数据库对象相对独立,专门针对每个子项目创建用户,建立各自相应的用户方案,各用户之间如果需要共享数据则通过对象权限授予的方式来实现。

（2）按数据操作方式来划分用户。对于一些模型不大的数据库系统项目,可以针对数据更新操作创建一个主用户,主用户负责创建数据库及所有数据库对象,主用户拥有数据库对象的所有权限,主要负责完成数据更新操作。另外,再创建一个专门来用作统计、查询功能的附加用户,该用户只拥有数据库连接权限,主用户可以将项目数据库中数据的查询权限授予附加用户。

从第 2 章中的叙述,可以看出本书案例"高校教材管理系统"不属于大型数据库系统,从软件功能角度来看,可以划分成读者使用子项目和学校代办使用子项目。其中,学校代办使用子项目完成绝大多数的数据更新操作,读者使用子项目只需要完成部分表中的部分字段的更新操作，主要是进行数据查询操作。因此，本案例需要分别创建两个数据库用户，一个是案例的主用户 agency，将前面章节所介绍的案例数据库模型中的数据库对象全部建立在此用户方案中；另外一个用户 reader 只需要数据库连接基本权限，然后由用户 agency 将自己方案中的部分数据库对象的查询权限授予该用户。

本案例用户管理的 SQL 语句如下。

以 omm 身份登录数据库，创建 agency、reader 用户：

```
gsql - d postgres - r
```

创建 agency 用户，授予 CREATEDB 权限，默认表空间为 space_textbook。创建成功后 agency 用户可以创建数据库及数据对象。

```
CREATE USER agency WITH CREATEDB DEFAULT TABLESPACE space_textbook PASSWORD 'Agency@1235';
```

创建 reader 用户，暂不授予任何权限。创建成功后，reader 用户只有默认的登录权限。

```
CREATE USER reader PASSWORD 'Reader@1235';
```

小结

通过配置客户端接入认证手段，可以只针对若干主机(IP)、特定数据库用户开放专属数据库的访问，将不安全的访问请求直接拒之门外，为数据库的安全提供了外围的有力保障。系统管理员、安全管理员和审计管理员的三权分立，避免系统管理员拥有过度集中的权力带来高风险。

数据库的安全管理重点是要对自己的数据库系统的安全策略进行规划，安全策略制定好后才能借助 openGauss 提供的技术手段给予实施。

习题 8

1. openGauss 的客户端接入认证如何实现？
2. openGauss 三权分立有什么样的好处？如何实现三权分立？

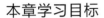

本章学习目标

- 具体了解 openGauss 数据库的创建与管理。
- 详细了解 openGauss 的数据类型及特色。
- 掌握 openGauss 的基本对象的创建与管理。

本章介绍了数据库的创建和管理,然后概述了常用的数据类型,最后系统地介绍了序列、表、索引和视图等数据库基本对象的创建和管理。通过本章的学习,读者将获得必要的知识和技能,以有效地执行数据库对象管理的各种任务。

9.1 创建和管理数据库

1. 前提条件

用户必须拥有数据库创建的权限或者是数据库的系统管理员权限才能创建数据库。

2. 背景信息

(1) 初始时,openGauss 包含两个模板数据库 template0、template1,以及一个默认的用户数据库 postgres。postgres 默认的兼容数据库类型为 O(即 DBCOMPATIBILITY=A),该兼容类型下将空字符串作为 NULL 处理。

(2) CREATE DATABASE 实际上通过复制模板数据库来创建新数据库。默认情况下,复制 template0。请避免使用客户端或其他手段连接及操作两个模板数据库。

模板数据库中没有用户表,可通过系统表 PG_DATABASE 查看模板数据库属性。模板 template0 不允许用户连接;模板 template1 只允许数据库初始用户和系统管理员连接,普通用户无法连接。

(3) 数据库系统中会有多个数据库,但是客户端程序一次只能连接一个数据库。也不能在不同的数据库之间相互查询。一个 openGauss 中存在多个数据库时,需要通过-d 参数指定相应的数据库实例进行连接。

3. 注意事项

如果数据库的编码为 SQL_ASCII(可以通过"show server_encoding;"命令查看当前数据库存储编码),则在创建数据库对象时,如果对象名中含有多字节字符(例如中文),超过数据库对象名长度限制(63B)的时候,数据库会将最后一个字节(而不是字符)截断,可能造成出现半个字符的情况。

针对这种情况,请遵循以下条件。

- 保证数据对象的名称不超过限定长度。
- 修改数据库的默认存储编码集(server_encoding)为 UTF-8 编码集。
- 不要使用多字节字符作为对象名。

- 创建的数据库总数目不得超过 128 个。
- 如果出现因为误操作导致在多字节字符的中间截断而无法删除数据库对象的现象，请使用截断前的数据库对象名进行删除操作，或将该对象从各个数据库节点的相应系统表中依次删掉。

4. 操作步骤

1）创建数据库

（1）使用如下命令创建一个新的用户 hr，默认表空间为 space_hr。

```
CREATE USER hr WITH CREATEDB DEFAULT TABLESPACE space_hr PASSWORD 'Hr@13579';
```

（2）给 hr 用户授予在 space_hr 表空间中创建对象权限。

```
GRANT CREATE ON TABLESPACE space_hr TO hr;
```

（3）以 hr 用户登录数据库，创建一个新的数据库 db_hr，hr 用户默认为 db_hr 的所有者。

```
gsql - d postgres - r - U hr - W 'Hr@13579';
-- 创建一个新的数据库 db_hr
CREATE DATABASE db_hr WITH TABLESPACE space_hr;
```

说明：

- 数据库名称遵循 SQL 标识符的一般规则。当前角色自动成为此新数据库的所有者。
- 如果一个数据库系统用于承载相互独立的用户和项目，建议把它们放在不同的数据库里。
- 如果项目或者用户是相互关联的，并且可以相互使用对方的资源，则应该把它们放在同一个数据库里，但可以规划在不同的模式中。模式只是一个纯粹的逻辑结构，某个模式的访问权限由权限系统模块控制。
- 创建数据库时，若数据库名称长度超过 63B，服务器端会对数据库名称进行截断，保留前 63B，因此建议数据库名称长度不要超过 63B。

2）查看数据库

在 gsql 中使用\l+元命令查看数据库系统的数据库列表，查看结果如图 9.1 所示。

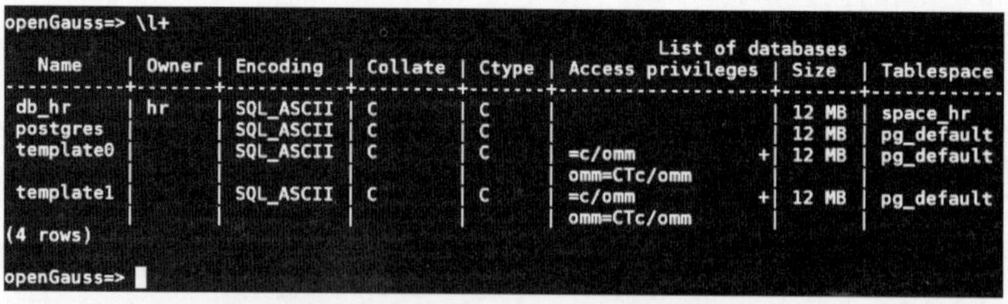

图 9.1　利用\l+查看数据库列表

还可以使用如下命令通过系统表 pg_database 查询数据库列表。

```
SELECT d. datname, u. usename, t. spcname
  FROM pg_user u, pg_database d, pg_tablespace t
  WHERE u. usesysid = d. datdba AND d. dattablespace = t. oid;
```

3）修改数据库

用户可以使用如下命令修改数据库属性（如 owner、名称和默认的配置属性）。

- 使用以下命令为数据库设置默认的模式搜索路径。

```
ALTER DATABASE db_hr SET search_path TO pa_catalog, public;
```

- 使用如下命令修改数据库表空间。

```
ALTER DATABASE db_hr SET TABLESPACE space_textbook;
```

- 使用如下命令为数据库重新命名。

```
ALTER DATABASE db_hr RENAME TO db_hrm;
```

4）进入数据库

创建数据库并不会选择使用它。需要明确地指定使用新创建的数据库。使用"\c＋数据库名"进入已存在数据库。

```
\c db_hrm
```

5）删除数据库

用户可以使用 DROP DATABASE 命令删除数据库。这个命令删除了数据库中的系统目录，并且删除了磁盘上带有数据的数据库目录。用户必须是数据库的 owner 或者系统管理员才能删除数据库。当有人连接数据库时，删除操作会失败。删除数据库时请先连接到其他的数据库。

使用如下命令删除数据库。

```
DROP DATABASE db_hrm;
```

9.2　openGauss 的数据类型

为每张表的每个字段选择合适的数据类型是数据库设计过程中一个重要的步骤。合适的数据类型可以有效地节省数据库的存储空间，包括内存和外存，同时也可以提升数据的计算性能，节省数据的检索时间。下面对 openGauss 数据库管理系统常用的数据类型进行简单介绍。

1. 整数类型

TINYINT、SMALLINT、INTEGER、BIGINT 和 INT16 类型存储各种范围的数字，也就是整数。试图存储超出范围以外的数值将会导致错误。

常用的类型是 INTEGER，因为它提供了在范围、存储空间、性能之间的最佳平衡。一般只有取值范围确定不超过 SMALLINT 的情况下，才会使用 SMALLINT 类型。而只有在 INTEGER 的范围不够的时候才使用 BIGINT，因为前者相对快得多。整数类型的描述如表 9.1 所示。

表 9.1　整数类型

名称	描　述	存储空间	范　围
TINYINT	正整数，别名为 INT1	1B	0～255
SMALLINT	小范围整数，别名为 INT2	2B	$-32\,768$～$+32\,767$
INTEGER	常用的整数，别名为 INT4	4B	$-2\,147\,483\,648$～$+2\,147\,483\,647$
BIGINT	大范围的整数，别名为 INT8	8B	-2^{63}～$+(2^{63}-1)$

2. 任意精度类型

与整数类型相比，任意精度类型需要更大的存储空间，其存储效率、运算效率以及压缩比效果都要差一些。在进行数值类型定义时，优先选择整数类型。当且仅当数值超出整数可表示最大范围时，再选用任意精度类型。

使用 Numeric/Decimal 进行列定义时，建议指定该列的精度 p 以及标度 s。任意精度类型的描述如表9.2所示。

表 9.2　任意精度类型

名　　称	描　　述	存储空间	范　　围
NUMERIC[(p[,s])]、DECIMAL[(p[,s])]	精度 p 取值范围为[1,1000]，标度 s 取值范围为[0,p]	用户声明精度。每 4 位（十进制位）占用 2B，然后在整个数据上加上 8B 的额外开销	小数点前最大 131 072 位，小数点后最大 16 383 位
NUMBER[(p[,s])]	NUMERIC 类型的别名	用户声明精度。每 4 位（十进制位）占用 2B，然后在整个数据上加上 8B 的额外开销	小数点前最大 131 072 位，小数点后最大 16 383 位

3. 序列类型

SMALLSERIAL、SERIAL、BIGSERIAL 和 LARGESERIAL 类型不是真正的类型，只是为在表中设置唯一标识做的概念上的便利。因此，创建一个整数字段，并且把它的默认数值安排为从一个序列发生器读取。应用了一个 NOT NULL 约束以确保 NULL 不会被插入。在大多数情况下，用户可能还希望附加一个 UNIQUE 或 PRIMARY KEY 约束避免意外地插入重复的数值，但这个不是自动的。最后，将序列发生器从属于那个字段，这样当该字段或表被删除的时候也一并删除它。目前只支持在创建表时指定 SERIAL 列，不可以在已有的表中增加 SERIAL 列。另外，临时表也不支持创建 SERIAL 列，因为 SERIAL 不是真正的类型，也不可以将表中存在的列类型转换为 SERIAL。序列类型的描述如表 9.3 所示。

表 9.3　序列整型

名　　称	描　　述	存储空间	范　　围
SMALLSERIAL	二字节序列整型	2B	$-32\,768 \sim +32\,767$
SERIAL	四字节序列整型	4B	$-2\,147\,483\,648 \sim +2\,147\,483\,647$
BIGSERIAL	八字节序列整型	8B	$-2^{63} \sim +(2^{63}-1)$
LARGESERIAL	默认插入十六字节序列整型，实际数值类型和 numeric 相同	变长类型，每 4 位（十进制位）占用 2B，然后在整个数据上加上 8B 的额外开销	小数点前最大 131 072 位，小数点后最大 16 383 位

执行下列命令先创建一张选课表 elective，字段 code 的数据类型为 BIGSERIAL，创建表时实际上会自动创建一个序列 elective_code_seq。然后插入两条记录，插入时 code 的值为 default，实际上就是取序列 elective_code_seq 的下一个值 nextval。

```
CREATE TABLE elective(code BIGSERIAL);
INSERT INTO elective VALUES (default);
INSERT INTO elective VALUES (default);
SELECT * FROM elective;
SELECT elective_code_seq.nextval;
```

运行结果如图 9.2 所示。

4. 浮点类型

REAL、DOUBLE、FLOAT 等浮点数类型是不精确的，不精确意味着一些数值不能精确地转换成内部格式并且是以近似值存储的，因此存储后再把数据打印出来可能有一些差异。如果想用精确的数值和计算，应使用 numeric 类型。如果想用这些不精确的类型做任何重要的复杂计算，尤其是那些对范围情况（无穷/下溢）严重依赖的事情，应该仔细评估 SQL 和应用实现，直接拿两个浮点数值进行比较，不一定总是能得到如预期的结果。浮点类型的描述如

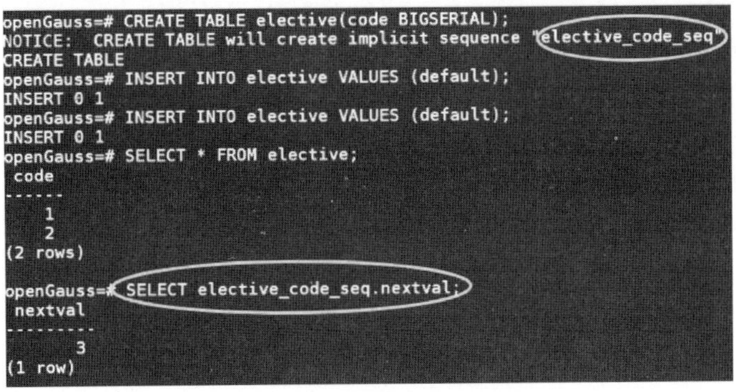

图 9.2　序列类型的应用

表 9.4 所示。

表 9.4　浮点类型

名称	描　述	存储空间	范　围
REAL	单精度浮点数,不精准	4B	$-3.402E+38 \sim 3.402E+38$,6 位十进制数字精度
DOUBLE	双精度浮点数,不精准	8B	$-1.79E+308 \sim 1.79E+308$,15 位十进制数字精度
FLOAT[(p)]	浮点数,不精准。精度 p 取值范围为[1,53]	4B 或 8B	根据精度 p 不同选择 REAL 或 DOUBLE PRECISION 作为内部表示

5. 货币类型

货币类型存储带有固定小数精度的货币金额。

表 9.5 中显示的范围假设有两位小数。可以以任意格式输入,包括整型、浮点型或者典型的货币格式(如"＄1,000.00")。根据区域字符集,输出一般是最后一种形式。货币类型的描述如表 9.5 所示。

表 9.5　货币类型

名称	存储容量	描述	范　围
money	8B	货币金额	$-92\,233\,720\,368\,547\,758.08 \sim +92\,233\,720\,368\,547\,758.07$

6. 布尔类型

"真"值的有效文本值是:TRUE、't'、'true'、'y'、'yes'、'1'、'TRUE'、true、整数范围内 1～$2^{63}-1$、整数范围内$-1 \sim -2^{63}$。

"假"值的有效文本值是:FALSE、'f'、'false'、'n'、'no'、'0'、0、'FALSE'、false。

使用 TRUE 和 FALSE 是比较规范的用法(也是 SQL 兼容的用法)。布尔类型的描述如表 9.6 所示。

表 9.6　布尔类型

名　称	描　述	存 储 空 间	取　值
BOOLEAN	布尔类型	1B	true:真 false:假 null:未知(unknown)

7. 字符类型

字符类型的描述如表 9.7 所示。

表 9.7　字符类型

名　　称	描　　述	存储空间
CHAR(n)	定长字符串,n 为字节长度	最大为 10MB
VARCHAR(n)	变长字符串。PG 兼容模式下,n 是字符长度。其他兼容模式下,n 是字节长度	最大为 10MB
NVARCHAR2(n)	变长字符串。n 是字符长度	最大为 10MB
TEXT	变长字符串	最大为 1GB−1
CLOB	文本的对象,是 TEXT 类型的别名	最大为 1GB−1

8. 二进制类型

二进制类型的描述如表 9.8 所示。除了每列的大小限制以外,每个元组的总大小也不可超过 1GB−8203B(即 1 073 733 621B)。

表 9.8　二进制类型

名　　称	描　　述	存储空间
BLOB	二进制大对象。 列存不支持 BLOB 类型	最大为 1GB−8203B
RAW	变长的十六进制类型。 列存不支持 RAW 类型	最大为 1GB−8203B
BYTEA	变长的二进制字符串	最大为 1GB−8203B

9. 日期/时间类型

日期/时间类型的描述如表 9.9 所示。日期和时间的输入几乎可以是任何合理的格式,包括 ISO-8601 格式、SQL-兼容格式、传统 POSTGRES 格式或者其他的形式。系统支持按照日、月、年的顺序自定义日期输入。如果把 DateStyle 参数设置为 MDY 就按照"月-日-年"解析,设置为 DMY 就按照"日-月-年"解析,设置为 YMD 就按照"年-月-日"解析。

表 9.9　日期/时间类型

名　　称	描　　述	存储空间
DATE	日期和时间	4B
TIME [(p)]	只用于一日内时间。 p 表示小数点后的精度,取值范围为 0～6	8B
TIMESTAMP[(p)]	日期和时间。p 表示小数点后的精度,取值范围为 0～6	8B
SMALLDATETIME	日期和时间,不带时区。 精确到分钟,秒位大于或等于 30 秒时进一位	8B

openGauss 支持几个日期/时间特殊值,在读取的时候将被转换成普通的日期/时间值,请参考表 9.10。

表 9.10　日期/时间特殊值

输入字符串	适用类型	描　　述
now	date、time、timestamp	当前事务的开始时间
today	date、timestamp	今日午夜
tomorrow	date、timestamp	明日午夜
yesterday	date、timestamp	昨日午夜

10. 位串类型

位串就是一串由 1 和 0 组成的字符串,可以用于存储位掩码。

openGauss 支持两种位串类型：bit(n) 和 bit varying(n)，这里的 n 是一个正整数。

bit 类型的数据必须准确匹配长度 n，如果存储短或者长的数据都会报错。bit varying 类型的数据是最长为 n 的变长类型，超过 n 的类型会被拒绝。一个没有长度的 bit 等效于 bit(1)，没有长度的 bit varying 表示没有长度限制。

如果用户明确地把一个位串值转换成 bit(n)，则此位串右边的内容将被截断或者在右边补齐零，直到刚好 n 位，而不会抛出任何错误。

如果用户明确地把一个位串数值转换成 bit varying(n)，如果它超过了 n 位，则它的右边将被截断。

11. SET 类型

SET 类型是一种包含字符串成员的集合类型，在表字段创建时定义。

规格描述：

- SET 类型成员个数最大为 64 个，最小为 1 个。不能定义为空集。
- 成员名称长度最大为 255 个字符，允许使用空字符串作为成员名称。成员名称必须是字符常量，且不能是计算后得到的字符常量，如 SET('a' || 'b','c')。
- 成员名称不能包含逗号，成员名称不能重复。
- 不支持创建 SET 类型的数组和域类型。
- 只有在 sql_compatibility 参数值为 B 兼容模式下支持 SET 类型。
- 不支持 SET 类型作为列存表字段的数据类型。
- 不支持 SET 类型作为分区表的分区键。
- DROP TYPE 删除 SET 类型时，需要使用 CASCADE 方式删除，且关联的表字段也会被同时删除。
- 对于 USTORE 存储方式的表，如果表中包含 SET 类型的字段，且已经开启回收站功能，表被删除时，不会进入回收站中，会直接删除。
- ALTER TABLE 不支持将 SET 类型字段的数据类型修改为其他 SET 类型。
- 表或者 SET 类型关联的表字段被删除时，或者表字段的 SET 类型修改为其他类型时，SET 数据类型也会被同步删除。
- 不支持以 CREATE TABLE {AS|LIKE} 的方式创建包含 SET 类型的表。
- SET 类型是随表字段创建的，其名称是组合而成的。如果 schema 中已经存在同名的数据类型，创建 SET 类型会失败。
- SET 类型支持与 int2、int4、int8、text 类型的 =、<、>、<、<=、>、>= 比较。
- SET 类型支持与 int2、int4、int8、float4、float8、numeric、char、varchar、text、nvarchar2 数据类型的转换。
- SET 类型的表字段值必须是 SET 类型定义的集合的子集。例如：

```
CREATE TABLE employee (
  name text,
  site SET('beijing','shanghai','nanjing','wuhan')
);
```

- site 字段的值必须是上述集合定义中的子集，可以是空集合，如果提供的值在 SET 定义中的成员中不存在，会报错。例如：

```
openGauss = # INSERT INTO employee values('zhangsan', 'nanjing,beijing');
INSERT 0 1
openGauss = # insert into employee values ('zhangsan', 'hangzhou');
```

```
ERROR:   invalid input value for set employee_site_set: 'hangzhou'
LINE 1: insert into employee values ('zhangsan', 'hangzhou');
CONTEXT:   referenced column: site
openGauss = #
```

- INSERT 时无论用户提供的成员值顺序是怎样的，INSERT 成功后，查询到的 SET 类型的值，其成员的值都是按照定义时的顺序输出的。

```
openGauss = # select * from employee;
   name    |       site
-----------+------------------
 zhangsan  | beijing,nanjing
(1 rows)
```

- SET 类型是以 bitmap 的方式存储的。SET 类型的成员按照定义时的顺序，赋予不同的值，如 SET('beijing','shanghai','nanjing','wuhan') 的类型，对应的值如表 9.11 所示。

表 9.11　SET 成员与其对应的数值

SET 成员	成员值	二进制值
'beijing'	1	0001
'shanghai'	2	0010
'nanjing'	4	0100
'wuhan'	8	1000

因此，如果给 SET 类型的字段赋值为数值时，会转换为对应的子集。例如，9 对应的二进制值为 1001，对应的子集是 'beijing,wuhan'。

```
openGauss = # INSERT INTO employee values('lisi', 9);
INSERT 0 1
openGauss = # select * from employee;
   name    |       site
-----------+------------------
 zhangsan  | beijing,nanjing
 lisi      | beijing,wuhan
(2 rows)
```

9.3　序列管理

序列 Sequence 是用来产生唯一整数的数据库对象。序列的值是按照一定规则自增的整数。因为自增所以不重复，因此说 Sequence 具有唯一标识性。这也是 Sequence 常被用作主键的原因。

通过序列使某字段成为唯一标识符的方法有两种：一种是声明字段的类型为序列整型，由数据库在后台自动创建一个对应的 Sequence；另一种是使用 CREATE SEQUENCE 自定义一个新的 Sequence，然后将 nextval('sequence_name') 函数读取的序列值，指定为某一字段的默认值，这样该字段就可以作为唯一标识符。

方法一：声明字段类型为序列整型来定义标识符字段。例如：

```
CREATE TABLE T1
(
    id      SERIAL,
    name    TEXT
);
```

方法二：创建序列，并通过 nextval('sequence_name')函数指定为某一字段的默认值。

```
CREATE SEQUENCE seq1 cache 100;
```

指定为某一字段的默认值，使该字段具有唯一标识属性。

```
CREATE TABLE T2
(
    id    int not null default nextval('seq1'),
    name text
);
```

指定序列与列的归属关系。

将序列和一个表的指定字段进行关联。这样，在删除那个字段或其所在表的时候会自动删除已关联的序列。

```
ALTER SEQUENCE seq1 OWNED BY T2.id;
```

9.4　创建与管理普通表

▶ 9.4.1　创建表

在当前数据库中创建一个新的空白表，该表由命令执行者所有。在不同的数据库中可以存放相同的表。可以使用 CREATE TABLE 语句创建表。

1. 语法格式

```
CREATE [ [ GLOBAL | LOCAL ] TEMPORARY ] TABLE [ IF NOT EXISTS ] table_name
    ({ column_name data_type [ column_constraint [ … ] ] | table_constraint } [, … ])
    [ WITH ( { ORIENTATION = value | STORAGE_TYPE = value | } [, … ] ) ]
    [ TABLESPACE tablespace_name ]
    [ COMMENT { = | } 'text' ];
```

2. 参数说明

1) GLOBAL | LOCAL

创建临时表时可以在 TEMPORARY 前指定 GLOBAL 或 LOCAL 关键字。如果指定 GLOBAL 关键字，openGauss 会创建全局临时表，否则 openGauss 会创建本地临时表。

2) TEMPORARY

如果指定 TEMPORARY 关键字，则创建的表为临时表。临时表分为全局临时表和本地临时表两种类型。创建临时表时如果指定 GLOBAL 关键字则为全局临时表，否则为本地临时表。

全局临时表的元数据对所有会话可见，会话结束后元数据继续存在。会话与会话之间的用户数据、索引和统计信息相互隔离，每个会话只能看到和更改自己提交的数据。全局临时表有两种模式：一种是基于会话级别的(ON COMMIT PRESERVE ROWS)，当会话结束时自动清空用户数据；一种是基于事务级别的(ON COMMIT DELETE ROWS)，当执行 commit 或 rollback 时自动清空用户数据。建表时如果没有指定 ON COMMIT 选项，则默认为会话级别。与本地临时表不同，全局临时表建表时可以指定非 pg_temp_开头的 schema。

本地临时表只在当前会话可见，本会话结束后会自动删除。因此，在排除当前会话连接的数据库节点故障时，仍然可以在当前会话上创建和使用临时表。由于临时表只在当前会话创建，对于涉及对临时表操作的 DDL 语句，会产生 DDL 失败的报错。因此，建议在 DDL 语句中不要对临时表进行操作。TEMP 和 TEMPORARY 等价。

3）IF NOT EXISTS

如果已经存在相同名称的表，不会报出错误，而会发出通知，告知此表已存在，此时并不会再创建新表。

4）table_name

要创建的表名，表名最好用英文表达。

5）column_name

新表中要创建的字段名，字段名最好用英文表达。

6）column_constraint

列级约束定义。列级约束包括主键、唯一性、非空等约束，这些约束只涉及当前列，对当前列的取值约束。

7）table_constraint

表级约束定义，通常会涉及多个字段，对整张表的元组约束。

8）TABLESPACE tablespace_name

创建新表时指定此关键字，表示新表将要在指定表空间内创建。如果没有声明，将使用默认表空间。

视频讲解

9）ORIENTATION

指定表数据的存储方式，即行存方式、列存方式，该参数设置成功后就不再支持修改。取值范围有以下两种。

ROW：表示表的数据将以行式存储。行存储适合于 OLTP 业务，适用于点查询或者增删操作较多的场景。

COLUMN：表示表的数据将以列式存储。列存储适合于数据仓库业务，此类型的表上会做大量的汇聚计算，且涉及的列操作较少。

若指定表空间为普通表空间，默认值为 ROW。

10）STORAGE_TYPE

指定存储引擎类型，该参数设置成功后就不再支持修改。取值范围有如下两种。

USTORE：表示表支持 Inplace-Update 存储引擎。

ASTORE：表示表支持 Append-Only 存储引擎。

不指定表时，默认是 Append-Only 存储。

11）COMMNET｛＝|｝'text'

创建新表时指定此关键字，表示新表的注释内容。如果没有声明，则不创建注释。

3. 示例

【例9.1】 以 hr 用户登录数据库，执行下列语句创建一张包括列级约束的单位部门表 department。

```
create table department(
code varchar(8) primary key,
name varchar(16) not null unique
);
```

【例9.2】 以 hr 用户登录数据库，执行下列语句创建一张包括表级约束的工作岗位表 job。

```
create table job(
code varchar(8) primary key,
name varchar(16) not null unique,
```

```
salary int default  1200,
department varchar(8),
constraint fk_job_dept foreign key(department) references department(code)
);
```

【例 9.3】 以 hr 用户登录数据库，执行下列语句创建一张员工表 employee。

```
create table employee(
code varchar(8) primary key,
name varchar(16) not null unique,
phone varchar(16) not null unique,
job varchar(8),
constraint fk_employee_job foreign key(job) references job(code)
);
```

【例 9.4】 以 hr 用户登录数据库，执行下列语句创建一张员工签到表 employee，采用列存方式。

```
create table signin(
id bigserial primary key,
employee varchar(8),
checkin_time date default 'today'
) WITH (ORIENTATION = COLUMN);
```

▶ 9.4.2　数据操作

数据操作指的是对数据库中的表进行数据增、删、改、查操作，主要包括插入（INSERT）、更新（UPDATE）、删除（DELETE）、SELECT 等操作。

1. 插入数据

在创建一个表后，表中并没有数据，在使用这个表之前，需要向表中插入数据。需要使用 INSERT 命令插入一行或多行数据。

【例 9.5】 以 hr 用户登录数据库，执行下列语句插入两条记录到 department 表中。

```
insert into department (code,name) values ('program','开发部');
insert into department (code,name) values ('test','测试部');
```

如果用户已经知道表中字段的顺序，也可无须列出表中的字段。例如，以下命令与上面的命令效果相同。

```
insert into department (code,name) values ('DevOps','运维部');
```

如果需要在表中插入多行，请使用以下命令一次插入多个 job 记录。

```
insert into job values ('p001','系统分析师',16000,'program'),
('p002','高级程序员',12000,'program');
```

2. 更新数据

修改已经存储在数据库中数据的行为叫作更新。用户可以更新单独一行、所有行或者指定的部分行。还可以独立更新某个字段，而其他字段则不受影响。

使用 UPDATE 命令更新现有行，需要提供以下三种信息。

（1）表的名称和要更新的字段名。

（2）字段的新值。

（3）要更新哪些行。

SQL 通常不会为数据行提供唯一标识，因此无法直接声明需要更新哪一行。但是可以通过声明一个被更新的行必须满足的条件来更新数据行。只有在表里存在主键的时候，才可以通过主键指定一个独立的行。

【例9.6】 以 hr 用户登录数据库，执行下列语句修改 department 表中的记录。

```
update   department set name = '项目实施部' where code = 'DevOps';
```

这里的表名称也可以使用模式名修饰，否则会从默认的模式路径找到这个表。SET 后面紧跟字段和新的字段值。新的字段值不仅可以是常量，也可以是变量表达式。如果出现了 WHERE 子句，那么只有匹配其条件的行才会被更新。

3. 查看数据

用户可以使用 SELECT 命令查询表中数据。首先使用系统表 pg_tables 查询数据库所有表的信息。

```
SELECT * FROM pg_tables;
```

使用 gsql 的\d+命令查询表的属性，了解表的结构。

```
\d + department;
```

执行如下命令查询表 department 的数据量。

```
SELECT count( * ) FROM department;
```

执行如下命令查询表 department 的所有数据。

```
SELECT * FROM department;
```

执行如下命令只查询字段 name 的数据。

```
SELECT name FROM department;
```

执行如下命令查询字段 code 为 test 的所有数据。

```
SELECT * FROM department WHERE code = 'test';
```

执行如下命令按照字段 department 进行排序。

```
SELECT * FROM job ORDER BY department;
```

4. 删除表中数据

在使用表的过程中，可能会需要删除已过期的数据，删除数据必须从表中整行地删除。

SQL 不能直接访问独立的行，只能通过声明被删除行匹配的条件进行。如果表中有一个主键，用户可以指定准确的行。用户可以删除匹配条件的一组行或者一次删除表中的所有行。

openGauss 提供了两种删除表数据的语句：删除表中指定条件的数据的语句 DELETE；或删除表的所有数据的语句 TRUNCATE。

TRUNCATE 可快速地从表中删除所有行，它和在每个表上进行无条件的 DELETE 有同样的效果，不过因为它不做表扫描，因而快得多。在大表上最有用。在全表删除的场景下，建议使用 TRUNCATE，不建议使用 DELETE。

使用 DELETE 命令可删除行，如删除表 job 中所有 department 为 test 的记录：

```
DELETE FROM job WHERE department = 'test';
```

如果执行如下命令之一，会删除表中所有的行。

```
DELETE FROM job;
 -- 或
TRUNCATE TABLE job;
```

批量更新或删除数据后，会在数据文件中产生大量的删除标记，查询过程中标记删除的数据也是需要扫描的。故多次批量更新/删除后,标记删除的数据量过大会严重影响查询的性能。建议在批量更新/删除业务会反复执行的场景下,定期执行 VACUUM FULL 以保持查询性能。

▶ 9.4.3　修改表

ALTER TABLE 语句用来修改表结构,修改表结构主要包括修改表名、更新字段(增加、修改、删除、改名)、更新约束(增加、修改、删除、改名)、禁用/启用触发器、禁用/启用表锁等方面。下面分别给予介绍。

1. 修改表名

修改表名只能由表的属主自己修改,修改表名的命令语法如下。

```
ALTER TABLE [ IF EXISTS ]  [schema.] table_name RENAME TO new_table_name;
```

【例 9.7】　将职工信息表 employee 改名为 employees。

```
alter table if exists employee rename to employees;
```

2. 更新字段

更新字段包括为表增加字段、修改字段的数据类型和长度、删除字段等操作,下面分别给予介绍。

1) 增加字段

为表增加字段的命令语法如下。

```
ALTER TABLE [ IF EXISTS ]  [schema.] table_name
  ADD [ COLUMN ] column_name data_type [ column_constraint [ … ] ]
```

【例 9.8】　为职工信息表 employees 增加 qq、weixin 字段。

```
alter table employees add qq varchar(16);
alter table employees add weixin varchar(32) unique;
```

【例 9.9】　为岗位表 job 增加岗位职数字段 positions。

```
alter table job add positions integer default 1;
-- 修改各个岗位职数
update job set positions = 3 where code = 'p002';
update job set positions = 17 where code = 'p003';
update job set positions = 3 where code = 't001';
```

2) 修改字段

修改字段主要用来修改字段的数据类型或长度,修改类型时一定要保证原来的新、旧类型之间要兼容。修改段的命令语法如下。

```
ALTER TABLE [ IF EXISTS ]  [schema.] table_name
  MODIFY column_name data_type  [ column_constraint [ … ]
```

【例 9.10】　修改 employees 的 qq 字段的数据长度。

```
alter table employees modify   qq varchar(32);
```

3) 删除字段

删除字段的命令语法如下。

```
ALTER TABLE [ IF EXISTS ]  [schema.] table_name
  DROP [ COLUMN ] [ IF EXISTS ] column_name [ RESTRICT | CASCADE ];
```

如果删除的字段是主键,则必须带 CASCADE 选项,将所有参考此主键的外键约束取消。

【例 9.11】 删除 employees 表的 qq 字段。

```
alter table employees drop qq;
```

3. 更新约束

更新完整性约束包括为表增加约束、删除已有的约束等操作，下面分别给予介绍。

1）增加约束

为表增加约束，主要是增加表级约束，增加约束的命令语法如下。

```
ALTER TABLE [ IF EXISTS ]  [schema.] table_name
  ADD CONSTRAINT table_constraint;
```

【例 9.12】 为工资表 wages 增加一个检查约束，检查基本工资金额不能少于 200 元。

```
alter table employees add constraint chk_emp_phone check(length(phone)> = 13);
```

2）删除约束

删除约束的命令语法如下。

```
ALTER TABLE [ IF EXISTS ]  [schema.] table_name
  DROP CONSTRAINT [IF EXISTS] constraint_name [ RESTRICT | CASCADE ];
```

如果删除的约束是主键，则必须带 CASCADE 选项，将所有参考此主键的外键约束取消。

4. 禁用/启用触发器

禁用/启用触发器是对表的触发器进行有效性管理。当禁用触发器时，该表的所有触发器将不再触发。禁用/启用触发器的命令语法如下。

```
ALTER TABLE [ IF EXISTS ]  [schema.] table_name
  [ ENABLE | DISABLE ] TRIGGER [ trigger_name | ALL | USER ];
```

启用 trigger_name 所表示的单个触发器，或启用所有触发器，或仅启用用户触发器。以下是语法说明。

ENABLE：启用所有触发器。

DISABLE：禁用所有触发器。

trigger_name：触发器名称，启用 trigger_name 所表示的单个触发器。

ALL：启用/禁用所有触发器。

USER：仅启用/禁用用户触发器。

【例 9.13】 禁用职工信息表 employees 的用户触发器。

```
ALTER TABLE employees DISABLE  TRIGGER USER;
```

▶ 9.4.4 删除表

对于不再需要的表用户可以使用 DROP TABLE 命令将其删除。普通用户只可以删除自己的表格，具有 DROP ANY TABLE 权限的用户可以删除别人的表。DROP TABLE 会强制删除指定的表，删除表后，依赖该表的索引会被删除，而使用到该表的函数和存储过程将无法执行。删除分区表，会同时删除分区表中的所有分区。表的所有者、被授予了表的 DROP 权限的用户或被授予 DROP ANY TABLE 权限的用户，有权删除指定表，系统管理员默认拥有该权限。

1. 语法格式

```
DROP TABLE [ IF EXISTS ]
    { [schema.]table_name } [, …] [ CASCADE | RESTRICT ] [ PURGE ];
```

2. 参数说明

1）IF EXISTS

如果指定的表不存在，则发出一个 notice 而不是抛出一个错误。

2）schema

模式名称，如果是表的所有者，可以省略。

3）table_name

需要删除的表名称。

4）CASCADE｜RESTRICT

CASCADE：级联删除依赖于表的对象（如视图）。

RESTRICT（默认项）：如果存在依赖对象，则拒绝删除该表。这是默认值。

5）PURGE

该参数表示即使开启回收站功能，在 DROP 表时，也会直接物理删除表，而不是将其放入回收站中。

3. 示例

【例 9.14】　执行如下命令会将员工签到表 signin 删除。

```
DROP TABLE signin;
```

9.5　索引管理

所谓索引其实就是对数据库表中一列或多列的值进行排序的一种结构，使用索引可快速访问数据库表中的特定信息。

数据库对象索引其实与书的目录非常相似，主要是为了提高从表中检索数据的速度。创建索引可以大大提高系统的性能。

索引可以提高数据的访问速度，但同时也增加了插入、更新和删除操作的处理时间。所以是否要为表增加索引，索引建立在哪些字段上，是创建索引前必须要考虑的问题。需要分析应用程序的业务处理、数据使用、经常被用作查询的条件或者被要求排序的字段来确定是否建立索引。

索引建立在数据库表中的某些列上。因此，在创建索引时，应该仔细考虑在哪些列上创建索引。

（1）在经常需要搜索查询的列上创建索引，可以加快搜索的速度。

（2）在作为主键的列上创建索引，强制该列的唯一性和组织表中数据的排列结构。

（3）在经常需要根据范围进行搜索的列上创建索引，因为索引已经排序，其指定的范围是连续的。

（4）在经常需要排序的列上创建索引，因为索引已经排序，这样查询可以利用索引的排序，加快排序查询时间。

（5）在经常使用 WHERE 子句的列上创建索引，加快条件的判断速度。

（6）为经常出现在关键字 ORDER BY、GROUP BY、DISTINCT 后面的字段建立索引。

对于索引的几点说明如下。

- 索引创建成功后，系统会自动判断何时引用索引。当系统认为使用索引比顺序扫描更快时，就会使用索引。

- 索引创建成功后，必须和表保持同步以保证能够准确地找到新数据，这样就增加了数据操作的负荷。因此请定期删除无用的索引。
- 分区表索引分为 LOCAL 索引与 GLOBAL 索引，一个 LOCAL 索引对应一个具体分区，而 GLOBAL 索引则对应整个分区表。

1. 创建索引

CREATE INDEX 的功能就是在指定的表上创建索引。

1）语法格式

```
CREATE [ UNIQUE ] INDEX [ IF NOT EXISTS ] [ [schema_name.]index_name ] ON table_name  ({ { column_
name [ ( length ) ] | ( expression ) } [ ASC | DESC ] [ NULLS { FIRST | LAST } ] }[, …] ) [ TABLESPACE
tablespace_name ];
```

2）参数说明

- UNIQUE：创建唯一性索引，每次添加数据时检测表中是否有重复值。如果插入或更新的值会引起重复的记录时，将导致一个错误。目前只有 B-tree 及 UBTree 索引支持唯一索引。
- schema_name：模式的名称。取值范围：已存在模式名。
- index_name：要创建的索引名，索引的模式与表相同。取值范围：字符串，要符合标识符的命名规范。
- table_name：需要为其创建索引的表的名称，可以用模式修饰。取值范围：已存在的表名。
- column_name：表中需要创建索引的列的名称（字段名）。

如果索引方式支持多字段索引，可以声明多个字段。全局索引最多可以声明 31 个字段，其他索引最多可以声明 32 个字段。

- column_name（length）：创建一个基于该表一个字段的前缀键索引，column_name 为前缀键的字段名，length 为前缀长度。前缀键将取指定字段数据的前缀作为索引键值，可以减少索引占用的存储空间。含有前缀键字段的过滤条件和连接条件可以使用索引。
- expression：创建一个基于该表的一个或多个字段的表达式索引，通常必须写在圆括号中。如果表达式有函数调用的形式，圆括号可以省略。

表达式索引可用于获取对基本数据的某种变形的快速访问。例如，一个在 upper(col) 上的函数索引将允许 WHERE upper(col) = 'JIM' 子句使用索引。

在创建表达式索引时，如果表达式中包含 IS NULL 子句，则这种索引是无效的。此时，建议用户尝试创建一个部分索引。

- ASC：指定按升序排序（默认）。
- DESC：指定按降序排序。
- NULLS{FIRST|LAST}：指定空值（NULL）在排序结果中的位置。NULLS FIRST 表示 NULL 值在排序时排在所有非 NULL 值的前面，NULLS LAST 表示 NULL 值在排序时排在所有非 NULL 值的后面。

3）示例

【例 9.15】 基于 employees 表的 name 字段创建单列索引。

```
CREATE INDEX idx_employee_name ON employees(name);
```

【例 9.16】 基于 employees 表的 weixin 字段创建唯一索引。

```
CREATE UNIQUE INDEX idx_employee_weixin ON employees(weixin);
```

2．删除索引

删除索引的语法如下。

```
DROP INDEX [ CONCURRENTLY ] [ IF EXISTS ]
     index_name [, …] [ CASCADE | RESTRICT ];
```

【例 9.17】　由于 employees 表的 weixin 字段有一个 unique 约束，openGauss 会自动创建一个对应的唯一性索引，前面的 idx_employee_weixin 索引就多余了，不仅会占用了过多空间资源，还会增加维护索引的时间成本，所以要删除它。

```
DROP INDEX idx_employee_weixin;
```

9.6　视图管理

视图是从一个或多个表中导出的表，是一种虚拟存在的表。视图就像一个窗口，通过这个窗口可以看到系统专门提供的数据。这样，用户不用看到整个数据表中的数据，而只关心对自己有用的数据。视图可以使用户的操作更方便，并且可以保障数据库系统安全性，提高对表操作的快捷性与安全性。

▶ 9.6.1　视图概述

作为常用的数据库对象，视图为数据查询提供了一条捷径；视图是一个虚拟表，其内容由查询定义，即视图中的数据并不像表、索引那样需要占用存储空间，视图中保存的仅仅是一条SELECT 语句，其数据源来自于数据库表，或者其他视图。不过，它同真实的表一样，视图包含一系列带有名称的列和行数据。但是，视图并不在数据库中以存储的数据的形式存在。行和列数据来自于定义视图的查询所引用的表，并且在引用视图时动态生成。当基本表发生变化时，视图的数据也会随之变化。

视图是存储在数据库中的查询 SQL 语句，使用它主要出于两种原因：第一是安全性，视图可以隐藏一些数据，例如，学生信息表，可以用视图只显示学号、姓名、性别、班级，而不显示年龄和家庭住址信息等；第二是可使复杂的查询易于理解和使用。

视图与基本表之间的对应关系应用，如图 9.3 所示。

对其中所引用的基础表来说，视图的作用类似于筛选。定义视图的筛选可以来自当前或其他数据库的一个或多个表，或者是其他视图。通过视图进行查询没有任何限制，通过它们进行数据修改时的限制也很少。视图的优势体现在如下几点。

1．安全性和访问控制

视图可以作为数据访问的中间层，允许用户访问他们需要的数据而不必直接操作底层的数据表。数据库授权命令可以限制用户的操作权限，但不能限制到特定行和列上。使用视图后，可以简单方便地将用户的权限限制到特定的行和列上。这样可以隐藏底层表的结构和敏感数据，只展示用户需要看到的信息，从而提高数据的安全性。

2．简化复杂查询

通过将复杂的 SQL 查询封装在视图内，用户可以执行简单的查询操作来获取所需的数据，而无须理解复杂的查询逻辑。这使得非技术用户也能轻松地使用数据库，提高了数据的可访问性和易用性。

3．逻辑数据独立性

当底层数据表结构发生变化时，视图可以保持不变，从而保护了基于视图的应用程序和查

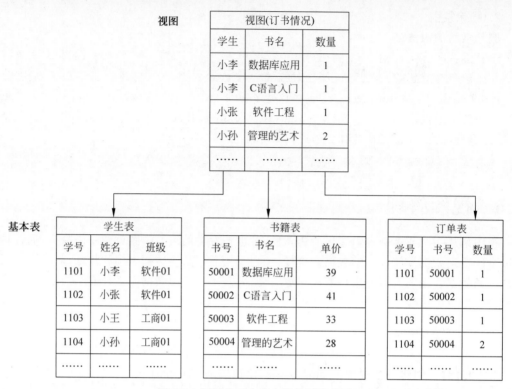

图 9.3　视图与基本表之间的对应关系

询逻辑。例如,原有表增加列和删除未被引用的列,对视图不会造成影响。这意味着即使数据库的物理结构发生变化,视图仍然可以作为用户数据访问的稳定接口,减少了维护成本和复杂性。

▶ 9.6.2　创建视图

创建视图需要具有 CREATE VIEW 的权限,同时应该具有查询涉及列的 SELECT 权限。

1. 语法格式

```
CREATE [OR REPLACE][DEFINER = user][ TEMPORARY]
VIEW view_name [(column_name [, …])]
AS query [WITH [CASCADED | LOCAL] CHECK OPTION ];
```

2. 语法说明

1) OR REPLACE

当 CREATE VIEW 中存在 OR REPLACE 时,表示若以前存在该视图就进行替换,但新查询不能改变原查询的列定义,包括顺序、列名、数据类型、类型精度等,只可在列表末尾添加其他的列。

2) DEFINER＝user

指定 user 作为视图的属主。

3) TEMPORARY

创建临时视图。

4) view_name

要创建的视图名称,可以用模式修饰。

取值范围：字符串，符合标识符命名规范。

5）column_name

可选的名称列表，用作视图的字段名。如果没有给出，字段名取自查询中的字段名。

取值范围：字符串，符合标识符命名规范。

6）query

为视图提供行和列的 SELECT 查询语句。

7）WITH [CASCADED | LOCAL] CHECK OPTION

该选项控制自动更新视图的行为，对视图的 insert 和 update，要检查确保新行满足视图定义的条件，即新行可以通过视图看到。如果没有通过检查，则拒绝修改。如果没有添加该选项，则允许通过对视图的 insert 和 update 来创建该视图不可见的行。支持下列检查选项。

* 参数：LOCAL

只检查视图本身直接定义的条件，除非底层视图也定义了 CHECK OPTION，否则它们定义的条件都不检查。

* 参数：CASCADED

检查该视图和所有底层视图定义的条件。如果仅声明了 CHECK OPTION，没有声明 LOCAL 和 CASCADED，默认是 CASCADED。

3．示例

【例 9.18】 创建一个视图 v_employees，该视图通过 department、job、employees 三张表联合查询出员工的清单。

```
CREATE OR REPLACE VIEW v_employees AS
    SELECT e.code, e.name, e.phone, d.name department, j.name job
    FROM department d, job j, employees e
    WHERE d.code = j.department AND j.code = e.job;
```

视图定义后，就可以如同查询基本表那样对视图进行查询了。

```
SELECT * FROM v_employees;
```

▶ 9.6.3 删除视图

删除视图时，只能删除视图的定义，不会删除数据。另外，用户必须拥有 DROP 权限。删除视图语法格式：

```
DROP VIEW [ IF EXISTS ] view_name [, …] [ CASCADE | RESTRICT ];
```

其中，view_name 是视图名，如果声明了 IF EXISTS，当视图不存在时，则发出一个 notice 而不是抛出一个错误。使用 DROP VIEW 可以一次删除多个视图。

当使用 RESTRICT 选项时，只有当视图没有被其他对象（如其他视图、存储过程、触发器等）依赖时，才能删除该视图。如果存在依赖关系，数据库将不允许删除视图，并返回一个错误。此选项为默认值。

与 RESTRICT 相反，使用 CASCADE 选项时，如果视图被其他对象依赖，那么在删除该视图的同时，所有依赖于它的对象也会被自动删除或更新，以解除依赖。这意味着使用 CASCADE 可能会导致数据库中更多的对象被删除，因此在生产环境中需要谨慎使用。

【例 9.19】 删除视图 v_employees。

```
DROP VIEW v_employees;
```

9.7 数据库对象信息查询

openGauss 数据库对象信息的查看有两种形式，其一是利用 gsql 工具的元命令查看，其二是通过 openGauss 的专用系统表或者视图来查询。

1. gsql 元命令查看

如果用户是使用 gsql 工具进行数据库管理与开发，无疑是使用元命令查看对象信息比较简洁方便。下面介绍几种使用、查询数据库对象的方法。

1）查询所有数据库

查看所有数据库清单的元命令是\l。查看结果如图 9.4 所示。

```
openGauss=# \l
                          List of databases
   Name    | Owner | Encoding  | Collate | Ctype | Access privileges
-----------+-------+-----------+---------+-------+-------------------
 postgres  | omm   | SQL_ASCII | C       | C     |
 template0 | omm   | SQL_ASCII | C       | C     | =c/omm           +
           |       |           |         |       | omm=CTc/omm
 template1 | omm   | SQL_ASCII | C       | C     | =c/omm           +
           |       |           |         |       | omm=CTc/omm
(3 rows)
```

图 9.4　查看所有数据库清单

2）查询当前数据库中的所有表

查看当前数据库中的所有表清单的元命令是\dt，查询结果如图 9.5 所示。

```
[omm@gaussMaster ~]$ gsql -d postgres -r -U hr -W Hr@13579
gsql ((openGauss 5.0.2 build 48a25b11) compiled at 2024-05-14 10:26:01 commit 0
last mr  )
Non-SSL connection (SSL connection is recommended when requiring high-security)
Type "help" for help.

openGauss=> \dt
                        List of relations
 Schema |    Name    | Type  | Owner |             Storage
--------+------------+-------+-------+----------------------------------
 hr     | department | table | hr    | {orientation=row,compression=no}
 hr     | employees  | table | hr    | {orientation=row,compression=no}
 hr     | job        | table | hr    | {orientation=row,compression=no}
 hr     | signin     | table | hr    | {orientation=column,compression=low}
(4 rows)
```

图 9.5　查看当前数据库中的所有表清单

3）查看表结构

查看当前数据库表结构的元命令是\d tablename，查询结果如图 9.6 所示，可以查看表的列、索引、约束等信息。

```
openGauss=> \d employees
          Table "hr.employees"
 Column |         Type          | Modifiers
--------+-----------------------+-----------
 code   | character varying(8)  | not null
 name   | character varying(16) | not null
 phone  | character varying(16) | not null
 job    | character varying(8)  |
 weixin | character varying(32) |
Indexes:
    "employee_pkey" PRIMARY KEY, btree (code) TABLESPACE pg_default
    "employee_name_key" UNIQUE CONSTRAINT, btree (name) TABLESPACE pg_default
    "employee_phone_key" UNIQUE CONSTRAINT, btree (phone) TABLESPACE pg_default
    "employees_weixin_key" UNIQUE CONSTRAINT, btree (weixin) TABLESPACE pg_defau
lt
    "idx_employee_weixin" UNIQUE, btree (weixin) TABLESPACE pg_default
Foreign-key constraints:
    "fk_employee_job" FOREIGN KEY (job) REFERENCES job(code)
```

图 9.6　查看表结构

2．利用视图查询

毕竟 gsql 是一个命令行工具，界面不是太友好，好多用户都不会太喜欢使用。用户通常会采用 Data Studio 图形化工具来进行数据库的管理与应用，所以就需要利用系统表或视图来查询相关数据库对象信息。

每个数据库都包含一个名为 pg_catalog 的模式，称为目录模式。它包含系统表和所有内置数据类型、函数、操作符。pg_catalog 模式还提供了对数据库内部结构和操作的详细描述，这对于数据库管理员和开发者来说是非常有用的资源，可以帮助他们更好地理解和维护数据库。通过查询 pg_catalog 中的系统表，可以获取关于数据库对象（如表、视图、索引等）的详细信息，包括它们的属性、依赖关系以及与其他对象的关联等。

pg_catalog 是搜索路径中的一部分，始终在临时表所属的模式后面，并在 search_path 中所有模式的前面，即具有第二搜索优先级。这样确保可以搜索到数据库内置对象。如果用户需要使用和系统内置对象重名的自定义对象时，可以在操作自定义对象时带上自己的模式。

每个数据库还包含一个名为 information_schema 的模式，称为信息模式。信息模式由一组视图构成，它们包含定义在当前数据库中对象的信息。这个模式的拥有者是初始数据库用户，并且该用户自然地拥有这个模式上的所有特权，包括删除它的能力。

与数据库基本对象相关的系统表或者视图都保存在以上两个模式下面，如表 9.12 所示。通过查询这些视图就可以掌握数据库对象信息。

表 9.12　与基本对象相关的视图

名　　称	说　　明
pg_catalog. pg_database	列出所有数据库信息
pg_catalog. pg_tablespace	列出所有表空间信息
pg_catalog. pg_tables	列出所有表信息
pg_catalog. pg_views	列出所有用户视图信息
pg_catalog. pg_indexs	列出所有索引信息
pg_catalog. pg_constraint	列出所有约束信息
information_schema. columns	列出所有字段信息

【例 9.20】　查询 hr 模式下面的所有表。

```
select schemaname,tablename,tableowner
  from pg_catalog.pg_tables where schemaname = 'hr';
```

【例 9.21】　查询 hr. department 表结构信息。

```
SELECT
    column_name,
    data_type,
    is_nullable,
    column_default,
    character_maximum_length
FROM
    information_schema.columns
WHERE
    table_schema = 'hr'
    AND table_name = 'department';
```

9.8 "高校教材管理系统"基本对象的创建

1. 给 agency 授权

给 agency 用户授予可以在 space_textbook 表空间中创建对象的权限。

1）以 omm 身份登录数据库

```
gsql - d postgres - r
```

2）给 agency 用户授权

```
GRANT CREATE ON TABLESPACE space_textbook TO agency;
```

2. 创建数据库

1）以 agency 身份登录数据库

```
gsql - d postgres - r - U agency - W Agency@1235
```

2）创建一个 db_textbook 数据库

```
CREATE DATABASE db_textbook TABLESPACE space_textbook;
```

3）切换到 db_textbook 数据库

```
\c db_textbook
```

3. 创建模式

1）查看模式，此时 db_textbook 数据库中只有一个 public 用户模式，并没有 agency 用户对应的同名 agency 模式，所以需要在 db_textbook 数据库上创建 agency 模式。

```
\dn
```

2）创建一个模式 agency 模式，并设定用户 agency 为此模式的所有人。

```
CREATE SCHEMA agency   AUTHORIZATION agency;
```

4. 基本对象创建

由于高校教材管理系统已经建好数据库的物理模型，利用正向工程就可以生成创建所有表、约束等基本对象 SQL 脚本。具体 SQL 脚本这里就不再列出，读者可以利用案例的物理模型自行正向生成即可。高校教材管理系统数据库表清单如表 9.13 所示。

表 9.13　案例数据库表清单

表　　名	说　　明
admin	教务员
agent	图书代办
booklist	教材书目
bookseller	书商
class	班级
course	课程
dean	系主任
major	专业
orders	订单
purchasing	订购明细
student	学生
teacher	教师
textbook	教材

5. 创建部分视图

学生在选购教材时需要查询到本学期有哪些教材是自己可以选择，为了简化操作需要定义一个 v_textbook 视图，将 major、course、textbook 进行联合成为一个用户视图。视图创建的代码如下。

```
-- 创建 v_textbook 视图
create or replace   view v_textbook as
select m.code majorcode,m.name majorname,c.cid coursecode,c.name coursename,
   t.tid textbookid,t.title,t.price,t.author,t.publisher,t.use_year
   from major m,course c, textbook t
   where m.code = c.major and c.cid = t.course;
-- 查询 v_textbook 视图
select * from v_textbook;
```

教务员眼里的选课学生实际上也是一个用户视图，因此需要创建一个 v_student 视图，将 major、class、student 关联起来形成外部模式。视图创建的代码如下。

```
-- 创建 v_student 视图
create or replace view v_student as
select m.code majorcode,m.name majorname,c.code classcode,c.name classname,
   s.code,s.name,s.phone
   from major m,class c,student s
   where m.code = c.major and c.code = s.class;
-- 查询 v_student 视图
select * from v_student;
```

6. 给 reader 用户授权访问部分表

reader 用户负责学生端应用软件的开发，此用户需要 student、textbook、course、v_textbook、v_student 等对象的 select 权限，还需要 orders、purchasing 表的 select、insert、update、delete 权限。

agency 用户执行下列语句，给 reader 授权相应权限。

```
-- 授予 reader 使用 agency 模式的权限
grant usage on schema agency to reader;
-- 授予 reader 用户查询权限
grant select on student,textbook,course,v_textbook,v_studen to reader;
-- 授予 reader 用户数据 CURD 权限
grant select,insert,update,update on orders,purchasing to reader;
```

小结

基本数据库对象的核心是数据表和索引，这两个是真正存储数据的对象。数据表的创建与管理是 DBA、程序员最常见的工作。索引的维护也非常重要，对于提高数据库系统的响应速度至关重要。

openGauss 有不少新颖的数据类型，能够满足不同的业务数据需求。表数据的存储方式包括行存方式、列存方式，用户可以灵活选用。

习题 9

1. openGauss 有哪些新颖的数据类型？适用于什么业务场景？
2. openGauss 的列存与行存有什么异同？各适用于什么业务场景？
3. openGauss 的序列有哪几种使用方式？
4. openGauss 的数据库、表空间、模式和表之间是什么样的关系？

本章学习目标
- 了解 PL/SQL 的特色与规范。
- 掌握匿名块的构成。
- 了解 openGauss 的异常处理方式。
- 掌握 PL/SQL 流程控制语句的语法规范。

PL/SQL(Procedure Language/Structure Query Language)是标准 SQL 添加了过程化功能的一门程序设计语言。

单一的 SQL 语句只能进行数据操作,没有流程控制,无法开发复杂的应用。PL/SQL 是结合了结构化查询与数据库自身过程控制为一体的强大语言。

(1) PL/SQL 是一种块结构的语言,它将一组语句放在一个块中,一次性发送给服务器。

(2) PL/SQL 引擎分析收到 PL/SQL 语句块中的内容,把其中的过程控制语句由 PL/SQL 引擎自身去执行,把 PL/SQL 块中的 SQL 语句交给服务器的 SQL 语句执行器执行。

(3) PL/SQL 块发送给服务器后,先被编译然后执行,对于有名称的 PL/SQL 块(如子程序)可以单独编译,永久地存储在数据库中,随时准备执行。

(4) PL/SQL 是一种块结构的语言,一个 PL/SQL 程序包含一个或者多个逻辑块,逻辑块中可以声明变量,变量在使用之前必须先声明。

本章主要介绍 openGauss 的语句块、变量定义、内置函数、控制结构等基本的编程要素,重点介绍 openGauss 游标的定义、使用。通过本章的学习,读者需要熟练掌握 PL/SQL,能够编写出处理复杂业务逻辑的语句块。

10.1 数据库兼容性

对于数据库兼容性来说,主要分为数据的兼容性以及应用的兼容性。数据库应用最核心的部分就是 SQL。SQL 是非过程化编程语言,主要分为数据查询语言(SELECT)、数据操作语言(INSERT、UPDATE 和 DELETE)、事务控制语言(COMMIT、SAVEPOINT、ROLLBACK)、权限控制语言(GRANT、REVOKE)、数据定义语言(CREATE、ALTER 和 DROP)、指针控制语言(DECLARE CURSOR)。

SQL 语法的标准是由 ANSI 和国际标准化组织(ISO)作为 ISO/IEC 9075 标准维护,熟知的如 SQL92 标准、SQL99 标准等。但在各个厂商打造数据库产品的过程中,由于面向的用户群及场景不同,各个数据库产品基本都有一部分不属于在标准范围内的语法,通常称为 SQL 方言。本文主要在 openGauss 中验证 Oracle 方言的兼容性,分为查询语法、函数、存储过程、触发器、游标等几个部分。

openGauss 与 PostgreSQL 的 SQL 兼容性非常高,因为 openGauss 是基于 PostgreSQL 内核开发的,它兼容 PostgreSQL 的 SQL 语法和大部分功能。

具体地说,openGauss 几乎完全兼容 PostgreSQL 的 DDL(数据定义语言)和 DML(数据操作语言),包括建表、索引、查询、插入、更新和删除等操作。

此外,openGauss 还扩展了部分语法,支持如 Oracle 方言的 ROWNUM、DUAL 等功能,并在性能优化和扩展性方面进行了增强。

openGauss 为了理顺数据库的兼容性,通过 sql_compatibility 参数来控制数据库的 SQL 语法和语句行为同哪一个主流数据库兼容。

该参数属于内部枚举类型,该参数只能在执行 CREATE DATABASE 命令创建数据库的时候设置。在数据库中,该参数只能是确定的一个值,请勿任意改动,否则会导致数据库行为不一致。用户可以在 gsql 中执行下列语句查看此参数的取值。

```
show sql_compatibility;
```

sql_compatibility 的取值范围如下。
- A:表示同 Oracle 数据库兼容。
- B:表示同 MySQL 数据库兼容。
- C:表示同 Teradata 数据库兼容。
- PG:表示同 PostgreSQL 数据库兼容。

目前,在 openGauss 5.0.2 版本中默认取值为 A,和 Oracle 数据库基本兼容。所以,有关 PL/SQL 编程的语法规范基本与 Oracle 的语法规范一致。

10.2　PL/SQL 的匿名块

PL/SQL 是一种块结构的语言,组成 PL/SQL 程序的单元是逻辑块,一个 PL/SQL 程序包含一个或多个逻辑块。语句块可以匿名,也可以被命名和存储在 openGauss 服务器中,成为用户模式的一个对象,如存储过程、函数、包等。命名语句块同时也能被其他的 PL/SQL 程序或 SQL 命令调用,任何客户端/服务器工具都能访问 PL/SQL 程序,具有很好的可重用性。

1. 语法格式
每个匿名块都可以划分为三个部分。

1) 声明部分
声明部分包含变量和常量的数据类型和初始值。这个部分是由关键字 DECLARE 开始,如果不需要声明变量或常量,那么可以忽略这一部分。

2) 执行部分
执行部分是 PL/SQL 块中的指令部分,由关键字 BEGIN 开始,所有的可执行语句都放在这一部分,其他的 PL/SQL 块也可以放在这一部分。

3) 异常处理部分
这一部分是可选的,在这一部分中处理异常或错误,对异常处理的详细讨论在后面进行。
PL/SQL 块语法结构如下。

```
[DECLARE
    declarations]
BEGIN
    statements
    [EXCEPTION
        WHEN condition [OR condition …] THEN
            handler_statements
```

```
      [WHEN condition [OR condition …] THEN
         handler_statements
      …]
   ]
END;
```

2. 参数说明

1) declarations

指定作用域限定于块的数据类型、变量、游标、异常或过程声明。每个声明都必须以分号终止。

2) executions

指定 PL/SQL、SQL 语句或异常处理语句。每个语句都必须以分号终止。

3) handler_statements

异常处理代码。

4) condition

错误代码或者错误名称。

如下为匿名块定义的几点说明：

（1）如果没有发生错误，这种形式的块只是简单地执行所有语句。

（2）如果在执行的语句内部发生了一个错误，然后转到 EXCEPTION 列表，寻找匹配错误的第一个条件。若找到匹配，则执行对应的 handler_statements；如果没有找到匹配，则会向事务的外层报告错误。

（3）condition 可以是标准错误名称，如 division_by_zero、unique_violation 等。特殊的条件名 OTHERS 代表其他未命名的错误类型。condition 也可以是"sqlstate SQL 标准错误码"格式，其中，SQL 标准错误码即国际 SQL 错误编码。

（4）异常处理一般要放到执行部分的最后面。

（5）PL/SQL 语句以分号";"结束。

（6）PL/SQL 程序块的注释方式有以下两种。

① 单行注释1：--注释内容。

② 多行注释(块注释)：/ * 注释内容 * /。

（7）PL/SQL 没有专门的输入、输出语句。在 openGauss 中，可以使用 RAISE NOTICE 来输出信息，或者使用 SELECT 语句来查询并输出结果。

3. 示例

【例 10.1】 语句块中包含变量、常变量定义，以及数据输出。

```
declare
PI constant  number(5,2):= 3.14;
r  number(5,1):= 5;
s  number(5,1):= 0;
begin
  s:= PI * r * r;
  raise notice '半径 = % ,面积 = % ',r,s;
end;
```

openGauss 异常类型有以下两种。

（1）Postgresql 预定义错误：openGauss 沿用了 Postgresql 预定义错误清单，每个错误包括一个错误代码、一个异常情况名称，在异常处理时可以直接采用异常名称来捕捉异常。

特殊变量 SQLSTATE、SQLERRM 只在 EXCEPTION 语法块中生效，可以打印错误代码和异常情况信息。

【例 10.2】　语句块中包含预定义异常处理。

```
DECLARE
  x INTEGER;
  y integer;
BEGIN
  x: = 10;
  y: = x/0;
  EXCEPTION
    WHEN division_by_zero THEN
      RAISE NOTICE'(分母不能为 0)!';
END;
```

【例 10.3】　通过预定义的异常名称 unique_violation 主动捕捉异常,除此之外的异常都提示"未知错误"。

```
begin
  insert into department (code,name) values ('test','测试部');
  exception
    when unique_violation then
      raise notice'%(主键冲突)!',sqlerrm;
    when others then
      select '未知错误!';
end;
```

【例 10.4】　通过预定义的标准错误代码 23505 主动捕捉异常,除此之外的异常都提示"未知错误"。

```
begin
  insert into department (code,name) values ('test','测试部');
  exception
    when sqlstate '23505' then
      raise notice'主键冲突!';
    when others then
      select '未知错误!';
end;
```

(2) 用户定义异常:程序执行过程中,出现编程人员认为的非正常情况。对这种异常情况的处理,需要用户在程序中定义,然后显式地在程序中将其引发。

自定义异常处理步骤如下。

• 在 PL/SQL 块的 declare 定义部分定义异常名。

```
< exception_name >  EXCEPTION;
```

• 判断触发异常条件,然后触发异常。

```
RAISE  < exception_name >;
```

• 在 PL/SQL 块异常的处理部分对异常情况做出相应的处理。

【例 10.5】　用户自定义一个异常 not_found,当达到需要抛出异常条件时人为地抛出异常,异常处理部分能够捕捉用户自定义的异常并处理。

```
declare
v_code department.code % type: = 'design';
v_count int: = 0;
cannot_found exception;
begin
    -- 通过 v_code 查询部门是否存在
```

```
select count( * ) into v_count from department where code = v_code;
if v_count > 0 then
    update department set name = '产品部' where code = v_code;
    raise notice '更新成功!';
else
    raise cannot_found;
end if;
exception
    when cannot_found then
        raise notice '编号为 % 的部门不存在,更新失败!',v_code;
end;
```

视频讲解

10.3 变量、常量的定义

openGauss 支持的常量和宏如表 10.1 所示。

表 10.1 常量与宏

名　称	描　述	示　例
CURRENT_CATALOG	当前数据库	SELECT CURRENT_CATALOG;
CURRENT_ROLE	当前用户	SELECT CURRENT_ROLE;
CURRENT_SCHEMA	当前数据库模式	SELECT CURRENT_SCHEMA;
CURRENT_USER	当前用户	SELECT CURRENT_USER;
LOCALTIMESTAMP	当前会话时间(无时区)	SELECT LOCALTIMESTAMP;
NULL	空值	-
SESSION_USER	当前系统用户	SELECT SESSION_USER;
SYSDATE	当前系统日期	SELECT SYSDATE;
USER	当前用户,此用户为 CURRENT_USER 的别名	SELECT USER;

可以在 PL/SQL 的语句块中进行变量、常量的定义,PL/SQL 变量、常量定义格式如下。

```
DECLARE
Variable_name [CONSTANT] datatype [NOT NULL] [{ : = ｜ DEFAULT } expression];
{ Variable_name [CONSTANT] datatype [NOT NULL] [{ : = ｜ DEFAULT } expression];} …
```

以下是语法说明。

- Variable_name：变量或常量名。标识符不能使用保留字,如 from、select；标识符第一个字符必须是字母；标识符最多由 30 个字符组成；标识符不要与数据库的表或者列同名。
- CONSTANT：表示定义常量。常量与变量相似,但常量的值在程序内部不能改变,常量的值在定义时赋予,声明方式与变量相似,但必须包括关键字 CONSTANT。常量和变量都可被定义为 SQL 和用户定义的数据类型。
- datatype：支持 openGauss 的所有数据类型,包括自定义类型。
- NOT NULL：可以在声明变量的同时给变量强制性地加上 NOT NULL 约束条件,此时变量在初始化时必须赋值。
- {:=｜DEFAULT} expression：可以在定义变量时选择给变量赋初值。定义常量时必须赋初值。
- 每一行只能声明一个变量或常量。

为了保证变量的类型与某个字段的数据类型一致,可以将数据表的某字段的数据类型指定给所声明的变量,这样,当字段的数据类型改变时,变量的数据类型也会随之变化,从而使得 PL/SQL 程序具有相对稳定性。

下面介绍两种常见的参考类型。

1. %TYPE

一个变量的类型定义参考另一个已经定义的变量类型,或参考数据表中某个字段的数据类型。

【例 10.6】 定义变量 v_name,该变量的数据类型与 employees 表 name 字段的数据类型一致。

```
declare
  v_code employees.code % type;
  v_name employees.name % type;
BEGIN
  v_code: = '800313';
  select name into v_name from employees where code = v_code;
  raise notice 'name = % ',v_name;
END;
```

2. %ROWTYPE

一个变量的类型定义参考某个表或视图的结构,此类型变量内的分量的名字、数据类型与表或视图结构中的字段名字、数据类型完全一致。此类变量实际上是一个复合结构,访问该变量的分量变量需要通过“.”分隔符。

【例 10.7】 定义变量 v_row,该变量的数据类型与 department 表的关系模式结构一致,是一个复合结构。

```
DECLARE
    v_row department % rowtype;
BEGIN
    select  *  into v_row from department where code = 'test';
    raise notice 'name = % ',v_row.name;
    EXCEPTION
    WHEN no_data_found THEN
        raise notice '数据未发现!';
END;
```

10.4　自定义数据类型

PL/SQL 允许用户自定义复合数据类型,复合数据类型主要有记录类型、表(数组)类型。

1. 记录类型定义

记录类型与数据库中表的行结构非常相似,使用记录类型定义的变量可以存储由一个或多个字段组成的一行数据。

创建记录类型需要使用 TYPE 语句,其语法如下。

```
TYPE record_name IS RECORD
  (
  field_name data_type [ [ NOT NULL ] { : = | DEFAULT } value ]
  [,… ]
  ) ;
```

以下是语法说明。

- record_name:记录类型名,要符合标识符命名规范。

- field_name：数据项名，要符合标识符命名规范。
- data_type：数据类型。
- 复合记录类型要先定义,后使用。

【例 10.8】 先定义一个复合记录数据类型 type_job,然后定义该类型的一个变量 row_job。

```
declare
type type_job is record(
name job. name % type,
salary job. salary % type
);
row_job type_job;
begin
  select name, salary into row_job      from job where code = 'p001';
  raise notice '% 的工资为 % ', row_job. name, row_job. salary;
end;
```

2. 数组类型定义

PL/SQL 的数组类型与 C 语言中的数组类型非常相似,使用数组类型的变量可以存储多个相同类型的数据。

数组类型需要先使用 TYPE 语句定义,其语法如下。

```
TYPE array_name IS VARRAY OF data_type;
```

以下是语法说明。

- array_name：记录类型名,要符合标识符命名规范。
- data_type：数据类型。
- 数组类型要先定义,后使用。

数组类型具有以下方法可供用户使用,方便用户操作数组集合中的数据元素。表 10.2 列举出了所有的数组集合方法。

表 10.2　数组集合方法

方　　法	功　　能	返回值类型
EXISTS	判断某个数据元素是否存在	布尔型
COUNT	返回数组的实际元素个数	整型
LIMIT	返回数组最大的元素个数	整型
FIRST	返回第 1 个元素	元素类型
LAST	返回最后 1 个元素	元素类型
NEXT	返回上个元素	元素类型
PRIOR	返回下个元素	元素类型
EXTEND	向集合中添加元素	
TRIM	从集合末尾删除元素	
DELETE	从集合中删除指定元素	

【例 10.9】 先定义一个数组类型 TypeNodes,然后定义该类型的一个变量 lstNodes,对此变量进行赋值并输出。

```
DECLARE
  TYPE TypeNodes IS VARRAY(80) OF NUMBER;
  lstNodes TypeNodes;
BEGIN
  -- 首先需要初始化一个空数组
 lstNodes: = TypeNodes();
```

```
-- 然后利用 Extend 方法扩展 20 个元素
lstNodes.Extend(20);
 -- 然后给 20 个元素赋值
FOR n IN 1..20 LOOP
  lstNodes(n):= n * 100;
END LOOP;
 -- 最后输出 20 个元素的值
FOR n IN 1..20 LOOP
  RAISE NOTICE '%',lstNodes(n);
END LOOP;
END;
```

10.5 运算符

在 PL/SQL 编程中,操作符和函数是执行数据操作和查询构建的基础。PL/SQL 的运算符与高级程序设计语言的语法大同小异,读者可以对照着去学习与应用。下面对 PL/SQL 中的一些常用操作符做一个归纳简述。

1. 算术操作符

+(加)

-(减)

*(乘)

/(除)

%(取模,返回除法的余数)

2. 比较操作符

=(等于)

!=或<>(不等于)

>(大于)

<(小于)

>=(大于或等于)

<=(小于或等于)

BETWEEN(在某个范围内)

IN(在某个列表中)

3. 逻辑操作符

AND(逻辑与)

OR(逻辑或)

NOT(逻辑非)

4. 连接操作符

JOIN(连接不同的表)

5. 模式匹配操作符

LIKE(基于模式的匹配)

ILIKE(不区分大小写的 LIKE)

6. 空值操作符

IS NULL(检查空值)

IS NOT NULL

在 SQL 中，操作符优先级通常按以下顺序排列。

（1）括号内的表达式：（…）。

（2）乘法和除法：＊,/。

（3）加法和减法：＋,－。

（4）比较操作符：＝,＜＞,＜＝,＞＝,!＝,＜＞,IN,BETWEEN,LIKE。

（5）逻辑非：NOT。

（6）逻辑与：AND。

（7）逻辑或：OR。

（8）赋值操作符：:＝。

使用括号可以改变计算顺序，确保优先执行括号内的表达式。为了确保表达式按照预期的顺序执行，可以使用括号来明确指定计算顺序。

【例 10.10】 例如，查询开发部（program）工资大于 15 000 元的岗位信息。

```
SELECT * FROM job j,department d
  WHERE d.code = j.department AND d.code = 'program' AND j.salary > 15000;
```

10.6　PL/SQL 的流程控制

PL/SQL 的流程控制和许多高级语言类似，主要包括顺序结构、条件结构、循环结构。下面主要介绍条件结构、循环结构。

1. IF 结构

IF 条件结构有三种形式。

（1）IF-THEN 语句，格式如下。

```
IF condition THEN
    sequence_of_statements
END IF;
```

语法说明：

如果条件 condition 为真，则执行语句序列 sequence_of_statements，否则不做任何操作。

（2）IF-THEN-ELSE 语句，格式如下。

```
IF condition THEN
    sequence_of_statements1
ELSE
    sequence_of_statements2
END IF;
```

语法说明：

如果条件 condition 为真，则执行语句序列 sequence_of_statements1，否则执行语句序列 sequence_of_statements2。

（3）IF-THEN-ELSIF 语句，格式如下。

```
IF condition1 THEN
    sequence_of_statements1
ELSIF condition2 THEN
    sequence_of_statements2
ELSE
```

```
      sequence_of_statements3
  END IF;
```

语法说明：

如果条件 condition1 为真，则执行语句序列 sequence_of_statements1，否则判断条件 condition2，如果 condition2 为真，则执行语句序列 sequence_of_statements2，否则执行语句序列 sequence_of_statements3。

【例 10.11】　比较两个数的大小，输出较大数。

```
DECLARE
  x NUMBER;
  y NUMBER;
  h NUMBER;
BEGIN
  x: = 20;   y: = 30;   h: = x;
  IF x < y THEN
    h: = y;
  END IF;
  RAISE NOTICE '最大的数为: % ', h;
END;
```

【例 10.12】　求三个数中的最大数。

```
DECLARE
  x NUMBER;   y NUMBER;
  z NUMBER;   h NUMBER;
BEGIN
  x: = 20;   y: = 3;   z: = 16; h: = x;
  IF x < y THEN
    h: = y;
  ELSIF x < z THEN
    h: = z;
  END IF;
  IF y < z THEN   h: = z;   END IF;
  raise notice '最大的数为: % ', h;
END;
```

2. CASE 结构

CASE 语句有两种形式。

（1）第 1 种形式格式如下。

```
CASE
    WHEN search_condition1 THEN sequence_of_statements1;
    WHEN search_condition2 THEN sequence_of_statements2;
    ...
    WHEN search_conditionN THEN sequence_of_statementsN;
    [ELSE sequence_of_statementsN + 1;]
END CASE [label_name];
```

语法说明：

search_condition1…search_conditionN 为条件，sequence_of_statements1…sequence_of_statementsN＋1 为语句块，当条件 search_conditionX 为真时，则执行语句序列 sequence_of_statementsX，当条件 search_condition1…search_conditionN 都为假时，执行语句序列 sequence_of_statementsN＋1。

【例 10.13】　将百分制成绩转换成等级制。

```
DECLARE
   nScore NUMBER(4):= 98;
BEGIN
   CASE
     WHEN nScore >= 90 THEN RAISE NOTICE '优秀';
     WHEN nScore >= 80 THEN RAISE NOTICE '良好';
     WHEN nScore >= 70 THEN RAISE NOTICE '中等';
     WHEN nScore >= 60 THEN RAISE NOTICE '及格';
     WHEN nScore >= 0 THEN RAISE NOTICE '不及格';
     ELSE raise notice '非法成绩';
   END CASE;
END;
```

（2）第 2 种形式格式如下。

```
CASE selector
   WHEN expression1 THEN sequence_of_statements1;
   WHEN expression2 THEN sequence_of_statements2;
   ...
   WHEN expressionN THEN sequence_of_statementsN;
  [ELSE sequence_of_statementsN + 1;]
END CASE
```

语法说明：

selector 为选择器，通常是变量，expression1 … expressionN 为表达式，sequence_ of _ statements1…sequence_of_statementsN＋1 为语句块，当 selector 的值等于 expressionX 时，则执行语句序列 sequence_of_statementsX，当 selector 不等于 search_condition1…search_ conditionN 中的任何一个时，执行语句序列 sequence_of_statementsN＋1。

【例 10.14】 将等级制成绩进行转换输出。

```
DECLARE
   grade CHAR(1):= 'C';
BEGIN
   CASE grade
     WHEN 'A' THEN RAISE NOTICE '优秀';
     WHEN 'B' THEN RAISE NOTICE '良好';
     WHEN 'C' THEN RAISE NOTICE '中等';
     WHEN 'D' THEN RAISE NOTICE '及格';
     WHEN 'F' THEN RAISE NOTICE '不及格';
     ELSE RAISE NOTICE '非法成绩';
   END CASE;
END;
```

3. 循环结构

循环条件结构有三种形式。

（1）LOOP 循环，格式如下。

```
LOOP
   ...
   IF condition THEN
      ...
      EXIT;  -- exit loop immediately
   END IF;
END LOOP;
```

或者：

```
LOOP
   ...
```

```
    EXIT  WHEN  condition;   -- exit loop immediately
    ...
END LOOP;
```

语法说明：

如果条件 condition 为真，则执行 EXIT 语句退出循环体，否则继续执行循环体语句块。

（2）WHILE 循环，格式如下。

```
WHILE condition LOOP
    sequence_of_statements
END LOOP;
```

语法说明：

如果条件 condition 为真，则执行循环体语句块，否则退出循环体。

（3）FOR 循环，格式如下。

```
FOR counter IN [REVERSE] lower_bound..higher_bound LOOP
    sequence_of_statements
END LOOP;
```

语法说明：

- counter 为计数器变量，其取值范围为 lower_bound～higher_bound，lower_bound 为下限，higher_bound 为上限，则执行循环体语句块的次数为 higher_bound－lower_bound＋1 次。
- REVERSE：表示计数器 counter 的取值从大到小逐个变化，否则从小到大逐个变化。

【例 10.15】 利用 LOOP 循环，计算 $1+2+3+\cdots+10$。

```
DECLARE
    nSum   NUMBER(3): = 0;
    nCount NUMBER(2): = 1;
BEGIN
    LOOP
        nSum: = nSum + nCount;
        IF nCount = 10 THEN
            EXIT;
        END IF;
        nCount: = nCOunt + 1;
    END LOOP;
    RAISE NOTICE 'Sum = % ',nSum;
END;
```

【例 10.16】 利用 WHILE 循环，计算 $1+2+3+\cdots+10$。

```
DECLARE
    nSum   NUMBER(3): = 0;
    nCount NUMBER(2): = 1;
BEGIN
    WHILE nCount < = 10 LOOP
        nSum: = nSum + nCount;
        nCount: = nCOunt + 1;
    END LOOP;
    RAISE NOTICE 'Sum = % ',nSum;
END;
```

【例 10.17】 利用 FOR 循环，计算 $1+2+3+\cdots+10$，此例中的循环控制变量的作用域只限于循环体内。

```
DECLARE
  nSum   NUMBER(3): = 0;
BEGIN
  FOR nCount in 1..10 LOOP
    nSum: = nSum + nCount;
  END LOOP;
  RAISE NOTICE 'Sum = % ', nSum;
END;
```

10.7　游标管理

游标(Cursor)是 openGauss 的一种内存结构，用来存放 SQL 语句或程序执行后的结果。游标使用 SELECT 语句从基表或视图中取出数据生成行集并放入内存，最初游标指针指向查询结果行集的首部，随着游标指针的推进，就可以访问相应的记录。

游标分为显式和隐式两种。前者需要用户定义，需要时打开，使用完后关闭；后者则完全是自动的，无须用户干预。

openGauss 为每个不属于显式游标的 SQL DML 语句都创建了一个隐式游标。由于隐式游标没有名称，所以它也称为 SQL 游标。与显式游标不同，不能对一个隐式游标显式地执行 OPEN、FETCH 和 CLOSE 语句。openGauss 隐式地打开、处理和关闭 SQL 游标。

显式游标一经定义，就具有一定的属性，游标的属性并非返回一个类型，而是返回可以在表达式中使用的值。游标有 4 个属性，即％FOUND、％NOTFOUND、％ISOPEN 和％ROWCOUNT。

(1)％FOUND：若当前 FETCH 语句成功取出一行数据，则％FOUND 返回 TRUE，否则返回 FALSE。该属性可以用来判断是否应关闭游标，在循环结构中常用该属性决定循环的结束。

(2)％NOTFOUND：与％FOUND 的意义正好相反。

(3)％ISOPEN：当游标已经打开且尚未关闭时，％ISOPEN 返回 TRUE。该属性可以用来判断游标的状态。

(4)％ROWCOUNT：％ROWCOUNT 返回游标已检索的数据行个数。

PL/SQL 处理显式游标需经过 4 个步骤，即声明游标、打开游标、移动游标、关闭游标。

1. 声明游标

显式游标要在 PL/SQL 语句块的声明部分中定义，语法如下。

```
CURSOR cursor_name
 [(cursor_parameter_declaration [,cursor_parameter_declaration]···)]
 [ RETURN rowtype] IS select_statement;
```

语法说明：

- cursor_name：游标名称。
- cursor_parameter_declaration：参数定义，格式为"parameter_name [IN] datatype [{:=|DEFAULT} expression]"。其中，parameter_name 为参数名；datatype 为数据类型，定义参数时只需要提供数据类型，不能定义数据长度；expression 为默认值表达式。定义的参数需要在 select_statement 语句中使用。
- RETURN rowtype：rowtype 为返回的记录类型。可以使用％ROWTYPE 属性作为游标的返回值，让游标返回表的一条记录。
- select_statement：SELECT 查询语句。

2．打开游标

显式游标要在 PL/SQL 语句块的声明部分中定义,语法如下。

```
OPEN cursor_name
 [(cursor_parameter_name [,cursor_parameter_name]…)];
```

语法说明:

- cursor_name:游标名称。
- cursor_parameter_declaration:参数名。

3．移动游标

显式游标要在 PL/SQL 语句块的声明部分中定义,语法如下。

```
FETCH cursor_name INTO {variable_name [,variable_name]… | record_name};
```

语法说明:

- variable_name [,variable_name]…:为变量名列表,变量个数要与游标定义中的列的数量一致。
- record_name:记录结构变量名,该变量中的数据项数量与数据类型要与游标定义中的列一致。

4．关闭游标

显式游标要在 PL/SQL 语句块的声明部分中定义,语法如下。

```
CLOSE cursor_name
```

语法说明:

- cursor_name:游标名。

【例 10.18】　定义一个带参数的游标 cur_job,该游标返回参数指定部门的岗位清单信息,然后逐个读取游标中的行集记录。

```
DECLARE
  CURSOR cur_job (p_department VARCHAR) for
  SELECT * FROM job  WHERE department = p_department;
  row_job job % ROWTYPE;
BEGIN
  open cur_job('program');
  IF cur_job % ISOPEN THEN
      raise notice '此游标总共有 % 行',cur_job % ROWCOUNT;
  END IF;
  FETCH cur_job INTO row_job;
  IF cur_job % ISOPEN THEN
      raise notice '此游标总共有 % 行',cur_job % ROWCOUNT;
  END IF;
  while cur_job % FOUND LOOP
      raise notice '岗位名称: % ',row_job.name;
      FETCH cur_job INTO row_job;
  END LOOP;
  IF cur_job % ISOPEN THEN
      raise notice '此游标总共有 % 行',cur_job % ROWCOUNT;
  END IF;
  CLOSE cur_job;
END;
```

小结

PL/SQL 匿名块是数据库中存储过程、触发器、存储函数等命令块对象的基本构成元素，变量、常量、操作符、表达式、流程控制又是匿名块编写的基石。异常处理机制是任何程序语言必备，充满了特色与个性，需要好好理解与掌握。

习题 10

1. 对比 MySQL 数据库，分析总结 openGauss 的运算符。
2. %TYPE 和%ROWTYPE 类型有什么好处？应用场景有哪些？
3. PL/SQL 的流程控制与 C 语言有什么异同？

第 11 章　命名块对象管理 ▶

本章学习目标

- 了解数据库有哪些命名块对象。
- 掌握存储过程函数的创建与调用。
- 掌握触发器的创建，了解触发器的运行机制。

本章主要介绍 openGauss 的命名块对象，重点介绍过程、函数、触发器及包的管理。

PL/SQL 块主要有匿名块和命名块两种类型。第 10 章所介绍的 PL/SQL 块都是匿名块，其缺点是在每次执行时都要被编译，不能存储在数据库中供其他 PL/SQL 块调用。而命名块则可以存储在数据库中并在适当时候运行。

命名块包括子程序、包和触发器等。子程序就是有名称的 PL/SQL 程序，包括过程和函数。通过在数据库中集成过程、函数、包和触发器等，任何应用程序都可以使用它们来完成相应的工作。

11.1　过程管理

过程（Procedure）是为了执行一定任务而组合在一起的 PL/SQL 块，它存储在数据字典中并可被应用程序调用。当执行一个过程时，其语句被作为一个整体执行。过程没有返回值。

使用过程的好处有以下 4 点。

（1）模块化：每个过程完成一个相对独立的功能，提高了应用程序的模块独立性。

（2）信息隐藏：调用过程的应用程序只须知道该过程做什么，而无须知道怎么做。

（3）可重用性：过程可被多次重用。

（4）较高的性能：过程是在服务器上执行的，大大降低了网络流量，提高了运行性能。

1. 过程的创建

1）语法格式

过程定义的语法格式如下。

```
CREATE [ OR REPLACE ] PROCEDURE [ schema. ]procedure
    [ (argument [ { IN | OUT | IN OUT } ]   datatype [ DEFAULT expr ]
        [ ,… ) ]
    [ invoker_rights_clause ]
    { IS | AS }   pl/sql_subprogram_body;
```

2）语法说明

- procedure：过程名称。
- OR RELACE：OR RELACE 是可选的，如果省略，则创建时不允许数据库中有同名的过程；如果使用，则会先删除同名的过程，然后创建新的过程。
- argument：形式参数名。

- IN｜OUT｜IN OUT：参数类型，IN 为输入参数，只能通过实参向过程体内传递值。OUT 为输出参数，只可以将过程体内的值输出。IN OUT 为输入、输出参数。
- datatype：数据类型，不能指定长度。
- DEFAULT expr：默认值，expr 默认值的表达式，只有输入参数才能有默认值。
- invoker_rights_clause：过程调用权限子句，该子句的格式为"AUTHID {CURRENT_USER｜DEFINER}"，其中，AUTHID DEFINER 选项是默认选项，表示以过程定义者的身份调用过程，即只要定义者拥有过程及过程中涉及对象的操作权限就能正常调用过程。AUTHID CURRENT_USER 选择表示以当前用户的身份调用过程，如果当前用户不是过程的拥有者，则其只是被授权调用该过程，如果过程中涉及的对象（如表）当前用户没有访问权限，则调用过程会报错。
- pl/sql_subprogram_body：过程主体，PL/SQL 语句块，实现业务逻辑的 PS/SQL 代码。

3）示例

【例 11.1】 定义过程 add_empployee，实现新员工入职登记业务，在存储过程中会检测入职岗位是否已经满额，如果满额会触发异常，数据插入失败。

```
create or replace procedure add_empployee(
    p_code varchar,
    p_name varchar,
    p_phone varchar,
    p_job varchar) as
    v_emp job. positions % type: = 0;
    v_positions job. positions % type: = 0;
    v_job_name job. name % type;
begin
    select count( * )  into v_emp  from employee  where job = p_job;
    select positions into v_positions from job where code = p_job;
    select name into v_job_name from job where code = p_job;
    if  v_emp < v_positions then
        insert into employees values (p_code, p_name, p_phone, p_job);
    else
        raise notice '% 岗位人员已满!', v_job_name;
    end if;
end;
```

2. 过程调用

过程调用的语法如下。

```
CALL [ schema. ]procedure [ (argument[{ IN｜OUT｜IN OUT}][, …]) ]
```

【例 11.2】 调用过程 add_empployee 添加一个新员工。

```
call add_employee('004062', '邦德', '13877889900', 'p001');
```

3. 过程修改

可以利用 ALTER PROCEDURE 命令对已经定义好的过程进行修改，常用的修改方式如下。

（1）修改自定义存储过程的名称。

```
ALTER PROCEDURE proname ( [ { [ argname ] [ argmode ] argtype} [, …] ] )   RENAME TO new_name;
```

（2）修改自定义存储过程的所属者。

```
ALTER PROCEDURE proname ( [ { [ argname ] [ argmode ] argtype} [, …] ] )   OWNER TO new_owner;
```

（3）修改自定义存储过程的模式。

```
ALTER PROCEDURE proname ( [ { [ argname ] [ argmode ] argtype} [, …] ] )    SET SCHEMA new_schema;
```

【例 11.3】　因为过程 add_employee 是由 jimmy 创建，现在将 add_employee 过程的所有人修改为 hr。

```
ALTER PROCEDURE add_employee(p_code varchar,p_name varchar,p_phone varchar,p_job varchar) OWNER
TO hr;
```

4．过程删除

过程删除的语法格式如下。

```
DROP PROCEDURE [ IF EXISTS] procedure_name;
```

【例 11.4】　删除过程 add_employee。

```
DROP PROCEDURE add_employee;
```

11.2　函数管理

函数是一种数据库对象，同样也是一个命名的 PL/SQL 程序块，被存储在数据库中，可以被反复地使用。函数用来执行复杂的计算，并返回计算的结果。函数在调用的时候，可以被作为表达式的一部分，必须要有返回值，这个返回值既可以是 NUMBER 或 VARCHAR2 这样简单的数据类型，也可以是 PL/SQL 数组或对象这样复杂的数据类型。

1．函数的定义

1）语法格式

函数定义的语法格式如下。

```
CREATE [ OR REPLACE ] FUNCTION [schema.]function
    [ (argument [ { IN | OUT | IN OUT } ]   datatype [ DEFAULT expr ]
        [,…) ]   RETURN datatype
[ invoker_rights_clause ]
{ IS | AS }   pl/sql_subprogram_body;
```

2）语法说明

- function：函数名称。
- argument：形式参数名。

其他参数与 11.1 节中过程定义的参数相同，这里不再赘述。

3）示例

【例 11.5】　定义函数 getEmployeeByJob，功能是统计参数指定的岗位员工数量，返回值为整数。

```
create or replace function getEmployeeByJob(p_job varchar) return INTEGER as
  v_count int: = 0;
begin
  select count( * ) into v_count from employee where job = p_job;
  return v_count;
end;
```

2．函数修改

可以利用 ALTER FUNCTION 命令对已经定义好的过程进行修改，常用的修改方式如下。

修改自定义存储函数的名称。

```
ALTER FUNCTION proname ( [ { [ argname ] [ argmode ] argtype} [, …] ] )   RENAME TO new_name;
```

修改自定义存储函数的所属者。

```
ALTER FUNCTION proname ( [ { [ argname ] [ argmode ] argtype} [, …] ] )    OWNER TO new_owner;
```

修改自定义存储函数的模式。

```
ALTER FUNCTION proname ( [ { [ argname ] [ argmode ] argtype} [, …] ] )   SET SCHEMA new_schema;
```

【例 11.6】 因为存储函数 getEmployeeByJob 是由 jimmy 创建，现在将此函数的所有人修改为 hr。

```
ALTER FUNCTION getEmployeeByJob(p_job varchar) OWNER TO hr;
```

3. 函数删除

函数删除的语法格式如下。只有函数的所有者或者被授予了函数 DROP 权限的用户才能执行 DROP FUNCTION 命令，系统管理员默认拥有该权限。

```
DROP FUNCTION [ IF EXISTS ] function_name
[ ( [ {[ argname ] [ argmode ] argtype} [, …] ] ) [ CASCADE | RESTRICT ] ];
```

【例 11.7】 删除函数 getEmployeeByJob。

```
DROP FUNCTION getEmployeeByJob;
```

视频讲解

11.3   触发器管理

触发器是一种特殊类型的过程。与普通过程不同的是，过程需要用户显式地调用才执行，而触发器则是当某些事件发生时，由 openGauss 自动执行，也就是隐式执行的。

触发器主要由如下几个部分组成。

（1）触发事件：引起触发器被触发的事件，主要有 DML 的 INSERT、UPDATE、DELETE 语句。

（2）触发时机：指定触发器的触发时间。BEFORE 表示在执行 DML 操作之前触发，AFTER 表示在执行 DML 操作之后触发。

（3）触发类型：指定触发事件发生后需要执行几次触发器。

（4）触发对象：包括表、视图、模式、数据库。

（5）触发条件：由 WHEN 子句指定的是一个逻辑表达式。只有当该表达式的值为 TRUE 时，遇到触发事件才会自动执行触发器，否则即便遇到触发事件也不会执行触发器。

（6）NEW：表示更新操作添加的新行，仅限在触发器内可以访问。

（7）OLD：表示更新操作刚修改的历史行，仅限在触发器内可以访问。

1. 触发器的定义

1）语法格式

触发器定义的语法格式如下。

```
CREATE [ CONSTRAINT ] TRIGGER trigger_name { BEFORE | AFTER | INSTEAD OF } { event [ OR … ] }   ON
[schema.]table_name
    [ FOR [ EACH ] { ROW | STATEMENT } ]
    [ WHEN ( condition ) ]
    EXECUTE PROCEDURE function_name ( arguments );
```

2）语法说明

- CONSTRAINT：可选项，指定此参数将创建约束触发器，即触发器作为约束来使用。除了可以使用 SET CONSTRAINTS 调整触发器触发的时间之外，这与常规触发器相同。约束触发器必须是 AFTER ROW 触发器。
- trigger_name：过程触发器名称。
- BEFORE：BEFORE 表示在执行 DML 操作之前触发，执行过程体语句块。
- AFTER：AFTER 表示在执行 DML 操作之后触发，执行过程体语句块。
- INSTEAD OF：表示用触发器函数直接替代触发事件的 DML 语句，不再执行 DML 语句。目前只有视图支持此类的触发器。
- event：启动触发器的事件，取值范围包括 INSERT、UPDATE、DELETE 或 TRUNCATE，也可以通过 OR 同时指定多个触发事件。
- ON［schema. ］table_name：触发器触发对应的表名。
- FOR EACH ROW｜FOR EACH STATEMENT：触发器的触发频率。FOR EACH ROW 是指该触发器是受触发事件影响的每一行触发一次。FOR EACH STATEMENT 是指该触发器是每个 SQL 语句只触发一次。未指定时默认值为 FOR EACH STATEMENT。约束触发器只能指定为 FOR EACH ROW。
- WHEN（condition）：指定触发条件，condition 为表达式。
- function_name：用户定义的函数，必须声明为不带参数并返回类型为触发器，在触发器触发时执行。
- arguments：执行触发器时要提供给函数的可选的以逗号分隔的参数列表。

3）示例

【例 11.8】　首先定义一个 checkPositions 函数，此函数不带参数，返回类型为 trigger，功能是检查新入职员工所属岗位员工数量是否已经满额，返回值实际上是新插入的记录行。

```
create sequence -- 首先定义触发器调用的函数
create or replace function checkPositions( ) return trigger as
declare
  v_emps job. positions % type;
  v_positions job. positions % type;
  v_job_name job. name % type;
begin
  select count( * ) into v_emps from employee where job = new. job;
  select positions into v_positions from job where code = new. job;
  select name into v_job_name from job where code = new. job;
  if v_emps > = v_positions then
    raise exception '% 岗位人员已满! %, %', v_job_name, v_emps, v_positions;
  end if;
  return new;
end;
```

然后，在员工表 employees 上定义一个触发器 tri_emp_ins，在插入新员工记录时触发，触发后调用前面定义的 checkPositions 函数进行岗位职数检查。

```
create trigger tri_emp_ins before insert or update   on employee for each row
EXECUTE PROCEDURE   checkPositions();
```

2. 触发器修改

触发器修改只能修改触发器的名称，如果要修改其他内容，只能先删除原有触发器然后新建一个，触发器修改的语法格式如下。

```
ALTER TRIGGER trigger_name ON table_name RENAME TO new_trigger_name;
```

【例 11.9】 修改 tri_emp_ins 触发器的名称为 tri_before_ins_emp。

```
alter trigger tri_emp_ins on employees rename to tri_before_ins_emp;
```

3. 触发器删除

触发器删除的语法格式如下。参数说明。

- CASCADE：级联删除依赖此触发器的对象。
- RESTRICT：如果有依赖对象存在，则拒绝删除此触发器。此选项为默认值。

```
DROP TRIGGER [ IF EXISTS ] name ON table_name [ CASCADE | RESTRICT ]
```

【例 11.10】 删除触发器 tri_before_ins_emp。

```
drop trigger if exists tri_before_ins_emp on employees CASCADE;
```

11.4 包的管理

包(Package)用于组合逻辑相关的 PL/SQL 类型、PL/SQL 语句块和 PL/SQL 子程序，通过使用 PL/SQL 包，不仅可以简化应用设计，提高应用性能，还可以实现信息隐藏、子程序重载等功能。

包由包规范和包体两部分组成，当创建包时，首先需要创建包规范，然后再创建包体。

1. 包规范的定义

包规范是包与应用程序之间的接口，用于定义包的公用组件，包括常量、变量、游标、过程和函数。在包规范中所定义的公用组件不仅可以在包内引用，还可以由其他的子程序引用。

创建包规范时需要注意的是为了实现信息隐藏，不应该将所有组件全部放在包规范处定义，而应该只定义公用组件。

包规范定义的语法格式如下。

```
CREATE [ OR REPLACE ] PACKAGE [ schema. ]package   [ invoker_rights_clause ]   { IS | AS } pl/sql_
package_spec;
```

以下是语法说明。

- package：包名称。
- pl/sql_package_spec：包规范声明主体。

【例 11.11】 定义一个包，实现用户管理相关算法，主要算法包括加密函数、解密函数、用户密码规范检验函数。在包规范中定义两个常变量、三个函数。

```
/*
定义一个包,实现用户管理相关算法,主要算法包括加密函数、解密函数、用户密码规范检验函数。
在包规范中定义两个常变量、三个函数。
*/
CREATE OR REPLACE PACKAGE pkg_authority IS
 -- 定义密码串最少的长度要求
MINLEN CONSTANT NUMBER(1):= 8;
 -- 定义一个加密、解密算法中打乱字符串顺序的步长
STEP CONSTANT   NUMBER(2):= 6;
 -- 加密算法
FUNCTION encrypt(sWord VARCHAR2) RETURN VARCHAR2;
 -- 解密算法
```

```
FUNCTION decrypt(sWord VARCHAR2) RETURN VARCHAR2;
 -- 检验密码是否符合要求
FUNCTION checked(sWord VARCHAR2) RETURN BOOLEAN;
END pkg_authority;
```

注意,在创建包时有可能会报"The ca file "/home/omm/ssl/cacert. pem" permission should be u=rw(600) or less. "错误信息。这个报错信息表明在使用 openGauss 数据库时,指定的 CA 证书文件/home/omm/ssl/cacert. pem 的权限不正确。系统要求该文件的权限应该是可以读写,但不允许其他用户有任何权限。解决方法:需要将 cacert. pem 文件的权限设置为只有拥有者可以读写(通常是 600 权限)。可以以 root 身份在 Linux 下面执行 chmod 命令来修改文件权限。在命令行中执行以下命令。

```
chmod 600 /home/omm/ssl/cacert.pem
```

这条命令会将 cacert. pem 文件的权限设置为只有文件拥有者有读写权限。这样就满足了 openGauss 对于 CA 证书文件权限的要求。

2. 包体的定义

包体负责实现包规范中所定义的公用过程和函数包,在创建包时,为了实现信息隐藏,应该在包体内定义私有组件。

包体定义的语法格式如下。

```
CREATE [ OR REPLACE ] PACKAGE BODY [ schema. ]package   [ invoker_rights_clause ]    { IS | AS } pl/
sql_package_spec;
```

以下是语法说明。

- BODY:表示定义的是包体。
- package:包名称,包体的包名称一定要与包规范定义的包名字一致。
- pl/sql_package_spec:包体的实现主体。

【例 11. 12】 定义包体,实现包(pkg_authority)规范定义中的三个函数功能。

```
/ *
定义包体,实现包(pkg_authority)规范定义中的子程序业务逻辑。
* /
CREATE OR REPLACE PACKAGE BODY pkg_authority IS
FUNCTION encrypt(sWord VARCHAR2) RETURN VARCHAR2 IS
/ *
功能:加密算法,对字符串进行加密处理。
算法描述:对原字符串进行简单的位置变动,即以步长(STEP)为依据对字符串进行位置对调。
例:原字符串为 abcdef123456,通过加密换算后变成 123456abcdef。
* /
  sText VARCHAR2(80): = '';
  sPassword VARCHAR2(80): = '';
  p NUMBER(4): = 1;
BEGIN
  FOR n IN 1..LENGTH(sWord) LOOP
    IF n + STEP * p > LENGTH(sWord) THEN
      sText: = sText||SUBSTR(sWord,n,1);
    ELSE
      sText: = sText||SUBSTR(sWord,n + STEP * p,1);
    END IF;
    IF MOD(n,STEP) = 0 THEN
      p: = - p;
    END IF;
  END LOOP;
  sPassword: = sText;
```

```
    RETURN sPassword;
END;

FUNCTION decrypt(sWord VARCHAR2) RETURN VARCHAR2 IS
/ *
功能:解密算法,对字符串进行解密处理。
算法描述:算法与加密算法一致,实际是将加密算法中已经进行位置变换的字符串再一次变换回原来
位置。
* /
    sText VARCHAR2(80): = '';
    sPassword VARCHAR2(80): = '';
    p NUMBER(4): = 1;
BEGIN
    FOR n IN 1..LENGTH(sWord) LOOP
        IF n + STEP * p > LENGTH(sWord) THEN
            sText: = sText||SUBSTR(sWord,n,1);
        ELSE
            sText: = sText||SUBSTR(sWord,n + STEP * p,1);
        END IF;
        IF MOD(n,STEP) = 0 THEN
            p: = - p;
        END IF;
    END LOOP;
    sPassword: = sText;
    RETURN sPassword;
END;

-- 首先定义三个私有函数
FUNCTION IsLower(ch CHAR) RETURN BOOLEAN IS
-- 功能:判断字符是否为小写英文字母
BEGIN
    RETURN ASCII(ch)> = ASCII('a') AND ASCII(ch)< = ASCII('z');
END;

FUNCTION IsUpper(ch CHAR) RETURN BOOLEAN IS
-- 功能:判断字符是否为大写英文字母
BEGIN
    RETURN ASCII(ch)> = ASCII('A') AND ASCII(ch)< = ASCII('Z');
END;

FUNCTION IsNumber(ch CHAR) RETURN BOOLEAN IS
-- 功能:判断字符是否为小写英文字母
BEGIN
    RETURN ASCII(ch)> = ASCII('0') AND ASCII(ch)< = ASCII('9');
END;

FUNCTION checked(sWord VARCHAR2) RETURN BOOLEAN IS
/ *
功能:检查用户密码是否符合规范要求:由大小写字母、数字组成,长度大于或等于8
算法描述:首先判断字符串的长度是否符合要求,逐个描述密码串中的字符,
判断串中是否包含大小写字母、数字,如果发现一个非法字符即不同描述,立即返回失败。
* /
    ch VARCHAR2(8);
    bReturn BOOLEAN: = TRUE;
    bLower BOOLEAN: = FALSE;
    bUpper BOOLEAN: = FALSE;
    bNumber BOOLEAN: = FALSE;
BEGIN
    -- 检查密码长度是否大于或等于8,不是则返回 FALSE
    IF LENGTH(sWord)< MINLEN THEN
```

```
      RETURN FALSE;
    END IF;
    -- 检查密码内容是否由大小写字母、数字组成
    FOR n IN 1..length(sWord) LOOP
      ch: = SUBSTR(sWord,n,1);
      -- 判断是否为小写字母
      bLower: = bLower OR IsLower(ch);
      -- 判断是否为大写字母
      bUpper: = bUpper OR IsUpper(ch);
      -- 判断是否为数字
      bNumber: = bNumber OR IsNumber(ch);
      -- 判断是否为字母、数字
      bReturn: = bReturn AND ( IsLower(ch) OR IsUpper(ch) OR IsNumber(ch));
      IF NOT bReturn THEN
        RETURN FALSE;
      END IF;
    END LOOP;
    RETURN bReturn AND bLower AND bUpper AND bNumber;
  END;
END pkg_authority;
```

3. 包的使用

对于包的私有组件，只能在包内调用，并且可以直接调用。而对于包的公用组件，既可以在包内调用，又可以在其他应用中调用。

在调用同一包内的其他组件时，可以直接调用，不需要添加包名作为前缀。当在其他应用中调用包的公用变量、过程、函数等公共组件时，必须在公用组件名前添加包名作为前缀。当以其他用户身份调用包的公用组件时，必须为用户赋予能够执行包的权限，并且必须以"用户名.包名.组件名"的语法格式来调用。

【例 11.13】　调用包(pkg_authority)中的函数。

```
/ * 例 11.13
调用包(pkg_authority)中的函数
* /
DECLARE
  sWord VARCHAR2(16);        -- 明文
  sPwd VARCHAR2(16);         -- 密文
BEGIN
  -- 首先判断密码串是否符合规范要求
  sWord: = '123456abcd';
  RAISE NOTICE '明文：%',sWord;
  IF pkg_authority.checked(sWord) THEN
    -- 如果合法则进行加密处理
    sPwd: = pkg_authority.encrypt(sWord);
    RAISE NOTICE '密文：%',sPwd;
  ELSE
    RAISE NOTICE '明文不符合规范要求.';
  END IF;
  sWord: = '12345A6abcdbS';
  RAISE NOTICE'明文：%',sWord;
  IF pkg_authority.checked(sWord) THEN
    -- 如果合法则进行加密处理
    sPwd: = pkg_authority.encrypt(sWord);
    RAISE NOTICE '密文：%',sPwd;
    sWord: = pkg_authority.decrypt(sPwd);
    RAISE NOTICE '解密后的明文：%',sWord;
  ELSE
    RAISE NOTICE '明文不符合规范要求.';
  END IF;
END;
```

4. 包的删除

如果只删除包体,则可以使用 DROP PACKAGE BODY package 命令。如果同时删除包规范和包体,则可以使用 DROP PACKAGE package 命令。

【例 11.14】 删除包体 pkg_authority。

```
DROP PACKAGE BODY pkg_authority;
```

11.5 命名块对象查询

命名块对象和基本对象一样,其定义信息保留在 openGauss 的数据字典中,可以通过系统表进行查询。表 11.1 列出了一些存放命名块对象定义信息的表(视图),用户可以通过查询这些表来了解用户方案中的命名块对象数据字典信息。

表 11.1 与命名块对象相关的表(视图)

表 名	说 明	关 键 字 段
pg_trigger	触发器信息	
pg_proc	子程序信息	
gs_package	包信息	

【例 11.15】 查询命名块对象信息。

```
-- 查询所有包的信息:名称、规范定义、包体定义
select pkgname, pkgspecsrc, pkgbodydeclsrc from pg_catalog.gs_package;
-- 查询 hr 用户的子程序信息:名称、参数、源代码
select proname, proargsrc, prosrc from pg_proc p
  join pg_user u on p.proowner = u.usesysid
  where usename = 'hr';
-- 查询 hr 用户的所有触发器信息:名称
select tgname from pg_trigger t
  join pg_user u on t.tgowner = u.usesysid
  where usename = 'hr';
-- 查询 employees 表所所有触发器名称
SELECT tgname  FROM pg_trigger t
  JOIN pg_class c ON t.tgrelid = c.oid  AND c.relname = 'employees';
-- 查询 employees 表所所有触发器的定义源码
SELECT pg_get_triggerdef(t.oid)  FROM pg_trigger t
  JOIN pg_class c ON t.tgrelid = c.oid AND c.relname = 'employees';
```

11.6 "高校教材管理系统"命名块对象的创建

在高校教材管理系统中需要定义许多命名块对象,编者从中抽取出部分典型命名块对象创建的 SQL 语句进行详细介绍,完整的命名块对象创建的 SQL 语句参见本书的附件代码。

1. 存储过程创建

任课教师在进行教材选定时,业务处理过程是检查教师为某门课程某个年份选择教材是否重复选定,如果重复选定需要报错,如果没有重复则需要将选定教材的基本信息及课程、教师、年份等信息组织成一行记录插入教材表。这个过程比较复杂,因为需要编写一个存储过程 select_booklist 完成此业务,程序员只需要调用此过程,传入几个参数就能完成教材选用功能,具体代码如下。

```
-- 教材选用存储过程 select_booklist
create or replace procedure select_booklist(
  p_course course.cid % type,              -- 课程 id
  p_isbn booklist.isbn % type,             -- 教材 isbn
  p_year textbook.use_year % type,         -- 使用年份
  p_teacher teacher.code % type            -- 教师工号
  ) as
  v_count int;
  v_coursename course.name % type;
begin
-- 检测是否已经选定了教材
  select count( * )  into v_count  from textbook
    where booklist = p_isbn and course = p_course and use_year = p_year;
  if  v_count > 0 then
    -- 读取课程名称
    select name into v_coursename from course where cid = p_course;
    -- 触发异常
    raise exception '% 课程 % 年已经选用了教材,不能重复选用!',v_coursename,v_year;
  else
    -- 插入一条教材选用记录
    insert into textbook(tid, isbn, price, publisher, summary, course, use_year, teacher)
      select textbook_tid_seq.nextval, isbn, price, publisher, summary, p_course, p_year, p_teacher
        from booklist;
  end if;
end;
```

2. 触发器的创建

学生选购教材时,每门课学生最多只能选购一本教材,不能重复选购,免得误操作造成不必要的退货麻烦,所以在选购明细表 purchasing 上创建一个 before insert 触发器 tri_before_ins_purchasing,在此触发器中调用 checkPurchase 函数,此函数负责检查是否重复选购,代码如下。

```
-- 创建一个触发器调用的 checkorders 函数
create or replace function checkPurchase() return trigger as
declare
  v_title textbook.title % type;
  v_count int;
begin
  select count( * ) into v_count from purchasing
    where orders = new.orders and textbook = new.textbook;
  if v_count >= 1 then
    -- 读取教材名称
    select title into v_title from textbook where tid = new.textbook;
    -- 触发异常
    raise exception '% 你已经选购了,不能重复选购!',v_title;
  end if;
  return new;
end;

-- 定义触发器,确保学生不重复选购教材
create trigger tri_before_ins_purchasing before insert on purchasing for each row
EXECUTE PROCEDURE  checkPurchase();
```

3. 函数定义

在订单表 orders 中应用有一个总金额导出属性,通过统计订单明细可以自动计算出每笔订单的总金额,因为需要定义一个计算每笔订单总金额的函数 get_total,然后在查询订单时可以直接使用此函数,具体代码如下。

```
-- 定义一个自动计算每笔订单总金额的函数 get_total
create or replace function get_total(p_orders integer) return float as
  v_total float: = 0;
begin
  select sum(price) into v_total from purchasing where orders = p_orders;
  return v_total;
end;
-- 在查询语句中使用 get_total
select code, student, get_total(code) total from orders;
```

小结

由于 openGauss 在 SQL 编程方面几乎完全兼容 Oracle 数据库，openGauss 沿用了 PostgreSQL 的 PL/pgSQL，而 PL/pgSQL 与 Oracle 的 PL/SQL 相差无几。SQL 编程其实与高级语言编程类似，重在编程语法基础的掌握，通过反复练习实训，读者必将很好地掌握 SQL 编程技能。

习题 11

1. INSTEAD OF 触发器与 AFTER、BEFORE 触发器有什么区别？
2. 什么是包？包一般由哪两个部分组成？使用包有什么好处？
3. openGauss 是否新兼容 MySQL 触发器语法规范？

本章学习目标

- 了解数据库备份与恢复的基本理论。
- 掌握数据库的日常备份与恢复技术。
- 能够针对不同的业务场景制定数据库备份与恢复策略。

本章首先概述数据库备份与恢复的基本理论,然后详细介绍了 openGauss 配置文件的备份与恢复、逻辑备份与恢复、物理备份与恢复及闪回技术。通过学习本章,读者应能够熟练掌握数据库日常备份,当 openGauss 出现故障时能够尽快恢复数据库。

12.1 备份与恢复概述

实际使用数据库时可能会因某些异常情况使数据库发生故障,从而影响数据库中数据的正确性,甚至会破坏数据库使数据全部或部分丢失。因此,发生数据库故障后,DBMS 应具有数据库恢复的能力,这是衡量一个 DBMS 性能好坏的重要指标之一。

要保证数据库在出现故障时能够尽快恢复运行,通常需要建立冗余数据,利用这些冗余数据实施数据库的恢复。建立冗余数据最常用的技术是数据库转储和登录日志文件。建立数据冗余的过程就是俗称的数据备份过程。

1. 基本术语

1)备份

备份就是将数据库复制到某一存储介质中保存起来的过程。存放于存储介质中的数据库拷贝称为原数据库的备份或副本,这个副本包括数据库所有重要的组成部分,如初始化参数文件、数据文件、控制文件和重做日志文件。数据库备份是 openGauss 防止不可预料的数据丢失和应用程序错误的有效措施。

2)转储

转储是当数据文件或控制文件出现损坏时,将已备份副本文件还原到原数据库的过程。

3)恢复

恢复指应用归档日志和重做日志事务更新副本文件到数据文件失败前的状态。

2. 备份策略

当需要进行备份恢复操作时,主要从以下 4 个方面考虑数据备份方案。

(1) 备份对业务的影响在可接受范围。

(2) 数据库恢复效率。

为尽量减小数据库故障的影响,要使恢复时间减到最少,从而使恢复的效率达到最高。

(3) 数据可恢复程度。

当数据库失效后,要尽量减少数据损失。

（4）数据库恢复成本。

在现网选择备份策略时参考的因素比较多，如备份对象、数据大小、网络配置等，表 12.1 列出了可用的备份策略和每个备份策略的适用场景。

表 12.1 备份策略

备份策略	关键性能因素	典型数据量	性能规格
数据库实例备份	• 数据大小 • 网络配置	数据：PB 级 对象：约 100 万个	• 每个主机 80Mb/s（NBU/EISOO①＋磁盘） • 约 90%磁盘 I/O 速率（SSD/HDD）
表备份	• 表所在模式 • 网络配置（NBU②）	数据：10 TB 级	备份：基于查询性能速度＋I/O 速度 多表备份时，备份耗时计算方式： 总时间＝表数量×起步时间＋数据总量/数据备份速度 其中： • 磁盘起步时间为 5s 左右，NBU 起步时间比 DISK 长（取决于 NBU 部署方案）。 • 数据备份速度为单节点 50MB/s 左右（基于 1GB 大小的表，物理机备份到本地磁盘得出此速率）。 表越小，备份性能更低

3. 备份分类

数据备份是保护数据安全的重要手段之一，为了更好地保护数据安全，openGauss 数据库支持三种备份恢复类型，以及多种备份恢复方案，备份和恢复过程中提供数据的可靠性保障机制。

备份与恢复类型可分为逻辑备份与恢复、物理备份与恢复、闪回恢复。

（1）逻辑备份与恢复：通过逻辑导出对数据进行备份，逻辑备份只能基于备份时刻进行数据转储，所以恢复时也只能恢复到备份时保存的数据。对于故障点和备份点之间的数据，逻辑备份无能为力，逻辑备份适合备份那些很少变化的数据，当这些数据因误操作被损坏时，可以通过逻辑备份进行快速恢复。如果通过逻辑备份进行全库恢复，通常需要重建数据库，导入备份数据来完成，对于可用性要求很高的数据库，这种恢复时间太长，通常不被采用。由于逻辑备份具有平台无关性，所以更为常见的是，逻辑备份被作为一个数据迁移及移动的主要手段。备份后的数据需要使用 gsql 或者 gs_restore 工具恢复。

（2）物理备份与恢复：通过物理文件复制的方式对数据库进行备份，以磁盘块为基本单位将数据从主机复制到备机。通过备份的数据文件及归档日志等文件，数据库可以进行完全恢复。物理备份速度快，一般被用作对数据进行备份和恢复，用于全量备份的场景。通过合理规划，可以低成本进行备份与恢复。

（3）闪回恢复：利用回收站的闪回恢复删除的表。数据库的回收站功能类似于 Windows 系统的回收站，将删除的表信息保存到回收站中。利用 MVCC 机制闪回恢复到指定时间点或者 CSN 点。

openGauss 支持的三类数据备份恢复类型对比如表 12.2 所示。

---

① EISOO 是上海爱数软件有限公司研发的实现备份系统正常运行时间最大化的一款软件。

② NBU（NetBackup）备份是一种数据备份方案，它由 Veritas 公司开发，是一款针对异构平台的企业级备份和恢复软件。

表 12.2　三种备份恢复类型对比

备份类型	工具名称	优　缺　点
逻辑备份	gs_dump	导出数据库相关信息的工具,用户可以自定义导出一个数据库或其中的对象(模式、表、视图等)。支持导出的数据库可以是默认数据库 postgres,也可以是自定义数据库。导出的格式可选择纯文本格式或者归档格式。纯文本格式的数据只能通过 gsql 进行恢复,恢复时间较长。归档格式的数据只能通过 gs_restore 进行恢复,恢复时间较纯文本格式短
逻辑备份	gs_dumpall	导出所有数据库相关信息工具,它可以导出 openGauss 数据库的所有数据,包括默认数据库 postgres 的数据、自定义数据库的数据、openGauss 所有数据库公共的全局对象。 只能导出纯文本格式的数据,导出的数据只能通过 gsql 进行恢复,恢复时间较长
物理备份	gs_backup	导出数据库相关信息的 OM 工具,可以导出数据库参数文件和二进制文件。帮助 openGauss 备份、恢复重要数据、显示帮助信息和版本号信息。在进行备份时,可以选择备份内容的类型,在进行还原时,需要保证各节点备份目录中存在备份文件。在数据库实例恢复时,通过静态配置文件中的数据库实例信息进行恢复。如果只恢复参数文件恢复时间较短
物理备份	gs_basebackup	对服务器数据库文件的二进制进行全量复制,只能对数据库某一个时间点的时间做备份。结合 PITR 恢复,可恢复全量备份时间点后的某一时间点
物理备份	gs_probackup	gs_probackup 是一个用于管理 openGauss 数据库备份和恢复的工具。它对 openGauss 实例进行定期备份。可用于备份单机数据库或者数据库实例主节点,为物理备份。可备份外部目录的内容,如脚本文件、配置文件、日志文件、dump 文件等。支持增量备份、定期备份和远程备份。增量备份时间相对于全量备份时间比较短,只需要备份修改的文件。当前默认备份是数据目录,如果表空间不在数据目录,需要手动指定备份的表空间目录进行备份。当前只支持在主机上执行备份
闪回	无	闪回技术能够有选择性地高效撤销一个已提交事务的影响,从人为错误中恢复。在采用闪回技术之前,只能通过备份恢复、PITR 等手段找回已提交的数据库修改,恢复时长需要数分钟甚至数小时。采用闪回技术后,恢复已提交的数据库修改前的数据,只需要秒级,而且恢复时间和数据库大小无关。 闪回支持以下两种恢复模式。 基于 MVCC 多版本的数据恢复:适用于误删除、误更新、误插入数据的查询和恢复,用户通过配置旧版本保留时间,并执行相应的查询或恢复命令,查询或恢复到指定的时间点或 CSN 点。 基于类似 Windows 系统回收站的恢复:适用于误 DROP、误 TRUNCATE 的表的恢复。用户通过配置回收站开关,并执行相应的恢复命令,可以将误 DROP、误 TRUNCATE 的表找回

12.2　配置文件的备份与恢复

视频讲解

在 $GAUSSHOME/bin/目录下的 cluster_static_config 文件俗称静态配置文件,记录了当前节点和集群的基本信息。它是一个二进制结构化文件,可以通过 gs_om 来查看此文件的内容,执行下列命令可以查看此文件的内容。

```
gs_om - t view
```

运行结果如图 12.1 所示,结果显示数据节点数量、每个节点的信息(IP、端口号、数据目录)等内容。

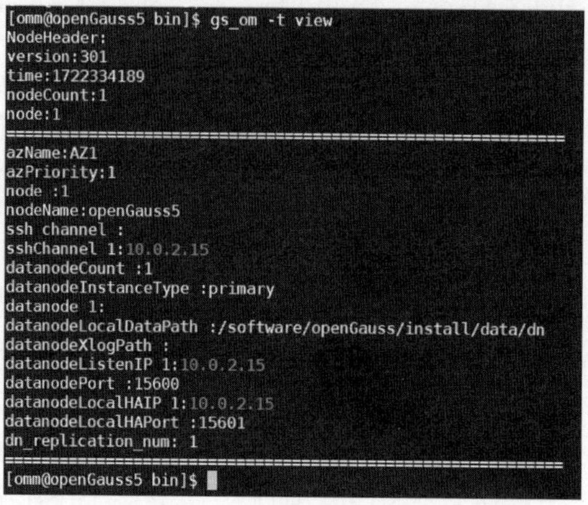

图 12.1　静态配置文件查看

在 openGauss 使用过程中,如果静态配置文件被无意损坏后,会影响 openGauss 感知 openGauss 拓扑结构和主备关系。使用 gs_om 工具生成的静态配置文件,可以替换已经损坏的配置文件,保证 openGauss 的正常运行。在重新生成的静态配置文件时需要使用到 openGauss 安装时的 XML 配置文件 cluster_config.xml。具体操作步骤如下。

(1) 以操作系统用户 omm 登录数据库主节点。

(2) 执行如下命令会在本服务器指定目录下生成配置文件。

```
gs_om - t generateconf - X /opt/software/openGauss/cluster_config.xml -- distribute
```

其中,/opt/software/openGauss/cluster_config.xml 为 openGauss 安装时的 XML 配置文件。

命令操作说明如下。

① 执行命令后,日志信息中会有新文件存放的目录。以一主一备环境为例,打开新文件存放目录,会出现两个以主机名命名的配置文件,需要用这两个文件分别替换对应主机的配置文件。运行结果如图 12.2 所示。

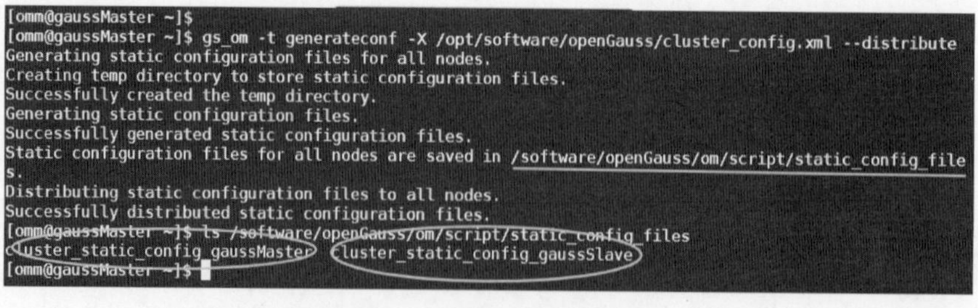

图 12.2　静态配置文件生成

② 若不使用-distribute 参数,需执行步骤(3)将静态配置文件分配到对应节点;若使用-distribute 参数,则会将生成的静态配置文件自动分配到对应节点,无须执行步骤(3)。

(3) (可选)分别替换两台主机的 $GAUSSHOME/bin/目录下损坏的静态配置文件。

这里以其中一台主机为例进行介绍。

```
mv /software/openGauss/om/script/static_config_files/cluster_static_config_gaussMaster
$ GAUSSHOME/bin/cluster_static_config
```

另外,每个节点数据目录($PGDATA)下面的配置文件也非常重要,特别是 postgresql.conf、pg_hba.conf 等文件决定着数据节点的可用性,DBA 需要养成对其及时备份的习惯。

12.3　逻辑备份与恢复

视频讲解

1. gs_dump

1) 概述

在使用此工具时要了解以下几点。

(1) gs_dump 是 openGauss 用于导出数据库相关信息的工具,用户可以自定义导出一个数据库或其中的对象(模式、表、视图等),回收站对象除外。支持导出的数据库可以是默认数据库 postgres,也可以是自定义数据库。

(2) gs_dump 工具由操作系统用户 omm 执行。

(3) gs_dump 工具在进行数据导出时,其他用户可以访问 openGauss 数据库(读或写)。

(4) gs_dump 工具支持导出完整一致的数据。例如,T1 时刻启动 gs_dump 导出 A 数据库,那么导出数据结果将会是 T1 时刻 A 数据库的数据状态,T1 时刻之后对 A 数据库的修改不会被导出。

(5) gs_dump 时生成列不会被转出。

(6) gs_dump 支持导出兼容 v1 版本数据库的文本格式文件。

(7) gs_dump 支持将数据库信息导出至纯文本格式的 SQL 脚本文件或其他归档文件中。

① 纯文本格式的 SQL 脚本文件:包含将数据库恢复为其保存时的状态所需的 SQL 语句。通过 gsql 运行该 SQL 脚本文件,可以恢复数据库。即使在其他主机和其他数据库产品上,只要对 SQL 脚本文件稍做修改,也可以用来重建数据库。

② 归档格式文件:包含将数据库恢复为其保存时的状态所需的数据,可以是 tar 格式、目录归档格式或自定义归档格式,详见表 12.3。该导出结果必须与 gs_restore 配合使用来恢复数据库,gs_restore 工具在导入时,系统允许用户选择需要导入的内容,甚至可以在导入之前对等待导入的内容进行排序。

gs_dump 可以创建 4 种不同的导出文件格式,通过-F 选项指定,具体如表 12.3 所示。可以使用 gs_dump 程序将文件压缩为目录归档或自定义归档导出文件,减少导出文件的大小。生成目录归档或自定义归档导出文件时,默认进行中等级别的压缩。gs_dump 程序无法压缩已归档导出文件。

表 12.3　导出文件格式

名称	-F 参数	说明	建议	对应导入工具
文本格式	p	纯文本脚本文件包含 SQL 语句和命令。命令可以由 gsql 命令行终端程序执行,用于重新创建数据库对象并加载表数据	小型数据库,一般推荐纯文本格式	使用 gsql 工具恢复数据库对象前,可根据需要使用文本编辑器编辑纯文本导出文件

续表

名称	-F 参数	说明	建议	对应导入工具
自定义归档格式	c	一种二进制文件。支持从导出文件中恢复所有或所选数据库对象	中型或大型数据库，推荐自定义归档格式	使用 gs_restore 可以选择要从自定义归档/目录归档/tar 归档导出文件中导入相应的数据库对象
目录归档格式	d	该格式会创建一个目录，该目录包含两类文件，一类是目录文件，另一类是每个表和 blob 对象对应的数据文件	—	
tar 归档格式	t	tar 归档文件支持从导出文件中恢复所有或所选数据库对象。tar 归档格式不支持压缩且对于单独表大小应小于 8GB	—	

在利用 gs_dump 导出数据时要注意以下事项。

① 禁止修改-F c/d/t 格式导出的文件和内容，否则可能无法恢复成功。对于-F p 格式导出的文件，如有需要，可根据需要谨慎编辑导出文件。

② 为了保证数据一致性和完整性，gs_dump 会对需要转储的表设置共享锁。如果表在别的事务中设置了共享锁，gs_dump 会等待锁释放后锁定表。如果无法在指定时间内锁定某个表，转储会失败。用户可以通过指定-lock-wait-timeout 选项，自定义等待锁超时时间。

③ 不支持加密导出存储过程和函数。

2）语法

gs_dump 的语法格式如下。

```
gs_dump [OPTION]… [DBNAME]
```

其中，OPTION 为参数选项，DBNAME 指定要连接的数据库。gs_dump 命令主要的参数选项如表 12.4 所示。

表 12.4　gs_dump 参数选项

参　　数	说　　明	示　　例
-f FILENAME	将输出发送至指定文件或目录。如果省略该参数，则使用标准输出。如果输出格式为(-F c/-F d/-F t)时，必须指定-f 参数。如果-f 的参数值含有目录，要求当前用户对该目录具有读写权限，并且不能指定已有目录	导出数据到 job. sql 文件中： -f job. sql
-F c|d|t|p	选择输出格式。 • p|plain：输出一个文本 SQL 脚本文件（默认）。 • c|custom：输出一个自定义格式的归档，并且以目录形式输出，作为 gs_restore 输入信息。该格式是最灵活的输出格式，因为能手动选择，而且能在恢复过程中将归档项重新排序。该格式默认状态下会被压缩。 • d|directory：该格式会创建一个目录，该目录包含两类文件，一类是目录文件，另一类是每个表和 blob 对象对应的数据文件。 • t|tar：输出一个 tar 格式的归档形式，作为 gs_restore 输入信息。tar 格式与目录格式兼容；tar 格式归档形式在提取过程中会生成一个有效的目录格式归档形式。但是，tar 格式不支持压缩且对于单独表有 8GB 的大小限制。此外，表数据项的相应排序在恢复过程中不能更改	以归档形式导出 job 表到 job. tar 文件中： -F t -f job. tar

续表

参　　数	说　　明	示　　例
-t TABLE	指定转出的表(或视图、或序列、或外表)对象列表,可以使用多个-t选项来选择多个表,也可以使用通配符指定多个表对象。 当使用通配符指定多个表对象时,注意给pattern打引号,防止Shell扩展通配符。 当使用-t时,-n和-N没有任何效应,这是因为由-t选择的表的转出不受那些选项的影响	导出job表: -t job
-T TABLE	不转出的表(或视图、或序列、或外表)对象列表,可以使用多个-T选项来选择多个表,也可以使用通配符指定多个表对象。 当同时输入-t和-T时,会转储在-t列表中而不在-T列表中的表对象	导出模式jimmy下的所有表,只有job不导出: -T job -t jimmy. *
-h HOSTNAME	指定主机名称或者主机ip。可以通过查环境变量$HOSTNAME获得	-h 127.0.0.1
-p PORT	指定主机端口号	-p 15600
-U USER	指定所连接主机的数据库用户	-U jimmy
-W PASSWORD	指定用户连接的密码	

3) 示例

【例12.1】　执行gs_dump,导出postgres数据库中的job表,导出文件名为job.sql,保存路径/data/openGauss/tmp,文件格式为纯文本格式。

```
gs_dump - p 15600 - U jimmy - W Kid@1235 - f /data/openGauss/tmp/job.sql - t job  postgres - F p
```

【例12.2】　执行gs_dump,导出postgres数据库中模式jimmy下的所有表,只有job不导出,导出文件名为jimmy.sql,保存路径/data/openGauss/tmp,文件格式为纯文本格式。

```
gs_dump - p 15600 - U jimmy - W Kid@1235 - f /data/openGauss/tmp/jimmy.sql - t jimmy. * - T job
postgres - F p
```

【例12.3】　执行gs_dump,导出postgres数据库中模式jimmy下的所有表,导出文件名为jimmy.tar,保存路径/data/openGauss/tmp,文件格式为tar格式。

```
gs_dump - p 15600 - U jimmy - W Kid@1235 - f /data/openGauss/tmp/jimmy.sql - t jimmy. *
postgres - F t
```

2. gs_dumpall

1) 概述

在使用此工具时要了解以下几点。

(1) gs_dumpall是openGauss用于导出所有数据库相关信息的工具,它可以导出openGauss数据库的所有数据,包括默认数据库postgres的数据、自定义数据库的数据以及openGauss所有数据库公共的全局对象。

(2) gs_dumpall工具由操作系统用户omm执行。

(3) gs_dumpall工具在进行数据导出时,其他用户可以访问openGauss数据库(读或写)。

(4) gs_dumpall工具支持导出完整一致的数据。例如,T1时刻启动gs_dumpall导出openGauss数据库,那么导出数据结果将会是T1时刻该openGauss数据库的数据状态,T1时刻之后对openGauss的修改不会被导出。

(5) gs_dumpall时生成列不会被转出。

(6) gs_dumpall在导出openGauss所有数据库时分为以下两部分。

① gs_dumpall自身对所有数据库公共的全局对象进行导出,包括有关数据库用户和组、

表空间以及属性（例如，适用于数据库整体的访问权限）信息。

② gs_dumpall 通过调用 gs_dump 来完成 openGauss 中各数据库的 SQL 脚本文件导出，该脚本文件包含将数据库恢复为其保存时的状态所需的全部 SQL 语句。

以上两部分导出的结果为纯文本格式的 SQL 脚本文件，使用 gsql 运行该脚本文件可以恢复 openGauss 数据库。

在利用 gs_dumpall 导出数据时要注意以下事项。

- 禁止修改导出的文件和内容，否则可能无法恢复成功。
- 为了保证数据一致性和完整性，gs_dumpall 会对需要转储的表设置共享锁。如果某张表在别的事务中设置了共享锁，gs_dumpall 会等待此表的锁释放后锁定此表。如果无法在指定时间内锁定某张表，转储会失败。用户可以通过指定-lock-wait-timeout 选项，自定义等待锁超时时间。
- 由于 gs_dumpall 读取所有数据库中的表，因此必须以 openGauss 管理员身份进行连接，才能导出完整文件。在使用 gsql 执行脚本文件导入时，同样需要管理员权限，以便添加用户和组以及创建数据库。

2）语法

gs_dumpall 的语法格式如下。

```
gs_dumpall [OPTION]…
```

其中，OPTION 为参数选项，gs_dumpall 命令主要的参数选项如表 12.5 所示。

表 12.5　gs_dumpall 参数选项

参　　数	说　　明	示　　例
-f FILENAME	将输出发送至指定文件或目录。如果省略该参数，则使用标准输出。如果输出格式为(-F c/-F d/-F t)时，必须指定-f 参数。如果-f 的参数值含有目录，要求当前用户对该目录具有读写权限，并且不能指定已有目录	导出数据到 job. sql 文件中： -f job. sql
-a	只转储数据,不转储模式（数据定义）	
-g	只转储全局对象（角色和表空间），无数据库	
-t	只转储角色，不转储数据库或表空间	
-s	只转储对象定义（模式），而非数据	
-x	防止转储访问权限（授权/撤销命令）	
-h HOSTNAME	指定主机名称或者主机 IP。可以通过查环境变量 $ HOSTNAME 获得	-h 127.0.0.1
-p PORT	指定主机端口号	-p 15600
-U USER	指定所连接主机的数据库用户	-U jimmy
-W PASSWORD	指定用户连接的密码	

3）示例

【例 12.4】　执行 gs_dump，导出 postgres 数据库，导出文件名为 postgres. sql，保存路径为/data/openGauss/tmp，文件格式为纯文本格式。

```
gs_dumpall - p 15600 - U jimmy - W Kid@1235 - f /data/openGauss/tmp/postgres.sql
```

3. gs_restore

1）概述

gs_restore 是 openGauss 提供的针对 gs_dump 导出数据的导入工具。通过此工具可由

gs_dump 生成的导出文件进行导入。

gs_restore 工具由操作系统用户 omm 执行。

主要功能如下。

(1) 导入数据库。

如果连接参数中指定了数据库,则数据将被导入指定的数据库中。其中,并行导入必须指定连接的密码。导入时生成列会自动更新,并像普通列一样保存。

(2) 导入脚本文件。

如果未指定导入数据库,则创建包含重建数据库所必需的 SQL 语句脚本并写入文件或者标准输出。等效于直接使用 gs_dump 导出为纯文本格式。

2) 语法

gs_restore 的语法格式如下。

```
gs_restore[OPTION]…FILE
```

在使用此命令时应注意以下几点说明。

- FILE 没有短选项或长选项。用来指定归档文件所处的位置(目录)。
- 作为前提条件,需输入 dbname 或-l 选项。不允许用户同时输入 dbname 和-l 选项。
- gs_restore 默认是以追加的方式进行数据导入。为避免多次导入造成数据异常,在进行导入时,建议使用"-c"参数,在重新创建数据库对象前,清理(删除)已存在于将要还原的数据库中的数据库对象。
- 日志打印无开关,若需隐藏日志,请将日志重定向到日志文件。若恢复表数据,数据量很大,会分批恢复,因此会多次出现"表数据已完成导入"的日志。

其中,OPTION 为参数选项,gs_restore 命令主要的参数选项如表 12.6 所示。

表 12.6　gs_restore 参数选项

参　　数	说　　明	示　　例
-d DBNAME	连接数据库 dbname 并直接导入该数据库	连接 postgres 数据库: -d postgres
-f FILENAME	指定生成脚本的输出文件。默认是标准输出,意味着它可以用来重定向输出到一个文件,或者用于列出归档形式内容。需要注意的是,-f 选项不能与-d 选项同时使用,即不能同时指定导入数据库和输出到文件	
-a	只导入数据,不导入模式(数据定义)。gs_restore 的导入是以追加方式进行的	
-F c|d|t	选择输出格式。 - c|custom:输出一个自定义格式的归档,并且以目录形式输出,作为 gs_restore 输入信息。该格式是最灵活的输出格式,因为能手动选择,而且能在恢复过程中将归档项重新排序。该格式默认状态下会被压缩。 - d|directory:该格式会创建一个目录,该目录包含两类文件,一类是目录文件,另一类是每个表和 blob 对象对应的数据文件。 - t|tar:输出一个 tar 格式的归档形式,作为 gs_restore 输入信息。tar 格式与目录格式兼容;tar 格式归档形式在提取过程中会生成一个有效的目录格式归档形式。但是,tar 格式不支持压缩且对于单独表有 8GB 的大小限制。此外,表数据项的相应排序在恢复过程中不能更改	以归档形式导出 job 表到 job.tar 文件中: -F t -f job.tar

参　数	说　明	示　例
-c	在重新创建数据库对象前，清理（删除）已存在于将要还原的数据库中的数据库对象	
-e	当发送 SQL 语句到数据库时如果出现错误，请退出。默认状态下会继续，且在导入后会显示一系列错误信息	
-n	只导入已列举的模式中的对象。该选项可与-t 选项一起用以导入某个指定的表。多次输入-n schemaname 可以导入多个模式	
-t	只转储角色，不转储数据库或表空间	
-s	只转储对象定义（模式），而非数据。-s 不能同-a 一起使用	
-x	防止转储访问权限（授权/撤销命令）	
-h HOSTNAME	指定主机名称或者主机 IP。可以通过查环境变量 $ HOSTNAME 获得	-h 127.0.0.1
-p PORT	指定主机端口号	-p 15600
-U USER	指定所连接主机的数据库用户	-U jimmy
-W PASSWORD	指定用户连接的密码	

3）示例

【例 12.5】 执行 gs_restore，导入 postgres 数据库中 jimmy 方案中的数据。

```
gs_restore - p 15600 - U jimmy - W Kid@1235 - d postgres - c - e  /data/openGauss/tmp/jimmy.sql
```

12.4　物理备份与恢复

1. gs_backup

1）概述

openGauss 部署成功后，在数据库运行的过程中，会遇到各种问题及异常状态。openGauss 提供了 gs_backup 工具帮助 openGauss 备份、恢复重要数据、显示帮助信息和版本号信息。

在使用此工具时要了解以下几点。

* 可以正常连接 openGauss 数据库。
* 在进行还原时，需要保证各节点备份目录中存在备份文件。
* 需要以操作系统用户 omm 执行 gs_backup 命令。

2）语法

gs_backup 的语法格式有以下几种。

（1）备份数据库主机。

```
gs_backup - t backup -- backup - dir = BACKUPDIR [ - h HOSTNAME] [ -- parameter] [ -- binary]
[ -- all] [ - l LOGFILE]
```

（2）恢复数据库主机。

```
gs_backup - t restore -- backup - dir = BACKUPDIR [ - h HOSTNAME] [ -- parameter] [ -- binary]
[ -- all] [ - l LOGFILE] [ -- force]
```

（3）显示帮助信息。

```
gs_backup - ? | -- help
```

（4）显示版本号信息。

```
gs_backup - V | -- version
```

gs_backup 命令的主要参数选项如表 12.7 所示。

表 12.7　gs_backup 参数选项

参　数	说　明	示　例
--backup-dir=BACKUPDIR	备份文件保存路径	
--parameter	parameter：备份参数文件，不指定-parameter、-binary、-all 参数时默认只备份参数文件	
--binary	备份 app 目录下的二进制文件	
--all	备份 app 目录下的二进制文件、pg_hba.conf 和 postgsql.conf 文件	
-l	指定日志文件及存放路径。默认值：$GAUSSLOG/om/ gs_backup-YYYY-MM-DD_hhmmss.log	
--force	节点的静态文件丢失后强行 restore，仅限-all 或者-binary 一起使用时才生效	
-h HOSTNAME	指定主机名称或者主机 IP。可以通过查环境变量 $HOSTNAME 获得。如果不指定主机名称，则备份当前数据库实例	-h openGauss5
-t [backup|restore]	指定操作类型。取值范围：backup 或者 restore	

3）示例

【例 12.6】　备份当前主机数据库的所有内容，此时实际上只备份了 openGauss 数据库安装目录下面的所有文件和数据节点目录下的配置文件，真正数据库中的数据并没有备份。

```
gs_backup - t backup -- backup - dir = /data/openGauss/tmp/backup_dir - h openGauss5 -- all
```

【例 12.7】　停止数据库服务，删除数据节点目录下的配置文件，此时，数据库不能正常启动。然后执行下列命令，利用例 12.6 的备份目录进行数据库恢复，重新启动数据库，一切正常。

```
gs_backup - t backup -- backup - dir = /data/openGauss/tmp/backup_dir - h openGauss5 -- all
```

2. gs_basebackup

1）概述

openGauss 部署成功后，在数据库运行的过程中，会遇到各种问题及异常状态。openGauss 提供了 gs_basebackup 工具做基础的物理备份。gs_basebackup 的实现目标是对服务器数据库文件的二进制进行复制，其实现原理使用了复制协议。远程执行 gs_basebackup 时，需要使用系统管理员账户。gs_basebackup 当前支持热备份模式和压缩格式备份。

在使用此工具时要了解以下几点。

- gs_basebackup 仅支持主机和备机的全量备份，不支持增量。
- gs_basebackup 当前支持热备份模式和压缩格式备份。
- gs_basebackup 在备份包含绝对路径的表空间时，如果在同一台机器上进行备份，可以通过 tablespace-mapping 重定向表空间路径，或使用归档模式进行备份。
- 若打开增量检测点功能且打开双写，gs_basebackup 也会备份双写文件。
- 若 pg_xlog 目录为软链接，备份时将不会建立软链接，会直接将数据备份到目的路径的 pg_xlog 目录下。

- 备份过程中收回用户备份权限，可能导致备份失败或者备份数据不可用。
- 如果因为网络临时故障等原因导致服务器端无应答，gs_basebackup 将在最长等待 120s 后退出。

执行此命令需要满足以下前提条件。

- 可以正常连接 openGauss 数据库。
- 备份过程中用户权限没有被回收。
- pg_hba.conf 中需要配置允许复制链接，且该连接必须由一个系统管理员建立。
- 如果 xlog 传输模式为 stream 模式，需要配置 max_wal_senders 的数量，至少有一个可用。
- 如果 xlog 传输模式为 fetch 模式，有必要把 wal_keep_segments 参数设置得足够高，这样在备份末尾之前日志不会被移除。
- 在进行还原时，需要保证各节点备份目录中存在备份文件，若备份文件丢失，则需要从其他节点进行复制。

2）语法

gs_basebackup 的语法格式如下。

```
gs_basebackup [OPTION]…
```

gs_basebackup 命令主要的参数选项如表 12.8 所示。

表 12.8　gs_basebackup 参数选项

参　　数	说　　明	示　　例
-D DIRECTORY	备份文件输出的目录，必选项	
-c [fast|spread]	设置检查点模式为 fast 或者 spread（默认）	
-l LABEL	为备份设置标签	
-F [plain|tar]	设置输出格式为 plain（默认）或者 tar，默认为 plain。plain 格式把输出写成平面文件	
-h HOSTNAME	指定主机名称或者主机 IP。可以通过查环境变量 $ HOSTNAME 获得。如果不指定主机名称，则备份当前数据库实例	-h openGauss5
-p PORT	指定主机端口号	-p 15600
-U USER	指定所连接主机的数据库用户	
-W PASSWORD	指定用户连接的密码	

3）示例

【例 12.8】　停止数据库服务，删除数据节点目录下的配置文件，此时，数据库不能正常启动。然后执行下列命令，利用例 12.6 的备份目录进行数据库恢复，重新启动数据库，一切正常。

```
gs_basebackup - D /data/openGauss/tmp/backup_postgres - h 127.0.0.1 - p 15600
```

4）从备份文件恢复数据

当数据库发生故障时需要从备份文件进行恢复。因为 gs_basebackup 是对数据库按二进制进行备份，因此恢复时可以直接复制替换原有的文件，或者直接在备份的库上启动数据库。

如下为从备份文件恢复数据的几点说明。

（1）若当前数据库实例正在运行，直接从备份文件启动数据库可能会存在端口冲突，这时需要修改配置文件的 port 参数，或者在启动数据库时指定一下端口。

（2）若当前备份文件为主备数据库，可能需要修改一下主备之间的复制连接。即配置文件中的 postgre. conf 中的 replconninfo1、replconninfo2 等。

（3）若配置文件 postgresql. conf 的参数 data_directory 打开且有配置，当使用备份目录启动数据库时，data_directory 和备份目录不同会导致启动失败。可以修改 data_directory 的值为新的数据目录，或者注释掉该参数。

若要在原库的地方恢复数据库，参考步骤如下。

（1）停止数据库服务器。

（2）将原数据库和所有表空间复制到另外一个位置，以备后面需要。

（3）清理原库中的所有或部分文件。

（4）使用数据库系统用户权限从备份中还原需要的数据库文件。

（5）若数据库中存在链接文件，需要修改使其链接到正确的文件。

（6）重启数据库服务器，并检查数据库内容，确保数据库已经恢复到所需的状态。

注意以下几点说明。

- 暂不支持备份文件增量恢复。
- 恢复后需要检查数据库中的链接文件是否链接到正确的文件。

12.5　闪回技术

闪回概念是 Oracle 最先提出来的，尽管采取了预防措施，但还是发生人为错误。数据库闪回技术是一组独特且丰富的数据恢复解决方案，可通过有选择地有效进行回滚操作来逆转人为错误。

闪回恢复功能是数据库恢复技术的一环，可以有选择地撤销一个已提交事务的影响，将数据从人为不正确的操作中进行恢复。在采用闪回技术之前，只能通过备份恢复手段找回已提交的数据库修改，恢复时长需要数分钟甚至数小时。采用闪回技术后，恢复已提交的数据库修改前的数据，只需要秒级，而且恢复时间和数据库大小无关。

openGauss 的闪回分为以下两类。

- 闪回查询。
- 闪回表。

在人为操作或应用程序错误时，使用 TIMECAPSULE TABLE 语句恢复可将表恢复到一个早期状态。表可以闪回到过去的时间点，这依赖于系统中保存的旧版本数据。此外，GaussDB 数据库不能恢复到通过 DDL 操作改变了表结构的早期状态。

TIMECAPSULE TABLE 语句的语法格式如下。

```
TIMECAPSULE TABLE [schema.]table_name TO { CSN expr | TIMESTAMP expr | BEFORE{ DROP [RENAME TO
table_name] | TRUNCATE } }
```

参数说明如下。

- schema：指定模式包含的表，默认为当前模式。
- table_name：指定表名。
- TO CSN：指定要返回表的时间点对应的事务提交序列号（CSN）。expr 必须指向一个数字，代表有效的 CSN。
- TO TIMESTAMP：指定要返回表的时间点对应的时间戳。expr 必须指向一个过去有效的时间戳（使用 TO_TIMESTAMP 函数将字符串转换为时间类型）。表将被闪回到指定时间戳大约 3s 内的时间点。如果闪回点过旧时，因旧版本被回收导致无法获取旧版本，会导致闪回失败并报错：Restore point too old。

- TO BEFORE DROP：使用这个子句检索回收站中已删除的表及其子对象。
- RENAME TO：为从回收站中检索的表指定一个新名称。
- TO BEFORE TRUNCATE：闪回到 TRUNCATE 之前。

1. 闪回查询

闪回查询基于 MVCC 多版本机制，通过检索查询旧版本，获取指定旧版本数据，适用于误删除、误更新、误插入数据的查询和恢复。闪回查询可以查询过去某个时间点表的某个 snapshot 数据，这一特性可用于查看和逻辑重建意外删除或更改的受损数据。用户通过配置旧版本保留时间，并执行相应的查询或恢复命令，查询或恢复到指定的时间点或 CSN 点。

使用闪回查询需要设置以下三个参数。

- undo_retention_time：设置回退（undo）旧版本的保留时间。
- undo_zone_count：设置 undo zone（存储 undo log 的一种内存资源）的个数。
- enable_default_ustore_table：设置用户创建表时默认使用 ustore 存储引擎。

openGauss 默认的 astore 存储引擎暂不支持闪回，而 ustore 存储引擎支持。ustore 存储引擎将最新版本的“有效数据”和历史版本的“垃圾数据”分离存储。将最新版本的“有效数据”存储在数据页面上，并单独开辟一段回退空间，用于统一管理历史版本的“垃圾数据”，因此数据空间不会由于频繁更新而膨胀，“垃圾数据”集中回收效率更高。

执行下列命令，设置以上三个参数的值。

```
gs_guc set -N all -I all -c "undo_retention_time=2000s"
gs_guc set -N all -I all -c "undo_zone_count=16384"
gs_guc set -N all -I all -c "enable_default_ustore_table=on"
```

设置完参数后需要重启数据库，让参数生效。

```
gs_om -t restart
```

下面通过一个示例来演示闪回查询技术的使用。

（1）首先创建一个新表 message，创建表的代码如下。

```
CREATE TABLE message(
code INT PRIMARY KEY,
msg VARCHAR(128)
);
```

新表创建成功后，需要查询一下此表的存储引擎信息。在 gslq 中通过\d+ jimmy.message 命令查询表的结构信息，结果如图 12.3 所示。

```
openGauss-# \d+ jimmy.message;
                          Table "jimmy.message"
 Column |          Type          | Modifiers | Storage  | Stats target | Description
--------+------------------------+-----------+----------+--------------+-------------
 code   | integer                | not null  | plain    |              |
 msg    | character varying(128) |           | extended |              |
Indexes:
    "message_pkey" PRIMARY KEY, ubtree (code) WITH (storage_type=USTORE) TABLESPACE pg_default
Has OIDs: no
Options: orientation=row, compression=no, storage_type=USTORE
```

图 12.3　查看表的结构

（2）插入一行记录，并记录插入的时间，延时 1min 左右再插入第 2 行记录。

```
insert into jimmy.message values (1,'第 1 行数据');
select current_timestamp;
-- 2024 - 08 - 03 22:52:24.868181 + 08
-- 延时 1min 左右
insert into jimmy.message values (2,'第 2 行数据');
select current_timestamp;
```

（3）基于 timestamp 的闪回查询。

可以基于某个时间戳查询那个时间点表的数据，执行下列语句，只能查询到第 1 条记录。

```
SELECT * FROM jimmy.message TIMECAPSULE TIMESTAMP to_timestamp ('2024 - 08 - 03 22:52:24.868181',
'YYYY - MM - DD HH24:MI:SS.FF');
```

（4）查询 timestamp 对应的 CSN。

执行下列语句查询指定时间段内的 CSN 信息。

可以基于某个时间戳查询那个时间点表的数据，执行下列语句，只能查询到第 1 条记录。

```
select snptime,snpcsn from gs_txn_snapshot where snptime between '2024 - 08 - 03 22:52:24.868181'
and '2024 - 08 - 03 22:53:24.371803';
```

查询结果如图 12.4 所示。

```
              snptime              | snpcsn
-----------------------------------+--------
 2024-08-03 22:52:25.371925+08     | 1467
 2024-08-03 22:52:28.398768+08     | 1468
 2024-08-03 22:52:31.441167+08     | 1469
 2024-08-03 22:52:34.454761+08     | 1470
 2024-08-03 22:52:37.479236+08     | 1471
 2024-08-03 22:52:40.837351+08     | 1472
 2024-08-03 22:52:43.863055+08     | 1473
 2024-08-03 22:52:47.083897+08     | 1474
 2024-08-03 22:52:50.3706+08       | 1475
 2024-08-03 22:52:53.412125+08     | 1476
 2024-08-03 22:52:56.43573+08      | 1477
 2024-08-03 22:52:59.459675+08     | 1478
 2024-08-03 22:53:02.535419+08     | 1479
 2024-08-03 22:53:05.547698+08     | 1480
 2024-08-03 22:53:08.561349+08     | 1481
 2024-08-03 22:53:11.576708+08     | 1482
 2024-08-03 22:53:14.595712+08     | 1483
 2024-08-03 22:53:17.609863+08     | 1484
 2024-08-03 22:53:20.624507+08     | 1485
 2024-08-03 22:53:23.6754+08       | 1486
(20 rows)
```

图 12.4　查看 CSN 信息

（5）基于 CSN 的闪回查询。

执行下列语句，CSN 为 1476 时只能查询到第 1 条记录。

```
SELECT * FROM jimmy.message TIMECAPSULE CSN 1476;
```

（6）闪回至某个时间点。

执行下列语句可以让 message 闪回到"2024-08-03 22:52:24.868181"时间点的状态，即 meggase 表只有第 1 条记录。

```
TIMECAPSULE TABLE Jimmy.message TO TIMESTAMP to_timestamp ('2024 - 08 - 03 22:52:24.868181', 'YYYY -
MM - DD HH24:MI:SS.FF');
```

2．闪回表

基于类似 Windows 系统回收站的恢复：适用于误 DROP、误 TRUNCATE 的表的恢复。用户通过配置回收站开关，并执行相应的恢复命令，可以将误 DROP、误 TRUNCATE 的表找回。

使用闪回表需要设置以下两个参数。

- enable_recyclebin：设置其值为 on 启用回收站。
- recyclebin_retention_time：设置回收站对象保留时间，超过该时间的回收站对象将被自动清理。

执行下列命令，设置以上两个参数的值。

```
gs_guc set – N all – I all – c "enable_recyclebin = on"
gs_guc set – N all – I all – c "recyclebin_retention_time = 30min"
```

设置完参数后需要重启数据库，让参数生效。

```
gs_om – t restart
```

下面通过示例演示闪回表的使用。

（1）利用 truncate 命令清空 message 表中的所有记录。

```
TRUNCATE TABLE  jimmy.message;
```

（2）闪回 truncate 掉的表。

```
TIMECAPSULE TABLE Jimmy.message TO BEFORE TRUNCATE;
```

重新查询后发现 message 表的所有数据已经恢复，结果如图 12.5 所示。

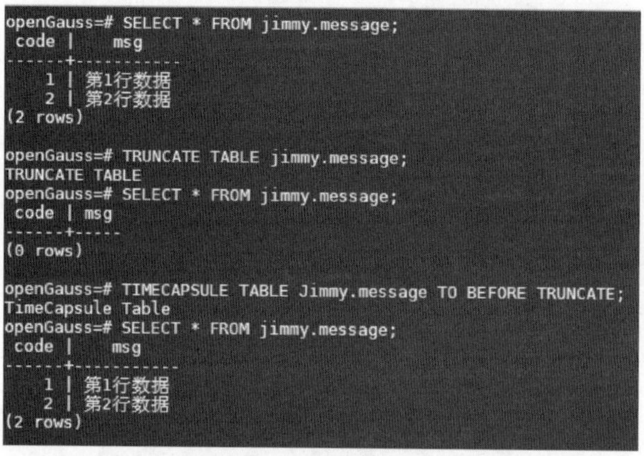

图 12.5 查看 CSN 信息

（3）利用 DROP 命令直接删除 message 表。

```
DROP TABLE Jimmy.message;
```

（4）闪回 drop 掉的表。

```
TIMECAPSULE TABLE Jimmy.message TO BEFORE DROP;
```

重新查询后发现刚才删除掉的 message 表已经恢复，结果如图 12.6 所示。

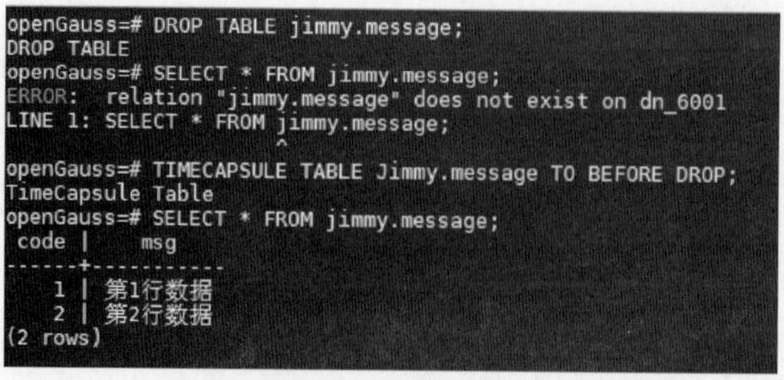

图 12.6 闪回 drop

小结

数据库备份与恢复是确保数据安全性和完整性的关键措施。数据库管理员应根据业务需求和数据库特点,分析数据库的重要性、数据变更频率、数据生产数量,制定合适的备份策略,设定不同的备份周期,选择合适的存储介质。尽量使用专业备份软件工具,做到自动执行备份计划,确保数据的定期、安全保存。

在备份过程中,DBA 应密切监控备份错误日志并及时做出处理,当遇到备份错误时,分析日志、查找原因并采取相应措施进行修复,同时记录错误类型和原因以便优化未来的备份过程。

习题 12

1. openGauss 有哪些备份与恢复类别?
2. openGauss 逻辑备份与恢复工具有哪些?
3. openGauss 的 gs_backup 工具能够备份数据库中的哪些数据?
4. openGauss 闪回技术适用怎样的故障场景?

本章学习目标

- 具体了解 openGauss 的高可用性。
- 掌握 openGauss 主备模式的安装、启停。
- 掌握 openGauss 实例的主备切换、异常处理。

本章主要介绍了 openGauss 的高可用性特点、技术手段,重点介绍了 openGauss 主备模式的安装步骤、集群的启动与停止、状态查看,最后介绍了实例的主备切换方法。

13.1 openGauss 高可用性简介

数据库的高可用性主要指的是在面对硬件或软件故障时,数据库系统仍能保持高服务可用性的能力。这包括数据冗余、服务节点冗余、容错等多个方面,以确保在主数据库发生故障时,系统仍能保持正常运行,保障数据的安全性和完整性,提升用户体验和系统的整体性能。

(1)数据冗余:通过多份备份和存储数据,确保在主数据库故障时仍能恢复数据并保持系统运行。这包括定期备份数据、配置热备份和冷备份等方式,以提高数据的安全性和可靠性。

(2)服务节点冗余:通过配置多个服务节点,当一个节点发生故障时可以自动切换到其他节点,保证系统的持续性服务。常见的方式包括主备复制、集群部署、负载均衡等,通过部署多个服务节点并实现自动故障检测和切换,提高系统的稳定性和可用性。

(3)容错:指系统在面对各种异常情况和故障时,能够保持稳定性和正常运行的能力。通过设计和实施各种机制和策略来防止系统因故障而导致数据丢失或服务中断。关键在于提高系统的鲁棒性和抗干扰能力,包括故障检测、自动故障转移、数据冗余、错误恢复等技术手段。

综合利用这些策略,可以有效提高数据库高可用性系统的抗故障能力,确保系统在面对各种异常情况时依然能够保持稳定可靠的运行状态,保障数据的安全性和完整性,提升用户体验和系统的整体性能。

openGauss 提供了高可用性的数据库服务,支持主备复制、故障切换、数据备份等功能。通过集群部署和负载均衡等技术,确保了数据库在故障情况下仍然能够持续提供服务。

openGauss 的高可用性主要体现在以下几个方面。

(1)支持多种部署模式。openGauss 支持主备同步、异步以及级联备机等多种部署模式,以确保在故障发生时能够迅速切换至备用数据库,保证服务的连续性。

(2)数据页 CRC 校验与自动修复。openGauss 通过数据页 CRC 校验机制,能够在数据页损坏时通过备用机自动修复,确保数据的完整性和一致性。

(3)备机并行恢复。openGauss 支持备机并行恢复功能,能够在短时间内将备机升级为主机,提供服务,确保在极短的时间内恢复服务可用性。

(4)基于 Paxos 分布式一致性协议的日志复制及选主框架。通过这一技术,openGauss

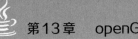

能够实现高可用性和容灾能力,确保在多个数据中心或区域之间实现数据的实时同步和故障快速恢复。

(5) 两地三中心跨 Region 容灾。openGauss 支持"两地三中心"的灾备模式,即在两个地理位置不同的数据中心设置生产中心、同城容灾中心以及异地容灾中心,这种模式兼具高可用性和灾难备份的能力,能够有效地应对自然灾害等极端情况。

通过上述技术和策略,openGauss 能够在多种场景下保证服务的高可用性,确保在面对各种挑战时能够提供稳定、可靠的数据服务。

13.2 openGauss 主备模式安装

通过网上查询相关 openGauss 企业版集群安装部署相关文献,参考了多个文献,通过反复实验测试,碰到不少问题,最终成功安装部署。因为网上资料描述有些冗杂,对于初次接触 openGauss 的读者可能会有点复杂,所以本书编者结合自己的安装经历,总结出安装部署过程,希望对 openGauss 初次接触的读者有所帮助。

主备模式相当于两个数据副本,主机和备机各一个数据副本,备机接收日志、执行日志回放。

▶ 13.2.1 安装需求

集群环境各服务器应具有相同体系架构,64b 和 32b 不能在同一集群,ARM 和 x86 两类系统不能在同一集群。

1. 硬件环境要求

集群环境 openGauss 各服务器应满足以下最低硬件需求,生产环境应根据业务需求适时调整硬件配置。最低硬件需求如表 13.1 所示。

表 13.1 最低硬件需求

项目名称	官方建议配置	实际配置	备 注
服务器	4	2	1 主 1 备,无级联节点
内存	≥32GB	16GB	性能及商业部署建议单机不低于 128GB
CPU	≥1×8 核 2.0GHz	1×8 核	性能及商业部署建议单机不低于 1×16 核,2.0GHz;支持超线程和非超线程两种模式,建议选择相同模式
硬盘	>1GB	20GB	系统盘建议配置 RAID1,数据盘建议配置 RAID5(规划 4 组 RAID5 数据盘安装 openGauss),Disk Cache Policy 建议设置 Disabled
网络	≥300 兆	100 兆	建议设置双网卡冗余 bond

2. 软件需求

openGauss 集群软件运行环境如表 13.2 所示。

表 13.2 运行环境

软 件 类 型	配 置 描 述
虚拟软件	Oracle VM VirtualBox 7.0.14
Linux 操作系统	openEuler 22.03 (LTS-SP2)
Python	Python 3.9.9
openGauss	openGauss 5.0.2 LTS

openGauss 集群需要提前安装的依赖包如表 13.3 所示。

表 13.3　安装需要的依赖包

所需软件	建议版本	备　　注
libaio-devel	0.3.109-13	
flex	2.5.31 以上	
bison	2.7-4	
ncurses-devel	5.9-13.20130511	
glibc-devel	2.17-111	
patch	2.7.1-10	
libnsl		
readline-devel	7.0-13	
openeuler-lsb	7	
expect	5.45	
Python 3	Python 3.6.X	Python 需要通过-enable-shared 方式编译
ntp		

3. 主机规划

openGauss 集群安装采取 1 主节点、1 备用节点，其主机信息如表 13.4 所示。

表 13.4　主机信息

机　器　名	IP	端　　口	备　　注
gaussMaster	192.168.56.105	15600	要确保两个主机之间能够网络互联
gaussSlave	192.168.56.106	15600	要确保两个主机之间能够网络互联

4. 用户及组规划

openGauss 集群安装需要创建一个用户组及用户，其用户及组信息如表 13.5 所示。

表 13.5　用户及组信息

项目类别	名　　称	所属类型	备　　注
用户名	omm	操作系统	建议集群各节点密码及 ID 相同
用户组	dbgrp	操作系统	建议集群各节点组 ID 相同

5. 目录规划

openGauss 集群安装需要创建一系列目录，其目录信息如表 13.6 所示。

表 13.6　目录信息

目录名称	对应名称	目录作用	备　注
/opt/software/openGauss	software	安装软件存放目录	
/opt/gaussdb/install/app	gaussdbAppPath	数据库安装目录	
/var/log/omm	gaussdbLogPath	日志目录	
/opt/gaussdb/tmp	tmpMppdbPath	临时文件目录	
/opt/gaussdb/install/om	gaussdbToolPath	数据库工具目录	
/opt/gaussdb/corefile	corePath	数据库 core 文件目录	
/opt/gaussdb/data/cmserver	cmDir	CM 数据目录	
/opt/gaussdb/install/data/dn	dataNode	数据库主备节点数据目录	

▶ 13.2.2　安装准备

正式安装前需要执行以下操作，做好安装前的准备工作，以下操作需要在主备机上分别执行。

1. 修改主机名

可以通过修改/etc/hostname文件,确保主机名与规划的名称一致,通常安装OS时就已经指定主机名,如果主机名正确可忽略本步骤。执行下列命令可以修改主机名。注意hostname文件中不能有其他内容,如果包含注释也可能会导致报错。

```
hostnamectl set - hostname gaussMaster;
```

2. 安装依赖包

执行下列命令安装openGauss需要的依赖包,使用了dnf工具。

```
dnf - y install wget curl vim net - tools tar
dnf - y install libaio - devel flex bison ncurses - devel glibc - devel patch readline - devel
libnsl python3 openeuler - lsb ntp\ *
```

3. 时间同步

执行下列命令实现时间同步。

```
systemctl restart ntpd
systemctl enable ntpd
#这个可以不执行
ntpdate ntp.aliyun.com &&  hwclock - w
```

4. 关闭防火墙

执行下列命令关闭防火墙。最后一条命令用于查看防火墙状态,如果提示"not running",即表示关闭成功。

```
systemctl stop firewalld.service
systemctl disable firewalld.service
firewall - cmd -- state
```

5. 关闭 SELinux

执行下列命令关闭SELinux。最后一条命令用于查看SELinux是否关闭成功,如果提示"Disabled",即表示关闭成功。需要重新启动以后才能提示为"Disabled"。

```
setenforce 0
sed - i "s/SELINUX = enforcing/SELINUX = disabled/g" /etc/selinux/config
getenforce
```

6. 关闭透明大页

因为透明大页可能会导致openGauss性能下降,甚至引发系统不稳定的问题,所以需要执行下列命令关闭透明大页。最后一条命令用于修改rc.local属性。

```
echo never > /sys/kernel/mm/transparent_hugepage/enabled
echo never > /sys/kernel/mm/transparent_hugepage/defrag
cat >> /etc/rc.d/rc.local << EOF
if test - f /sys/kernel/mm/transparent_hugepage/enabled;
then
echo never > /sys/kernel/mm/transparent_hugepage/enabled
fi
if test - f /sys/kernel/mm/transparent_hugepage/defrag;
then
echo never > /sys/kernel/mm/transparent_hugepage/defrag
fi
EOF
chmod u + x /etc/rc.d/rc.local
```

7. 重新启动

此时需要重新启动服务器。

```
reboot
```

8. 设置网卡 MTU

主备节点服务器有两个网卡，分别为 enp0s3、enp0s8，读者要根据自己的实际网卡进行调整。

```
ifconfig enp0s3 mtu 8192
ifconfig enp0s8 mtu 8192
```

9. 设置字符集

将服务器的字符集设置为 en_US. UTF-8。

```
echo LANG = en_US.UTF - 8 >> /etc/profile
source /etc/profile
```

10. 设置 RemoteIPC

先执行下列命令检查一下是否开启，如果 RemoveIPC＝no，则表示本身就是关闭状态。

```
loginctl show - session | grep RemoveIPC
systemctl show systemd - logind | grep RemoveIPC
```

默认安装的操作系统，两个参数都是 RemoveIPC＝no，所以这两个参数不用修改，不过需要先查看下参数值，如果不是 no，就手动改一下。

如果不为 no 则要进行下面的操作，设置 RemoveIPC＝no，最后再检查一下 RemoveIPC 状态。

```
sed - i '/^RemoveIPC/d' /etc/systemd/logind.conf
sed - i '/^RemoveIPC/d' /usr/lib/systemd/system/systemd - logind.service
echo "RemoveIPC = no" >> /etc/systemd/logind.conf
echo "RemoveIPC = no" >> /usr/lib/systemd/system/systemd - logind.service
systemctl daemon - reload
systemctl restart systemd - logind
# 再验证
loginctl show - session | grep RemoveIPC
systemctl show systemd - logind | grep RemoveIPC
```

11. 设置 root 用户远程登录

先执行下列命令检查一下 root 是否可以远程登录，如果为 PermitRootLogin yes，则不用修改。

```
cat /etc/ssh/sshd_config | grep PermitRootLogin
```

如果上面的结果为 PermitRootLogin no，则执行下列命令进行修改。

```
sed - i "s/PermitRootLogin no/PermitRootLogin yes/g" /etc/ssh/sshd_config
```

12. 配置 Banner

修改 Banner 配置，去掉连接到系统时系统提示的欢迎信息。欢迎信息会干扰安装时远程操作的返回结果，影响安装正常执行。

先执行下列命令修改 Banner 配置，注释掉"Banner"所在的行。

```
sed - i "s/^Banner/# Banner/g" /etc/ssh/sshd_config
```

执行下列命令使设置生效。

```
systemctl restart sshd.service
```

执行下列命令查看是否注释成功。

```
cat /etc/ssh/sshd_config | grep Banner
```

13. Python 处理

openEuler 22.03 需要 Python 3.9.x 版本,执行下列命令查看版本,如果是 Python 3.9.x 则不用处理。

```
python3 - V
```

如果没有 Python 3,则可以按照如下方式安装 Python 3.9.x 版本。

```
dnf install - y python3
```

14. 内核参数调整

执行下列命令修改内核参数。

```
cat >> /etc/sysctl.conf  << EOF
fs.file-max = 76724200
kernel.sem = 10000  10240000 10000 1024
kernel.shmmni = 4096
kernel.shmall = 1152921504606846720
kernel.shmmax = 18446744073709551615
net.ipv4.ip_local_port_range = 26000 65535
net.ipv4.tcp_fin_timeout = 60
net.ipv4.tcp_retries1 = 5
net.ipv4.tcp_syn_retries = 5
net.core.rmem_default = 21299200
net.core.wmem_default = 21299200
net.core.rmem_max = 21299200
net.core.wmem_max = 21299200
fs.aio-max-nr = 40960000
vm.dirty_ratio = 20
vm.dirty_background_ratio = 3
vm.dirty_writeback_centisecs = 100
vm.dirty_expire_centisecs = 500
vm.swappiness = 10
vm.min_free_kbytes = 193053
EOF
```

执行下列命令查看调整后的参数。

```
sysctl - p
```

15. 用户 limit 调整

执行下列命令进行用户 limit 调整。

```
cat >> /etc/security/limits.conf << EOF
omm soft nofile 1048576
omm hard nofile 1048576
omm soft nproc 131072
omm hard nproc 131072
omm soft memlock unlimited
omm hard memlock unlimited
omm soft core unlimited
omm hard core unlimited
omm soft stack unlimited
omm hard stack unlimited
 * soft nofile 1048576
 * hard nofile 1048576
EOF
```

16. 创建用户和组

执行下列命令创建用户和组，并修改 omm 用户的密码。

```
groupadd dbgroup - g 1000
useradd omm -- gid 1000 -- uid 1000 -- create - home
passwd omm
```

17. 创建目录

执行下列命令创建目录，并修改目录属性。

```
#源文件目录,用来存放下载的安装包
mkdir - p /opt/software/openGauss
#安装目录,用来将 openGauss 安装到该目录下
 mkdir - p /software/openGauss
#数据目录,用来存放 openGauss 相关的数据
 mkdir - p /data/openGauss
 chown - R omm:dbgroup /opt/software/openGauss
 chown - R omm:dbgroup /software/openGauss
 chown - R omm:dbgroup /data/openGauss
 chmod - R 775 /opt/software/
 chmod - R 777 /opt/software/openGauss
```

▶ 13.2.3　openGauss 安装

openGauss 正式安装主要在主节点上安装，然后同步到备用节点。

1. 下载 openGauss 5.0.2

首先需要从华为官网下载 openGauss 5.0.2 安装包。

```
wget - P /opt/software/openGauss https://opengauss.obs.cn - south - 1.myhuaweicloud.com/5.0.2/
x86_openEuler_2203/openGauss - 5.0.2 - openEuler - 64bit - all.tar.gz
```

2. 解压缩安装包

先解压缩 openGauss 5.0.2 安装包，第 2 条命令解压缩一个子包。

```
tar - xvf /opt/software/openGauss/openGauss - 5.0.2 - openEuler - 64bit - all.tar.gz - C /opt/
software/openGauss
tar - zxvf /opt/software/openGauss/openGauss - 5.0.2 - openEuler - 64bit - om.tar.gz - C /opt/
software/openGauss
```

3. 编辑 cluster_config.xml 文件

安装 openGauss 前需要创建 cluster_config.xml 文件。cluster_config.xml 文件包含部署 openGauss 的服务器信息、安装路径、IP 地址以及端口号等。用于告知 openGauss 如何部署。用户需根据不同场景配置对应的 XML 文件。该文档主要包含集群参数配置、主机参数配置、备机参数配置三部分。下面的代码示例中，读者可以根据自己的实际情况调整 IP 地址，其他内容无须修改。

```
<?xml version = "1.0" encoding = "UTF - 8"?>
< ROOT >
  <! -- openGauss 整体信息 -->
  < CLUSTER >
    <! -- 数据库名称 -->
    < PARAM name = "clusterName" value = "dbCluster" />
    <! -- 数据库节点名称(hostname) -->
    < PARAM name = "nodeNames" value = "gaussMaster,gaussSlave" />
    <! -- 数据库安装目录 -->
    < PARAM name = "gaussdbAppPath" value = "/software/openGauss/install/app" />
```

```xml
        <!-- 日志目录 -->
        <PARAM name = "gaussdbLogPath" value = "/data/openGauss/log/omm" />
        <!-- 临时文件目录 -->
        <PARAM name = "tmpMppdbPath" value = "/data/openGauss/tmp"/>
        <!-- 数据库工具目录 -->
        <PARAM name = "gaussdbToolPath" value = "/software/openGauss/om" />
        <!-- 数据库 core 文件目录 -->
        <PARAM name = "corePath" value = "/data/openGauss/corefile"/>
        <!-- 节点 IP,与数据库节点名称列表一一对应 -->
        <PARAM name = "backIp1s" value = "192.168.56.105,192.168.56.106"/>
    </CLUSTER>
    <!-- 每台服务器上的节点部署信息 -->
    <DEVICELIST>
        <!-- 节点 1 上的部署信息 -->
        <DEVICE sn = "gaussMaster">
            <!-- 节点 1 的主机名称 -->
            <PARAM name = "name" value = "gaussMaster"/>
            <!-- 节点 1 所在的 AZ 及 AZ 优先级 -->
            <PARAM name = "azName" value = "AZ1"/>
            <PARAM name = "azPriority" value = "1"/>
            <!-- 节点 1 的 IP,如果服务器只有一个网卡可用,将 backIP1 和 sshIP1 配置成同一个 IP -->
            <PARAM name = "backIp1" value = "192.168.56.105"/>
            <PARAM name = "sshIp1" value = "192.168.56.105"/>
            <!-- dn -->
            <PARAM name = "dataNum" value = "1"/>
            <PARAM name = "dataPortBase" value = "15600"/>
            <PARAM name = "dataNode1" value = "/software/openGauss/install/data/dn, gaussSlave,
/software/openGauss/install/data/dn"/>
            <PARAM name = "dataNode1_syncNum" value = "0"/>
        </DEVICE>
        <!-- 节点 2 上的节点部署信息,其中,"name"的值配置为主机名称 -->
        <DEVICE sn = "gaussSlave">
            <!-- 节点 2 的主机名称 -->
            <PARAM name = "name" value = "gaussSlave"/>
            <!-- 节点 2 所在的 AZ 及 AZ 优先级 -->
            <PARAM name = "azName" value = "AZ1"/>
            <PARAM name = "azPriority" value = "1"/>
            <!-- 节点 2 的 IP,如果服务器只有一个网卡可用,将 backIP1 和 sshIP1 配置成同一个 IP -->
            <PARAM name = "backIp1" value = "192.168.56.106"/>
            <PARAM name = "sshIp1" value = "192.168.56.106"/>
        </DEVICE>
    </DEVICELIST>
</ROOT>
```

4. 执行预安装

只能使用 root 用户执行 gs_preinstall 命令。

```
/opt/software/openGauss/script/gs_preinstall - U omm - G dbgroup - X /opt/software/openGauss/
cluster_config.xml
```

在执行 gs_preinstall 命令时首先会出现"Are you sure you want to create trust for root (yes/no)?"提示,输入"yes",表示需要建立主节点与备用节点 root 的互信,此时会出现"Please enter password for root"提示,需要输入备用节点 root 用户的密码,建立主节点与备用节点 root 用户的互信操作。

此时如果报"[GAUSS-51405]: You need to install software:expect"错误,则需要首先执行下面语句安装 expect 包,切记主备设备都要安装,然后重新执行预安装命令。

```
yum install expect
```

在执行 gs_preinstall 命令时还会出现"Are you sure you want to create the user[omm] (yes/no)?"，有人建议选择"no"，不创建 omm 用户，因为前面已经创建了 omm 用户，但是如果这里输入"no"会导致报"[GAUSS-51400]：Failed to execute the command：python3…"错误，原因是前面主、备节点创建 omm 用户时并没有建立互信。所以，此时在这里直接输入"yes"，预安装命令实际上并不会重新创建 omm 用户，而是建立主、备节点 omm 用户的互信，会要求输入 omm 的密码，按提示输入 omm 的密码即可。

如果一切正常，会出现"Preinstallation succeeded."表示预安装成功。

5. 重新调整目录权限

root 用户执行下列命令重新设置/opt/software/openGauss 目录属主为 omm。

```
chown - R omm:dbgroup /opt/software/openGauss
```

6. 执行安装

切换用户 omm 用户来执行数据库安装，中间有交互过程，要求输入 omm 用户密码，按要求输入即可。

```
su - omm
 /opt/software/openGauss/script/gs_install - X /opt/software/openGauss/cluster_config.xml
```

7. 启动集群

安装顺利完成后，执行下列命令启动集群数据库服务。

```
gs_om - t restart
```

8. 检查状态

安装顺利完成后，执行下列命令可以查看集群的状态。

```
gs_om - t status -- detail
```

▶ 13.2.4 主备机数据同步测试

一主一备集群安装成功后，需要测试。

视频讲解

13.3 实例主备切换

1. 概述

openGauss 在运行过程中，数据库管理员可能需要手工对数据库节点做主备切换。例如，发现数据库节点主备 failover 后需要恢复原有的主备角色，或怀疑硬件故障需要手动进行主备切换。级联备机不能直接转换为主机，只能先通过 switchover 或者 failover 成为备机，然后再切换为主机。

有关实例主备切换的几点说明如下。

- 主备切换为维护操作，确保 openGauss 状态正常，所有业务结束后，再进行切换操作。
- 在开启极致 RTO 时，不支持级联备机。因为在极致 RTO 开启情况下，备机不支持连接，所以无法与级联备机同步数据。
- 级联备机切换后，主机的 synchronous_standby_names 参数不会自动调整，因此可能需要手动调整主机的 synchronous_standby_names 参数，否则有可能会导致主机的写业务阻塞。

主备切换操作步骤如下。

（1）以操作系统用户 omm 登录数据库任意节点，执行如下命令，查看主备情况。

```
gs_om - t status -- detail
```

（2）以操作系统用户 omm 登录准备切换为主节点的备节点，执行如下命令。

```
gs_ctl switchover - D $ PGDATA
```

/home/omm/cluster/dn1/为备数据库节点的数据目录。

对于同一数据库，上一次主备切换未完成，不能执行下一次切换。当业务正在操作时，发起 switchover，可能主机的线程无法停止导致 switchover 显示超时，实际后台仍然在运行，等主机线程停止后，switchover 即可完成。例如，在主机删除一个大的分区表时，可能无法响应 switchover 发起的信号。

主机故障时，可以在备机执行如下命令。

```
gs_ctl failover - D $ PGDATA
```

（3）switchover 或 failover 成功后，执行如下命令记录当前主备机器信息。

```
gs_om - t refreshconf
```

2．示例

将数据库节点备实例切换为主实例。

（1）查询数据库状态。

```
gs_om - t status -- detail
```

（2）登录备节点，进行主备切换。另外，switchover 级联备机后，级联备机切换为备机，原备机降为级联备。

```
gs_ctl switchover - D $ PGDATA
```

（3）保存数据库主备机器信息。

```
gs_om - t refreshconf
```

3．异常处理

异常判断标准如下。

（1）业务压力下，主备实例切换时间长，这种情况不需要处理。

（2）其他备机正在 build 的情况下，主机需要发送日志到备机后，才能降备，导致主备切换时间长。这种情况不需要处理，但应尽量避免 build 过程中进行主备切换。

（3）切换过程中，因网络故障、磁盘满等原因造成主备实例连接断开，出现双主现象时，此时请参考如下步骤修复。

出现双主状态后，请按如下步骤恢复成正常的主备状态，否则可能会造成数据丢失。

（1）执行以下命令查询数据库当前的实例状态。

```
gs_om - t status -- detail
```

若查询结果显示两个实例的状态都为 Primary，这种状态为异常状态。

（2）确定降为备机的节点，在节点上执行如下命令关闭服务。

```
gs_ctl stop - D $ PGDATA
```

（3）执行以下命令，以 standby 模式启动备节点。

```
gs_ctl start - D $ PGDATA - M standby
```

小结

主备集群的搭建是保障 openGauss 高可用的主要手段之一，高可用的目的是通过技术手段避免因为数据库出现故障而导致停止对外服务，一般实现方式是部署备用数据库，在主数据库出现故障时接管业务。

习题 13

1. openGauss 高可用性特点有哪些？
2. openGauss 主备模式安装时最关键的步骤是哪个？
3. openGauss 主备切换后如果出现双主模式会有哪些问题？如何解决？

本章学习目标

- 了解数据库审计的功能。
- 掌握维护审计日志、查看审计日志的方法。
- 学会针对具体业务场景开展不同形式的数据库审计操作。

本章首先概述了 openGauss 数据库审计的功能、openGauss 审计配置参数,然后介绍了如何维护审计日志、如何查看审计日志,最后举例说明如何开展传统审计、全量审计及统一审计。通过本章的学习,读者将能够针对自己的业务场景熟练掌握数据库审计的用法。

14.1 审计概述

为了使 DBMS 达到一定的安全级别,还需要在其他方面提供相应的支持。按照"可信计算机系统评估准则"(Trusted Computer System Evaluation Criteria,TCSEC)的要求,审计功能是 DBMS 达到 C2 以上安全级别必不可少的一项指标。数据库审计功能就是把用户对数据库的所有操作自动记录下来放入"审计日志"中,数据库审计机制以一种非常详细的级别捕获用户行为,它可以对任何用户所做的登录注销、所执行的任何 SQL 语句、对数据库对象的任何操作进行自动跟踪登记,以便数据库管理者在事后进行监督和检查,数据库审计又称为审计跟踪。

在一些敏感性较高的应用中,审计日志还可以用于遵从合规性规定。许多行业标准和法律法规要求记录数据库操作历史,以便监管机构对业务实践进行检查。

审计日志有助于确定恶意用户的行为和未经授权的访问,以便及时采取应对措施和提高安全性。通过分析审计日志,并与内部政策和规定相比较,可以确定员工是否遵守安全性规定,从而有助于加强企业文化。

1. 背景信息

数据库安全对数据库系统来说至关重要。openGauss 将用户对数据库的所有操作写入审计日志。数据库安全管理员可以利用这些日志信息,重现导致数据库现状的一系列事件,找出非法操作的用户、时间和内容等。

关于审计功能,用户需要了解以下几点内容。

- 审计总开关 audit_enabled 参数支持动态加载。在数据库运行期间修改该配置项的值会立即生效,无须重启数据库。默认值为 on,表示开启审计功能。
- 除了审计总开关,各个审计项也有对应的开关。只有开关开启,对应的审计功能才能生效。
- 各审计项的开关支持动态加载。在数据库运行期间修改审计开关的值,不需要重启数据库便可生效。

目前，openGauss 支持的审计项如表 14.1 所示。

表 14.1　配置审计项

配　置　项	描　述
用户登录、注销审计	参数：audit_login_logout 默认值为 7，表示开启用户登录、退出的审计功能。设置为 0 表示关闭用户登录、退出的审计功能。不推荐设置除 0 和 7 之外的值
数据库启动、停止、恢复和切换审计	参数：audit_database_process 默认值为 1，表示开启数据库启动、停止、恢复和切换的审计功能
用户锁定和解锁审计	参数：audit_user_locked 默认值为 1，表示开启审计用户锁定和解锁功能
用户访问越权审计	参数：audit_user_violation 默认值为 0，表示关闭用户越权操作审计功能
授权和回收权限审计	参数：audit_grant_revoke 默认值为 1，表示开启审计用户权限授予和回收功能
对用户操作进行全量审计	参数：full_audit_users 默认值为空字符串，表示采用默认配置，未配置全量审计用户
不需要审计的客户端名称及 IP 地址	参数：no_audit_client 默认值为空字符串，表示采用默认配置，未将客户端及 IP 加入审计黑名单
数据库对象的 CREATE、ALTER、DROP 操作审计	参数：audit_system_object 默认值为 67 121 159，表示只对 DATABASE、SCHEMA、USER、DATA SOURCE 这 4 类数据库对象的 CREATE、ALTER、DROP 操作进行审计
具体表的 INSERT、UPDATE 和 DELETE 操作审计	参数：audit_dml_state 默认值为 0，表示关闭具体表的 DML 操作（SELECT 除外）审计功能
SELECT 操作审计	参数：audit_dml_state_select 默认值为 0，表示关闭 SELECT 操作审计功能
COPY 审计	参数：audit_copy_exec 默认值为 1，表示开启 copy 操作审计功能
存储过程和自定义函数的执行审计	参数：audit_function_exec 默认值为 0，表示不记录存储过程和自定义函数的执行审计日志
执行白名单内的系统函数审计	参数：audit_system_function_exec 默认值为 0，表示不记录执行系统函数的审计日志
SET 审计	参数：audit_set_parameter 默认值为 0，表示关闭 SET 审计功能
事务 ID 记录	参数：audit_xid_info 默认值为 0，表示关闭审计日志记录事务 ID 功能

安全相关参数及说明如表 14.2 所示。

表 14.2　安全相关参数及说明

参　数　名	说　明
ssl	指定是否启用 SSL 连接
require_ssl	指定服务器端是否强制要求 SSL 连接
ssl_ciphers	指定 SSL 支持的加密算法列表
ssl_cert_file	指定包含 SSL 服务器证书的文件的名称
ssl_key_file	指定包含 SSL 私钥的文件名称
ssl_ca_file	指定包含 CA 信息的文件的名称

参　数　名	说　　明
ssl_crl_file	指定包含 CRL 信息的文件的名称
password_policy	指定是否进行密码复杂度检查
password_reuse_time	指定是否对新密码进行可重用天数检查
password_reuse_max	指定是否对新密码进行可重用次数检查
password_lock_time	指定账户被锁定后自动解锁的时间
failed_login_attempts	如果输入密码错误的次数达到此参数值时,当前账户被锁定
password_encryption_type	指定采用何种加密方式对用户密码进行加密存储
password_min_uppercase	密码中至少需要包含大写字母的个数
password_min_lowercase	密码中至少需要包含小写字母的个数
password_min_digital	密码中至少需要包含数字的个数
password_min_special	密码中至少需要包含特殊字符的个数
password_min_length	密码的最小长度。 在设置此参数时,请将其设置成不大于 password_max_length,否则进行涉及密码的操作会一直出现密码长度错误的提示
password_max_length	密码的最大长度。 在设置此参数时,请将其设置成不小于 password_min_length,否则进行涉及密码的操作会一直出现密码长度错误的提示
password_effect_time	密码的有效期限
password_notify_time	密码到期提醒的天数
audit_enabled	控制审计进程的开启和关闭
audit_directory	审计文件的存储目录
audit_data_format	审计日志文件的格式,当前仅支持二进制格式(binary)
audit_rotation_interval	指定创建一个新审计日志文件的时间间隔。当现在的时间减去上次创建一个审计日志的时间超过了此参数值时,服务器将生成一个新的审计日志文件
audit_rotation_size	指定审计日志文件的最大容量。当审计日志消息的总量超过此参数值时,服务器将生成一个新的审计日志文件
audit_resource_policy	控制审计日志的保存策略,以空间还是时间限制为优先策略,on 表示以空间为优先策略
audit_file_remain_time	表示需记录审计日志的最短时间要求,该参数在 audit_resource_policy 为 off 时生效
audit_space_limit	审计文件占用磁盘空间的最大值
audit_file_remain_threshold	审计目录下审计文件的最大数量
audit_login_logout	指定是否审计数据库用户的登录(包括登录成功和登录失败)、注销
audit_database_process	指定是否审计数据库启动、停止、切换和恢复的操作
audit_user_locked	指定是否审计数据库用户的锁定和解锁
audit_user_violation	指定是否审计数据库用户的越权访问操作
audit_grant_revoke	指定是否审计数据库用户权限授予和回收的操作
full_audit_users	指定全量审计用户列表,对列表中的用户执行的所有可被审计的操作记录审计日志
no_audit_client	指定不需要审计的客户端名称及 IP 地址列表
audit_system_object	指定是否审计数据库对象的 CREATE、DROP、ALTER 操作
audit_dml_state	指定是否审计具体表的 INSERT、UPDATE、DELETE 操作
audit_dml_state_select	指定是否审计 SELECT 操作

续表

参 数 名	说 明
audit_copy_exec	指定是否审计 COPY 操作
audit_function_exec	指定在执行存储过程、匿名块或自定义函数(不包括系统自带函数)时是否记录审计信息
audit_system_function_exec	指定是否开启对执行白名单内的系统函数记录审计日志
audit_set_parameter	指定是否审计 SET 操作
enableSeparationOfDuty	指定是否开启三权分立
session_timeout	建立连接会话后，如果超过此参数的设置时间，则会自动断开连接
auth_iteration_count	认证加密信息生成过程中使用的迭代次数

2. 操作步骤

openGauss 数据库审计功能的开启主要是由相关参数值的修改来决定，审计总开关 audit_enabled 及绝大多数审计项参数都是默认开启或者设置了理想的默认值，不需要用户干预，但有些参数需要由用户针对自己的安全需求来定制修改。用户可以对照下列操作步骤来修改审核项参数。

（1）以操作系统用户 omm 登录数据库主节点。

（2）连接数据库。

数据库安装完成后，默认生成名称为 postgres 的数据库。第一次连接数据库时可以连接到此数据库。

执行如下命令连接数据库。

```
gsql - d postgres - p 15600
```

其中，postgres 为需要连接的数据库名称，15600 为数据库主节点的端口号，以默认的数据库系统用户(omm)登录数据库，请根据实际情况替换。

另外，也可以使用如下命令连接数据库，连接字符串中可以指定主机、端口、数据库名、用户、密码等信息。

```
gsql - d "host = 127.0.0.1 port = 8000 dbname = postgres user = omm password = Gauss_234"
```

连接成功后，系统显示如图 14.1 所示信息。

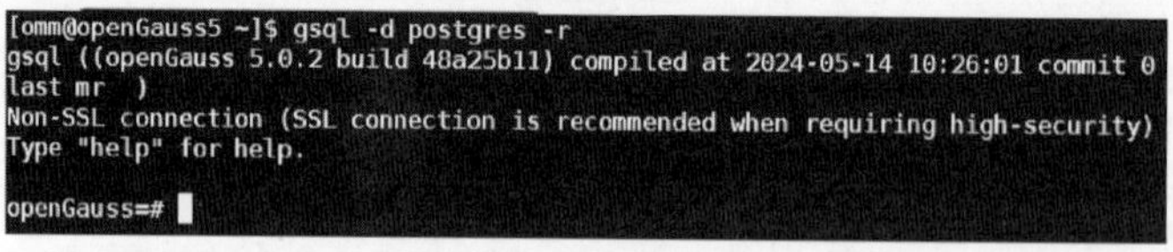

```
[omm@openGauss5 ~]$ gsql -d postgres -r
gsql ((openGauss 5.0.2 build 48a25b11) compiled at 2024-05-14 10:26:01 commit 0
last mr )
Non-SSL connection (SSL connection is recommended when requiring high-security)
Type "help" for help.

openGauss=#
```

图 14.1 用户登录

omm 用户是管理员用户，因此系统显示"openGauss＝#"。若使用普通用户身份登录和连接数据库，系统显示"openGauss＝>"。

"Non-SSL connection"表示未使用 SSL 方式连接数据库。如果需要高安全性时，请使用 SSL 连接。

（3）检查审计总开关状态。

① 用 show 命令显示审计总开关 audit_enabled 的值。

```
show audit_enabled;
```

如果显示为 off，执行"\q"命令退出数据库，继续执行后续步骤。如果显示为 on，则无须执行后续步骤。

② 执行如下命令开启审计功能,参数设置立即生效。其中,-N 指定数据节点,all 为所有节点;-I 指定数据库实例,all 表示针对所有实例;-c 指定参数及赋值。

```
gs_guc set - N all - I all - c "audit_enabled = on"
```

(4) 配置具体的审计项。

配置具体的审计项时要注意以下几点。

- 只有开启审计功能,用户的操作才会被记录到审计文件中。
- 各审计项的默认参数都符合安全标准,用户可以根据需要开启其他审计功能,但会对性能有一定影响。

以开启对数据库所有对象的增删改操作的审计开关为例,其他配置项的修改方法与此相同,修改配置项的方法如下。

```
gs_guc reload - N all - I all - c "audit_system_object = 12295"
```

其中,audit_system_object 代表审计项开关,12295 为该审计开关的值。该参数决定是否对数据库对象的 CREATE、DROP、ALTER 操作进行审计。数据库对象包括 DATABASE、USER、SCHEMA、TABLE 等。通过修改该配置参数的值,可以只审计需要的数据库对象的操作。该参数的值由 29 个二进制位的组合求出,这 29 个二进制位分别代表 29 类数据库对象。如果对应的二进制位取值为 0,表示不审计对应的数据库对象的 CREATE、DROP、ALTER 操作;取值为 1,表示审计对应的数据库对象的 CREATE、DROP、ALTER 操作。这 29 个二进制位代表的具体审计内容如表 14.3 所示。

表 14.3　audit_system_object 参数的二进制位说明

二进制位	含　　义
第 0 位	是否审计 DATABASE 对象的 CREATE、DROP、ALTER 操作
第 1 位	是否审计 SCHEMA 对象的 CREATE、DROP、ALTER 操作
第 2 位	是否审计 USER 对象的 CREATE、DROP、ALTER 操作
第 3 位	是否审计 TABLE 对象的 CREATE、DROP、ALTER、TRUNCATE 操作
第 4 位	是否审计 INDEX 对象的 CREATE、DROP、ALTER 操作
第 5 位	是否审计 VIEW/MATVIEW 对象的 CREATE、DROP 操作
第 6 位	是否审计 TRIGGER 对象的 CREATE、DROP、ALTER 操作
第 7 位	是否审计 PROCEDURE/FUNCTION 对象的 CREATE、DROP、ALTER 操作
第 8 位	是否审计 TABLESPACE 对象的 CREATE、DROP、ALTER 操作
第 9 位	是否审计 RESOURCE POOL 对象的 CREATE、DROP、ALTER 操作
第 10 位	是否审计 WORKLOAD 对象的 CREATE、DROP、ALTER 操作
第 11 位	保留
第 12 位	是否审计 DATA SOURCE 对象的 CRAETE、DROP、ALTER 操作
第 13 位	保留
第 14 位	是否审计 ROW LEVEL SECURITY 对象的 CREATE、DROP、ALTER 操作
第 15 位	是否审计 TYPE 对象的 CREATE、DROP、ALTER 操作
第 16 位	是否审计 TEXT SEARCH 对象(CONFIGURATION 和 DICTIONARY)的 CREATE、DROP、ALTER 操作
第 17 位	是否审计 DIRECTORY 对象的 CREATE、DROP、ALTER 操作
第 18 位	是否审计 SYNONYM 对象的 CREATE、DROP、ALTER 操作
第 19 位	是否审计 SEQUENCE 对象的 CREATE、DROP、ALTER 操作

续表

二进制位	含　义
第 20 位	是否审计 CMK、CEK 对象的 CREATE、DROP 操作
第 21 位	是否审计 PACKAGE 对象的 CREATE、DROP、ALTER 操作
第 22 位	是否审计 MODEL 对象的 CREATE、DROP 操作
第 23 位	是否审计 PUBLICATION 和 SUBSCRIPTION 对象的 CREATE、DROP、ALTER 操作
第 24 位	是否审计对 gs_global_config 全局对象的 ALTER、DROP 操作
第 25 位	是否审计 FOREIGN DATA WRAPPER 对象的 CREATE、DROP、ALTER 操作
第 26 位	是否审计 SQL PATCH 对象的 CREATE、ENABLE、DISABLE、DROP 操作
第 27 位	是否审计 EVENT 对象的 CREATE、ALTER、DROP 操作
第 28 位	是否审计 DBLINK 对象的 CREATE、ALTER、DROP 操作。目前 DATABASE LINK 功能暂不支持

14.2　查看审计结果

openGauss 使用大量不同的审计方法来监控使用何种权限，以及访问哪些对象。审计不会防止使用这些权限，但可以提供有用的信息，用于揭示权限的滥用和误用。

1. 前提条件

查看审计结果需要满足以下几个前提条件。

- 审计功能总开关已开启。
- 需要审计的审计项开关已开启。
- 数据库正常运行，并且对数据库执行了一系列增、删、改、查操作，保证在查询时段内有审计结果产生。
- 数据库各个节点审计日志单独记录。

2. 背景信息

只有拥有 AUDITADMIN 属性的用户才可以查看审计记录。有关数据库用户及创建用户的办法请参见第 8 章。

审计查询命令是数据库提供的 SQL 函数 pg_query_audit，其原型为

```
pg_query_audit(timestamptz startime,timestamptz endtime,audit_log)
```

参数 startime 和 endtime 分别表示审计记录的开始时间和结束时间，audit_log 表示所查看的审计日志信息所在的物理文件路径，当不指定 audit_log 时，默认查看连接当前实例的审计日志信息。

说明：startime 和 endtime 的差值代表要查询的时间段，其有效值为从 startime 日期中的 00:00:00 开始到 endtime 日期中的 23:59:59 之间的任何值。请正确指定这两个参数，否则将查不到需要的审计信息。

3. 操作步骤

(1) 以操作系统用户 omm 登录数据库主节点。

(2) 使用如下命令连接数据库。

```
gsql - d postgres - p 15600
```

postgres 为需要连接的数据库名称，15600 为数据库主节点的端口号。

(3) 查询审计记录。

```
select * from pg_query_audit('2024-08-02 12:08:00','2024-08-02 12:10:00');
```

查询结果如图 14.2 所示。

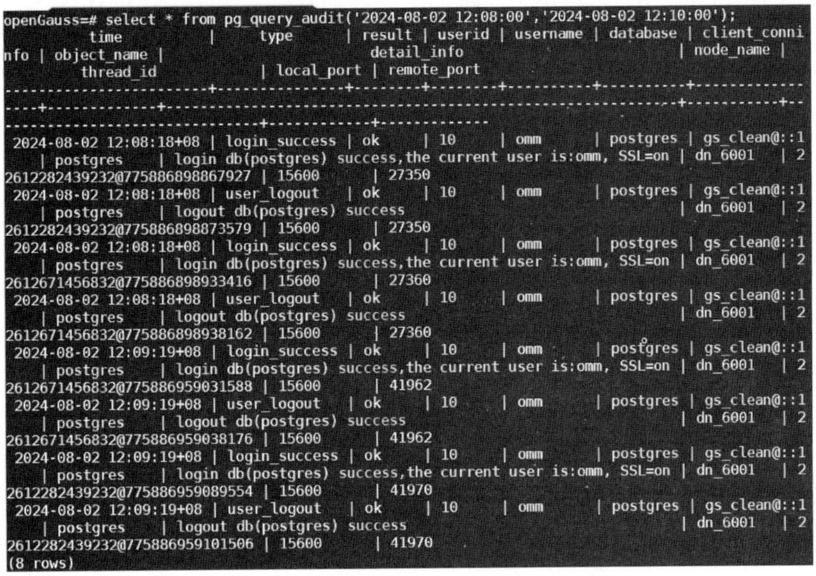
```
openGauss=# select * from pg_query_audit('2024-08-02 12:08:00','2024-08-02 12:10:00');
          time          |      type      | result | userid | username | database | client_conni
nfo | object_name |                          detail_info                         | node_name |
        thread_id             | local_port | remote_port
------------------------+----------------+--------+--------+----------+----------+------------
---+-------------+----------------------------------------------------------+-----------+--
------------------------------+------------+------------
 2024-08-02 12:08:18+08 | login_success | ok     | 10     | omm      | postgres | gs_clean@::1
   | postgres    | login db(postgres) success,the current user is:omm, SSL=on | dn_6001   | 2
612282439232@775886898867927 | 15600      | 27350
 2024-08-02 12:08:18+08 | user_logout   | ok     | 10     | omm      | postgres | gs_clean@::1
   | postgres    | logout db(postgres) success                              | dn_6001   | 2
612282439232@775886898873579 | 15600      | 27350
 2024-08-02 12:08:18+08 | login_success | ok     | 10     | omm      | postgres | gs_clean@::1
   | postgres    | login db(postgres) success,the current user is:omm, SSL=on | dn_6001   | 2
612671456832@775886898933416 | 15600      | 27360
 2024-08-02 12:08:18+08 | user_logout   | ok     | 10     | omm      | postgres | gs_clean@::1
   | postgres    | logout db(postgres) success                              | dn_6001   | 2
612671456832@775886898938162 | 15600      | 27360
 2024-08-02 12:09:19+08 | login_success | ok     | 10     | omm      | postgres | gs_clean@::1
   | postgres    | login db(postgres) success,the current user is:omm, SSL=on | dn_6001   | 2
612671456832@775886959031588 | 15600      | 41962
 2024-08-02 12:09:19+08 | user_logout   | ok     | 10     | omm      | postgres | gs_clean@::1
   | postgres    | logout db(postgres) success                              | dn_6001   | 2
612671456832@775886959038176 | 15600      | 41962
 2024-08-02 12:09:19+08 | login_success | ok     | 10     | omm      | postgres | gs_clean@::1
   | postgres    | login db(postgres) success,the current user is:omm, SSL=on | dn_6001   | 2
612282439232@775886959089554 | 15600      | 41970
 2024-08-02 12:09:19+08 | user_logout   | ok     | 10     | omm      | postgres | gs_clean@::1
   | postgres    | logout db(postgres) success                              | dn_6001   | 2
612282439232@775886959101506 | 15600      | 41970
(8 rows)
```

图 14.2 日志查看结果

该条记录表明,用户 omm 在 time 字段标识的时间点登录数据库 postgres。其中,client_conninfo 字段在 log_hostname 启动且 IP 连接时,字符@后显示反向 DNS 查找得到的主机名。

说明:对于登录操作的记录,审计日志 detail_info 结尾会记录 SSL 信息,SSL=on 表示客户端通过 SSL 连接,SSL=off 表示客户端没有通过 SSL 连接。

14.3 维护审计日志

为了有效维护数据库审计日志,需要对审计日志相关的配置参数进行操作,以确保审计需求得到满足,由于审计日志会占用较多硬盘空间,DBA 可以手动将已经失效的审计日志清除。用户维护操作审计日志配置参数的前提条件是必须拥有审计权限。

1. 背景信息

(1) 与审计日志相关的配置参数。

与审计日志相关的配置参数及其含义如表 14.4 所示。

表 14.4 审计日志相关配置参数

配 置 项	含 义	默 认 值
audit_directory	审计文件的存储目录	
audit_resource_policy	审计日志的保存策略	on(表示使用空间配置策略)
audit_space_limit	审计文件占用的磁盘空间总量	1GB
audit_file_remain_time	审计日志文件的最短保存时间	90
audit_file_remain_threshold	审计目录下审计文件的最大数量	1 048 576

(2) 审计日志删除。

审计日志删除命令为数据库提供的 SQL 函数 pg_delete_audit,其原型为

```
pg_delete_audit(timestamp starttime,timestamp endtime)
```

其中,参数 starttime 和 endtime 分别表示审计记录的开始时间和结束时间。

（3）审计日志保存方式。

目前常用的记录审计内容的方式有两种：记录到数据库的表中,记录到 OS 文件中。这两种方式的优缺点比较如表 14.5 所示。

表 14.5　审计日志保存方式比较

方　式	优　点	缺　点
记录到表中	不需要用户维护审计日志	由于表是数据库的对象,如果一个数据库用户具有一定的权限,就能够访问到审计表。如果该用户非法操作审计表,审计记录的准确性难以得到保证
记录到 OS 文件中	比较安全,即使一个账户可以访问数据库,但不一定有访问 OS 这个文件的权限	需要用户维护审计日志

从数据库安全角度出发,openGauss 采用记录到 OS 文件的方式来保存审计结果,保证了审计结果的可靠性。

2. 操作步骤

（1）以操作系统用户 omm 登录数据库主节点。

（2）使用如下命令连接数据库。

```
gsql - d postgres - p 15600
```

postgres 为需要连接的数据库名称,15600 为数据库主节点的端口号。

（3）选择日志维护方式进行维护。

① 设置自动删除审计日志。

审计文件占用的磁盘空间或者审计文件的个数超过指定的最大值时,系统将删除最早的审计文件,并记录审计文件删除信息到审计日志中。

审计文件占用的磁盘空间大小默认值为 1024MB,用户可以根据磁盘空间大小重新设置参数。

- 配置审计文件占用磁盘空间的大小(audit_space_limit)。

执行下列命令查看已配置的参数值,显示信息如下。

```
show audit_space_limit;
audit_space_limit
--------------------
1GB
(1 row)
```

如果显示结果不为 1GB(1024MB),执行"\q"命令退出 gsql 数据库连接。在 Linux 系统下运行 gs_guc 命令将 audit_space_limit 参数值设置成默认值 1024MB。

```
gs_guc reload - N all - I all - c "audit_space_limit = 1024MB"
```

- 配置审计文件个数的最大值(audit_file_remain_threshold)。

执行下列命令查看已配置的参数值,显示信息如下。

```
show audit_file_remain_threshold;
```

```
audit_file_remain_threshold
-------------------------------
1048576
(1 row)
```

如果显示结果不为 1048576，执行“\q”命令退出 gsql 数据库连接。在 Linux 系统下运行 gs_guc 命令将 audit_file_remain_threshold 参数值设置成默认值 1048576。

```
gs_guc reload -N all -I all -c "audit_file_remain_threshold = 1048576"
```

② 手动备份审计文件。

当审计文件占用的磁盘空间或者审计文件的个数超过配置文件指定的值时，系统将会自动删除较早的审计文件，因此建议用户周期性地对比较重要的审计日志进行保存。

使用 show 命令获得审计文件所在目录(audit_directory)。

```
show audit_directory;
```

将审计目录全部复制，以进行保存。

③ 手动删除审计日志。

当不再需要某时段的审计记录时，可以使用审计接口命令 pg_delete_audit 进行手动删除。执行下列命令可以清空指定时间段的审计日志，清除后此段时间内的审计日志再也查询不到了，执行效果如图 14.3 所示。

```
select * from pg_delete_audit('2024-08-02 12:08:00','2024-08-02 12:10:00');
```

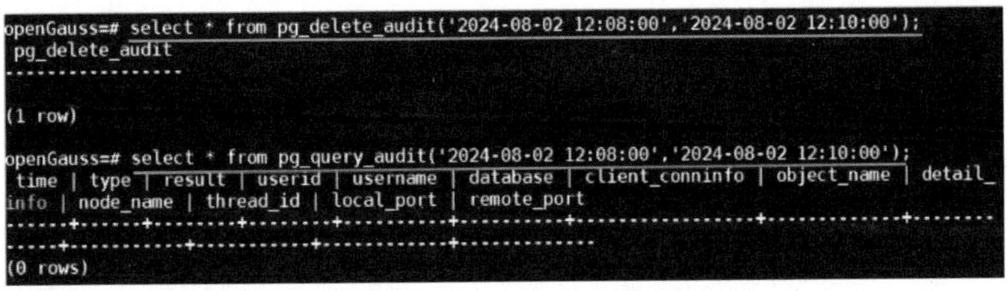

```
openGauss=# select * from pg_delete_audit('2024-08-02 12:08:00','2024-08-02 12:10:00');
 pg_delete_audit
-----------------

(1 row)

openGauss=# select * from pg_query_audit('2024-08-02 12:08:00','2024-08-02 12:10:00');
 time | type | result | userid | username | database | client_conninfo | object_name | detail_
info | node_name | thread_id | local_port | remote_port
------+------+--------+--------+----------+----------+-----------------+-------------+--------
-----+-----------+-----------+------------+------------
(0 rows)
```

图 14.3　日志清除结果

14.4　审计实例

审计功能包括传统审计、统一审计、全量审计三种审计模式。传统审计通过参数配置各个审计项开关，管理员可以通过参数配置对哪些语句或操作记录审计日志。传统审计采用记录到 OS 文件的方式来保存审计日志，支持审计管理员通过 SQL 函数接口审计日志查询和删除。传统审计会产生大量的审计日志，且不支持定制化地访问对象和访问来源配置，不方便数据库安全管理员对审计日志的分析。

统一审计机制是一种通过定制化制定审计策略而实现高效安全审计管理的技术。当管理员定义审计对象和审计行为后，用户执行的任务如果关联到对应的审计策略，则生成对应的审计行为，并记录审计日志。定制化审计策略可涵盖常见的用户管理活动、DDL 和 DML 行为，满足日常审计诉求。统一审计策略支持绑定资源标签、配置数据来源输出审计日志，可以提升安全管理员对数据库监控的效率。

openGauss 5.0.0 版本在传统审计功能基础上，新增支持用户级别全量审计功能。新增 GUC 参数 full_audit_users 配置全量审计用户列表，对列表中的用户执行的所有可被审计的

视频讲解

操作记录审计日志；新增 GUC 参数 no_audit_client 配置无须记录审计的客户端列表；新增 GUC 参数 audit_system_function_exec 配置系统函数审计开关。

1. 传统审计

1）查看 audit_system_object 参数

执行下列语句查看 audit_system_object 参数的值为 12295，转换成二进制为 11 0000 0000 0111，可以看出，第 3 位为 0，表示没有开启对 table 对象的 CREATE、DROP、ALTER 操作审计功能。

```
show audit_system_object;
```

2）修改 employee 表结构

执行下列语句给 employee 表添加一个 weixin 字段，然后查看最新审计日志，未发现表结构修改记录。

```
alter table employee add weixin varchar(32);
```

3）修改 audit_system_object 参数

执行"\q"命令退出 gsql 数据库连接，在 Linux 系统下运行 gs_guc 命令将 audit_system_object 参数的值设置为 12303（二进制为 11 0000 0000 1111），开启对 table 对象的 CREATE、DROP、ALTER 操作审计功能。

```
gs_guc reload - N all - I all - c "audit_system_object = 12303"
```

4）再次修改 employee 表结构

执行下列语句给 employee 表添加一个 qq 字段，然后查看最新审计日志，如图 14.4 所示。此时查询到了表结构修改记录。

```
alter table employee add qq varchar(32);
```

图 14.4 传统审计结果查看

5）撤销审计

撤销某个专项审计只需要修改相应参数即可，例如，要撤销对 table 结构修改的操作审核，只需要再次将 audit_system_object 参数修改回 12295 即可。

2. 全量审计

1）查看 full_audit_users 参数

执行下列语句查看 full_audit_users 参数的值，该参数默认为空串，表示不针对具体用户操作进行审计。

视频讲解

```
show full_audit_users;
```

2）修改 full_audit_users 参数的值

执行“\q”命令退出 gsql，在 Linux 系统下运行 gs_guc 命令将 full_audit_users 参数的值设为“textbook”，开启对用户 textbook 的全量审计功能。

```
gs_guc reload -N all -I all -c "full_audit_users = textbook"
```

3）更新对象

首先以用户 jimmy 身份给 jimmy.department 添加一条记录。

```
update insert into jimmy.department values('om','运维部');
```

然后以用户 textbook 身份给 jimmy.department 添加一条记录。

```
insert into jimmy.department values('pd','产品部');
```

4）查看审计日志

全量审计跟传统审计一样，审计日志写在 audit_directory 参数指定的目录下面，可以通过 pg_query_audit 函数查看。执行下列语句查看最新审计日志信息，查看结果如图 14.5 所示，日志里只记录了 textbook 用户对 department 表的 INSERT 操作而没有记录 jimmy 用户对 department 表的 INSERT 操作。

```
select * from pg_query_audit('2024-08-02 16:35:00','2024-08-02 16:37:00');
```

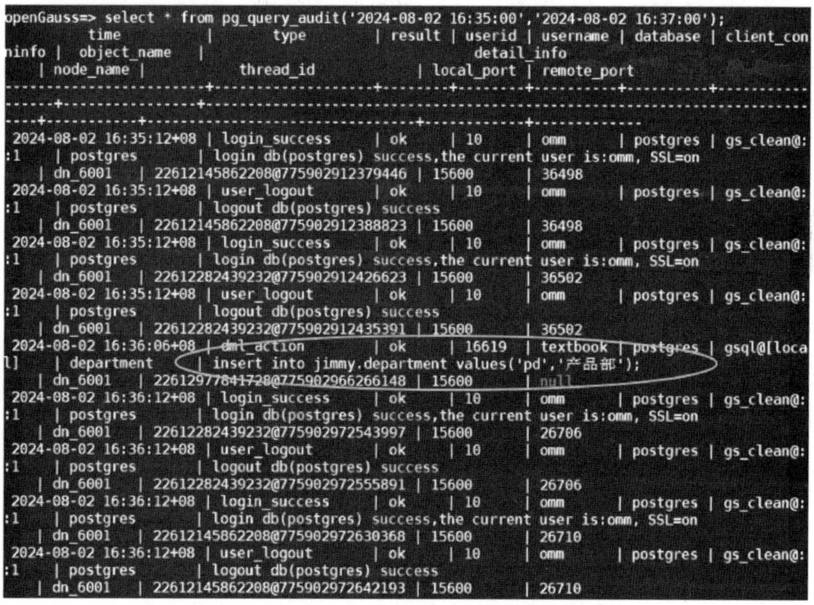

```
openGauss=> select * from pg_query_audit('2024-08-02 16:35:00','2024-08-02 16:37:00');
          time          |        type        | result | userid | username | database | client_con
ninfo |  object_name   |                               detail_info
    | node_name |              thread_id              | local_port | remote_port
------------------------+--------------------+--------+--------+----------+----------+----------
-----+----------------+--------------------------------------------------------------------------
----+-----------+-------------------------------------+------------+-------------
 2024-08-02 16:35:12+08 | login_success      | ok     | 10     | omm      | postgres | gs_clean@:
:1   | postgres       | login db(postgres) success,the current user is:omm, SSL=on
    | dn_6001   | 226121458622080775902912379446 | 15600      | 36498
 2024-08-02 16:35:12+08 | user_logout        | ok     | 10     | omm      | postgres | gs_clean@:
:1   | postgres       | logout db(postgres) success
    | dn_6001   | 226121458622080775902912388823 | 15600      | 36498
 2024-08-02 16:35:12+08 | login_success      | ok     | 10     | omm      | postgres | gs_clean@:
:1   | postgres       | login db(postgres) success,the current user is:omm, SSL=on
    | dn_6001   | 226122824392320775902912426623 | 15600      | 36502
 2024-08-02 16:35:12+08 | user_logout        | ok     | 10     | omm      | postgres | gs_clean@:
:1   | postgres       | logout db(postgres) success
    | dn_6001   | 226122824392320775902912435391 | 15600      | 36502
 2024-08-02 16:36:06+08 | dml_action         | ok     | 16619  | textbook | postgres | gsql@[loca
l]   | department     | insert into jimmy.department values('pd','产品部');
    | dn_6001   | 226129778417280775902966266148 | 15600      | null
 2024-08-02 16:36:12+08 | login_success      | ok     | 10     | omm      | postgres | gs_clean@:
:1   | postgres       | login db(postgres) success,the current user is:omm, SSL=on
    | dn_6001   | 226122824392320775902972543997 | 15600      | 26706
 2024-08-02 16:36:12+08 | user_logout        | ok     | 10     | omm      | postgres | gs_clean@:
:1   | postgres       | logout db(postgres) success
    | dn_6001   | 226122824392320775902972555891 | 15600      | 26706
 2024-08-02 16:36:12+08 | login_success      | ok     | 10     | omm      | postgres | gs_clean@:
:1   | postgres       | login db(postgres) success,the current user is:omm, SSL=on
    | dn_6001   | 226121458622080775902972630368 | 15600      | 26710
 2024-08-02 16:36:12+08 | user_logout        | ok     | 10     | omm      | postgres | gs_clean@:
:1   | postgres       | logout db(postgres) success
    | dn_6001   | 226121458622080775902972642193 | 15600      | 26710
```

图 14.5 全量审计结果查看

3. 统一审计

1）查看 enable_security_policy 参数

在 gsql 工具中执行下列语句查看 enable_security_policy 参数的值，该参数默认为 off。

```
show enable_security_policy;
```

2）修改 enable_security_policy 参数

执行“\q”命令退出 gsql，在 Linux 系统下运行 gs_guc 命令将 enable_security_policy 参数

的值设置 on,开启统一审计功能。

```
gs_guc reload - N all - I all - c "enable_security_policy = on"
```

3）操作系统 root 用户进行 rsyslog 配置

统一审计策略的审计日志单独记录,暂不提供可视化查询接口,整个日志依赖于操作系统自带的 rsyslog 服务,通过配置完成日志归档。在操作系统后台服务配置文件/etc/rsyslog.conf 中添加下面一行内容,将统一审计日志的内容写入/var/log/localmessages 文件中。

```
local0. * /var/log/localmessages
```

以 root 身份执行下列命令重启 rsyslog 服务使配置生效。

```
systemctl restart rsyslog
```

4）新建资源标签

统一审计策略需要由具备 POLADMIN 或 SYSADMIN 属性的用户或初始用户创建,普通用户无访问安全策略系统表和系统视图的权限。安全策略管理员是指具有 POLADMIN 属性的账户,具有创建资源标签、脱敏策略和统一审计策略的权限。系统管理员是指具有 SYSADMIN 属性的账户,默认安装情况下具有与对象所有者相同的权限。安全策略管理员登录数据库,配置资源标签。

统一审计机制基于资源标签进行审计行为定制化,且将当前所支持的审计行为划分为 access 类（针对 DML 操作）和 privileges（针对 DDL 操作）类。执行下列语句创建一个资源标签 rl_employee,该资源标签中包含一个 employee 表,有关资源标签的详情请参见第 8 章相关内容。

```
CREATE RESOURCE LABEL rl_employee ADD TABLE(employee);
```

5）创建审计策略

执行下列命令创建一个审计策略 audit_employee_dml,定义了用户 Jimmy 对 rl_employee 资源标签中 employee 表的 UPDATE、DELETE 操作行为的审计策略。

这个审计策略只针对 Jimmy 用户对 employee 表的 UPDATE、DELETE 操作进行审计,不针对其他用户的操作,也不针对用户 Jimmy 对 employee 表的其他操作,充分体现了统一审计的定制化、精细化特点。

```
CREATE AUDIT POLICY audit_employee_dml ACCESS UPDATE,DELETE on LABEL(rl_employee) FILTER ON ROLES
(jimmy);
```

6）更新对象

首先以用户 Jimmy 身份修改 employee 记录。

```
update jimmy. employee set phone = '136970857 ** ' where code = '800313';
```

然后以用户 omm 身份修改 employee 记录。

```
update jimmy. employee set phone = '883045 ** ' where code = '806001';
```

7）查看审计日志

使用操作系统 root 用户查看审计日志/var/log/localmessage,查看结果如图 14.6 所示,日志里只记录了 Jimmy 对 employee 表记录的修改而没有记录 omm 用户对数据的修改。

8）撤销统一审计

如果想撤销前面定制的审计策略,只需要执行下列语句,分别删除审计策略、资源标签就

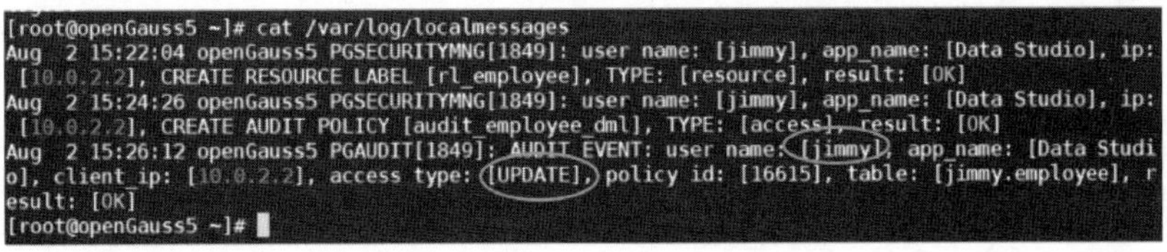

```
[root@openGauss5 ~]# cat /var/log/localmessages
Aug  2 15:22:04 openGauss5 PGSECURITYMNG[1849]: user name: [jimmy], app_name: [Data Studio], ip:
 [10.0.2.2], CREATE RESOURCE LABEL [rl_employee], TYPE: [resource], result: [OK]
Aug  2 15:24:26 openGauss5 PGSECURITYMNG[1849]: user name: [jimmy], app_name: [Data Studio], ip:
 [10.0.2.2], CREATE AUDIT POLICY [audit_employee_dml], TYPE: [access], result: [OK]
Aug  2 15:26:12 openGauss5 PGAUDIT[1849]: AUDIT EVENT: user name: [jimmy], app_name: [Data Studi
o], client_ip: [10.0.2.2], access type: [UPDATE], policy id: [16615], table: [jimmy.employee], r
esult: [OK]
[root@openGauss5 ~]#
```

图 14.6　统一审计结果查看

可以停止此项定制审计。

```
DROP AUDIT POLICY audit_employee_dml;
DROP RESOURCE LABEL rl_employee;
```

小结

数据库审计的意义在于提高数据资产安全，保护数据完整性，确保数据合规性，及时发现潜在安全威胁，加强内外部数据库网络行为的监控与审计。

数据库审计是一种以安全事件为中心的安全技术，它基于全面审计和精确审计，实时记录网络上的数据库活动，对数据库操作进行细粒度审计的合规性管理，并对数据库遭受到的风险行为进行实时告警。通过记录、分析和汇报用户访问数据库的行为，数据库审计帮助用户生成合规报告、事故追根溯源，并通过大数据搜索技术提供高效查询审计报告，定位事件原因，实现加强内外部数据库网络行为的监控与审计，从而提高数据资产安全。

习题 14

1. 数据库审计有什么作用？
2. openGauss 审计有哪些类型？各有什么特点？
3. openGauss 的统一审计如何撤销？

本章学习目标

- 了解影响数据库系统的因素有哪些。
- 确定性能调优范围。
- 掌握系统性能调优方法。
- 掌握 SQL 调优技巧。

本章主要介绍 openGauss 数据库的查询优化,首先阐述影响 openGauss 数据库系统性能的因素、如何确定性能调优范围,然后简单介绍 openGauss 的系统调优方法,最后重点讲述 openGauss 常用的 SQL 查询优化技术,枚举出常用的优化方法。

15.1　影响系统性能的因素

影响数据库运行性能的因素有很多,所以就数据库本身而言,性能优化与调整也是一项复杂而艰苦的工作。有时可能调整了很多数据库参数,而 openGauss 的运行速度并没有明显地改善。影响 openGauss 性能的源头非常多,主要包括数据库的硬件配置、系统参数的设置、用户 SQL 语句的质量等方面。

1. 数据库的硬件配置

影响 openGauss 数据库系统性能的硬件配置包括 CPU、内存、I/O、网络。

1) CPU

在任何机器中,CPU 的数据处理能力往往是衡量计算机性能的一个标志,并且 openGauss 是一个提供并行能力的数据库系统,在 CPU 方面的要求就更高了。如果运行队列数目超过了 CPU 处理的数目,性能就会下降,我们要解决的问题就是要适当增加 CPU 的数量,并且关掉需要许多资源的进程。

2) 内存

衡量计算机性能的另外一个指标就是内存,在 openGauss 中数据处理是在内存中进行的。在出现 openGauss 的内存瓶颈时,第一个要考虑的是增加内存。

3) I/O

数据处理时,首先需要将磁盘中的数据读入内存中,I/O 的响应时间是影响 openGauss 性能的主要参数。

4) 网络资源

数据库主要是通过网络对外提供数据共享服务,网络资源不足也会严重制约数据库的访问使用。

2. 系统参数的设置

操作系统级以及数据库系统配置参数设置不当也会严重影响数据库系统的运行效率。进行操作系统级以及数据库系统级的调优,更充分地利用机器的 CPU、内存、I/O 和网络资源,避免资源冲突,提升整个系统查询的吞吐量。

3．用户 SQL 语句的质量

除去对于硬件的设置、系统参数的调优,在有限的条件下,可以调整应用程序的 SQL 质量来优化 openGauss 数据库的性能。

15.2　总体调优思路

openGauss 的总体性能调优思路为性能瓶颈点分析、关键参数调整以及 SQL 调优。在调优过程中,通过系统资源、吞吐量、负载等因素来帮助定位和分析性能问题,使系统性能达到可接受的范围。

openGauss 性能调优过程需要综合考虑多方面因素,因此,调优人员应对系统软件架构、软硬件配置、数据库配置参数、并发控制、查询处理和数据库应用有广泛而深刻的理解。

性能调优过程有时候需要重启 openGauss,可能会中断当前业务。因此,业务上线后,当性能调优操作需要重启 openGauss 时,操作窗口时间需向管理部门提出申请,经批准后方可执行。

调优流程如图 15.1 所示。

调优各阶段说明,如表 15.1 所示。

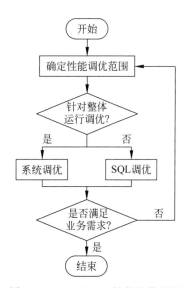

图 15.1　openGauss 性能调优流程

表 15.1　openGauss 性能调优

阶　　段	描　　述
确定性能调优范围	获取 openGauss 节点的 CPU、内存、I/O 和网络资源使用情况,确认这些资源是否已被充分利用,是否存在瓶颈
系统调优指南	进行操作系统级以及数据库系统级的调优,更充分地利用机器的 CPU、内存、I/O 和网络资源,避免资源冲突,提升整个系统查询的吞吐量
SQL 调优指南	审视业务所用 SQL 语句是否存在可优化空间,包括: • 通过 ANALYZE 语句生成表统计信息。ANALYZE 语句可收集与数据库中表内容相关的统计信息,统计结果存储在系统表 PG_STATISTIC 中。执行计划生成器会使用这些统计数据,以确定最有效的执行计划。 • 分析执行计划:EXPLAIN 语句可显示 SQL 语句的执行计划,EXPLAIN PERFORMANCE 语句可显示 SQL 语句中各算子的执行时间。 • 查找问题根因并进行调优:通过分析执行计划,找到可能存在的原因,进行针对性的调优,通常为调整数据库级 SQL 调优参数。 • 编写更优的 SQL:介绍一些复杂查询中的中间临时数据缓存、结果集缓存、结果集合并等场景中的更优 SQL 语法

15.3 确定性能调优范围

▶ 15.3.1 性能日志

性能日志指的是数据库系统在运行时检测物理资源的运行状态的日志，openGauss 的性能日志主要关注磁盘的访问性能问题，记录了磁盘访问的监控信息。磁盘监控的访问信息主要在磁盘文件 I/O 读写的时候进行统计。

在出现性能问题时，可以借助性能日志及时定位问题发生的原因，能极大地提升问题解决效率。

1. 日志文件存储路径

性能日志文件放置在 $GAUSSLOG/gs_profile/< node_name >目录下面，其中，$GAUSSLOG 为 openGauss 日志目录环境变量，node_name 为 openGauss 节点名，由 postgresql.conf 文件中的 pgxc_node_name 参数设置，不建议外部修改该参数。性能日志文件查看操作如图 15.2 所示。

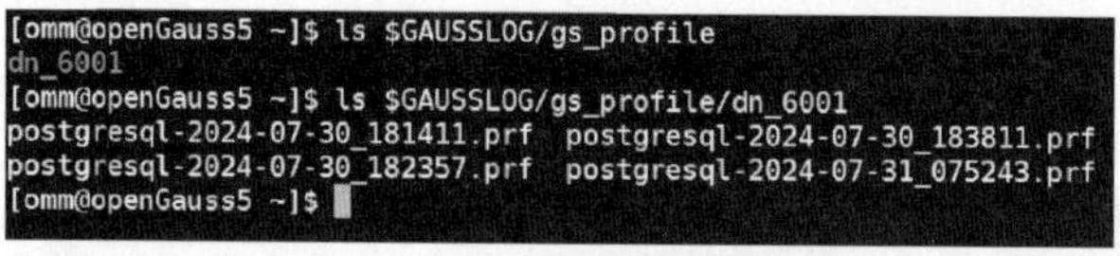

```
[omm@openGauss5 ~]$ ls $GAUSSLOG/gs_profile
dn_6001
[omm@openGauss5 ~]$ ls $GAUSSLOG/gs_profile/dn_6001
postgresql-2024-07-30_181411.prf  postgresql-2024-07-30_183811.prf
postgresql-2024-07-30_182357.prf  postgresql-2024-07-31_075243.prf
[omm@openGauss5 ~]$
```

图 15.2　性能日志文件查看

2. 日志文件命名格式

性能日志的命名规则：postgresql-创建时间.prf。

默认情况下，每日 0 点或者日志文件大于 20MB，或者数据库实例（CN、DN）重新启动后，会生成新的日志文件。

3. 日志内容说明

每一行日志内容的默认格式：主机名称＋日期＋时间＋实例名称＋线程号＋日志内容。

性能日志收集的配置参数主要有以下两个。

- logging_collector：该参数控制是否开启日志收集功能。默认值为 on，表示开启日志收集功能。
- plog_merge_age：控制性能日志数据输出的周期，即多久进行一次性能日志汇聚，单位为 ms，默认值为 3s，建议在使用过程中设置值为 1000 的整数倍，即设置值以 s 为最小单位。当设置为 0 时，当前会话不再输出性能日志数据。当设置为非 0 时，当前会话按照指定的时间周期进行性能日志数据输出。该参数设置得越小，输出的日志数据越多，对性能的负面影响越大。当 logging_collector 参数为 on，plog_merge_age 大于 0，且主机正常运行时，恢复过程不进行性能收集。执行下列命令可以将此参数设置为 30s。

```
gs_guc reload - N all - I all - c "plog_merge_age = 30000"
```

▶ 15.3.2 硬件瓶颈点分析

1. CPU

通过 Linux 的 top 命令查看 openGauss 内节点 CPU 使用情况，分析是否存在由于 CPU

负载过高导致的性能瓶颈。top 命令经常用来监控 Linux 的系统状况，是常用的性能分析工具，能够实时显示系统中各个进程的资源占用情况。

参数解释：

-d number：number 代表秒数，表示 top 命令显示的页面更新一次的间隔，默认是 5s。

-b：以批次的方式执行 top。

-n number：与 b 配合使用，表示需要进行 number 次 top 命令的输出结果。

-p pid：指定特定的 pid 进程号进行观察。

-H：显示任务及所有线程。

1）查看 CPU 状况

查询服务器 CPU 的使用情况主要通过以下方式。

在所有存储节点，逐一执行 top 命令，查看 CPU 占用情况。执行该命令后会默认间隔 3s 动态刷新一次，运行期间，按 1 键，可查看每个 CPU 核的使用率，按大写 P 键按照 CPU 使用率排序，按 M 键按照内存使用率排序，按 T 键按照运行时间排序等，按小写 q 键退出运行。运行效果如图 15.3 所示。

```
[omm@openGauss5 ~]$ top
top - 09:32:50 up  1:43,  1 user,  load average: 0.06, 0.08, 0.02
Tasks: 122 total,   1 running, 113 sleeping,   8 stopped,   0 zombie
%Cpu0  :  0.0 us,  0.0 sy,  0.0 ni,100.0 id,  0.0 wa,  0.0 hi,  0.0 si,  0.0 st
%Cpu1  :  0.7 us,  0.0 sy,  0.0 ni, 99.3 id,  0.0 wa,  0.0 hi,  0.0 si,  0.0 st
%Cpu2  :  0.0 us,  0.0 sy,  0.0 ni,100.0 id,  0.0 wa,  0.0 hi,  0.0 si,  0.0 st
%Cpu3  :  0.0 us,  0.3 sy,  0.0 ni, 99.7 id,  0.0 wa,  0.0 hi,  0.0 si,  0.0 st
MiB Mem :   3409.1 total,   1447.6 free,   1884.2 used,   1339.6 buff/cache
MiB Swap:   2048.0 total,   2048.0 free,      0.0 used,   1525.0 avail Mem

   PID USER      PR  NI    VIRT    RES    SHR S  %CPU  %MEM     TIME+ COMMAND
  1752 omm       20   0 6173788   1.3g 870884 S   5.0  38.0   4:43.63 gaussdb
  1542 root      20   0   15660   5556   4132 S   0.3   0.2   0:01.07 sshd
 22724 root      20   0       0      0      0 I   0.3   0.0   0:01.19 kworker/3:0-+
 22791 omm       20   0   26912   5768   3608 R   0.3   0.2   0:00.66 top
     1 root      20   0   99440  11456   8712 S   0.0   0.3   0:01.92 systemd
     2 root      20   0       0      0      0 S   0.0   0.0   0:00.05 kthreadd
     3 root       0 -20       0      0      0 I   0.0   0.0   0:00.00 rcu_gp
     4 root       0 -20       0      0      0 I   0.0   0.0   0:00.00 rcu_par_gp
     6 root       0 -20       0      0      0 I   0.0   0.0   0:00.00 kworker/0:0H+
     8 root       0 -20       0      0      0 I   0.0   0.0   0:00.00 mm_percpu_wq
     9 root      20   0       0      0      0 S   0.0   0.0   0:00.00 rcu_tasks_ru+
    10 root      20   0       0      0      0 S   0.0   0.0   0:00.00 rcu_tasks_tr+
    11 root      20   0       0      0      0 S   0.0   0.0   0:00.13 ksoftirqd/0
    12 root      20   0       0      0      0 I   0.0   0.0   0:04.92 rcu_sched
    13 root      rt   0       0      0      0 S   0.0   0.0   0:00.24 migration/0
    14 root      20   0       0      0      0 S   0.0   0.0   0:00.00 cpuhp/0
    15 root      20   0       0      0      0 S   0.0   0.0   0:00.00 cpuhp/1
    16 root      rt   0       0      0      0 S   0.0   0.0   0:00.96 migration/1
```

图 15.3　top 运行效果

分析时，请主要关注进程占用的 CPU 利用率。其中，统计信息中 us 表示用户空间占用 CPU 百分比，sy 表示内核空间占用 CPU 百分比，id 表示空闲 CPU 百分比。如果 id 低于 10%，即表明 CPU 负载较高，可尝试通过降低本节点任务量等手段降低 CPU 负载。

2）性能参数分析

（1）使用"top -H"命令查看 CPU，显示内容如图 15.4 所示。

（2）根据查询结果中"Cpu(s)"分析是系统 CPU(sy)还是用户 CPU(us)占用过高。

如果是系统 CPU 占用过高，需要查找异常系统进程进行处理。

如果是 USER 为 omm 的 openGauss 进程 CPU 占用过高，请根据目前运行的业务查询内容，对业务 SQL 进行优化。请根据以下步骤，并结合当前正在运行的业务特征进行分析，该程序是否处于死循环逻辑。

图 15.4　top -H 运行效果

使用"top -H -p pid"查找进程内占用的 CPU 百分比较高的线程，进行分析。

```
top - H - p 1752
```

查询结果如图 15.5 所示，在 top 中可以看到占用 CPU 很高的线程。

图 15.5　top -H-p 1752 运行效果

2. 内存

1) 查看内存状况

通过 top 命令查看 openGauss 节点内存使用情况，分析是否存在由于内存占用率过高导致的性能瓶颈。

查询服务器内存的使用情况主要通过以下方式。

执行 top 命令，查看内存占用情况。执行该命令后，按 Shift＋M 组合键，可按照内存大小排序。查询结果如图 15.6 所示。

分析时，请主要关注 gaussdb 进程占用的内存百分比（％MEM）、整个系统的剩余内存。

```
[omm@openGauss5 ~]$ top
top - 10:42:31 up 2:53,  1 user,  load average: 0.08, 0.04, 0.01
Tasks: 126 total,   1 running, 115 sleeping,  10 stopped,   0 zombie
%Cpu(s):  0.3 us,  0.1 sy,  0.0 ni, 99.6 id,  0.0 wa,  0.0 hi,  0.1 si,  0.0 st
MiB Mem :  3409.1 total,   1424.5 free,   1900.9 used,   1354.2 buff/cache
MiB Swap:  2048.0 total,   2048.0 free,      0.0 used.   1508.2 avail Mem

  PID USER      PR  NI    VIRT    RES    SHR S  %CPU  %MEM     TIME+ COMMAND
 1752 omm       20   0 6173788   1.3g 871032 S   6.3  38.1   8:50.42 gaussdb
 8238 omm       20   0   54692  32920  10832 T   0.0   0.9   0:00.32 python3
 2059 omm       20   0   53668  32144  10952 T   0.0   0.9   0:01.10 python3
  904 root      20   0  356060  29888  16196 S   0.3   0.9   0:19.96 tuned
  868 root      20   0  271512  19188  16536 S   0.0   0.5   0:00.75 NetworkManag+
    1 root      20   0  173172  11476   8712 S   0.0   0.3   0:02.21 systemd
 1083 root      20   0  245676  10404   3668 S   0.0   0.3   0:01.85 rsyslogd
  842 polkitd   20   0  234064  10140   7256 S   0.0   0.3   0:00.12 polkitd
 1540 root      20   0   15356   9636   8360 S   0.0   0.3   0:00.11 sshd
23496 root      20   0   27564   8092   6856 S   0.0   0.2   0:00.04 systemd-udevd
23475 root      20   0   22452   7744   6924 S   0.0   0.2   0:00.05 systemd-jour+
  901 root      20   0   13892   7244   6328 S   0.0   0.2   0:00.03 sshd
 9353 omm       20   0   38220   7108   6120 T   0.0   0.2   0:00.01 gs_ctl
  843 root      20   0  311192   6596   5292 S   0.0   0.2   0:30.51 rngd
23509 root      20   0   22416   6168   5420 S   0.0   0.2   0:00.12 systemd-logi+
 1673 omm       20   0   24276   5856   3872 S   0.0   0.2   0:00.28 bash
 1545 root      20   0   24276   5812   3840 S   0.0   0.2   0:00.03 bash
24609 omm       20   0   26884   5792   3628 R   0.3   0.2   0:00.03 top
22994 omm       20   0   26884   5772   3604 T   0.0   0.2   0:00.03 top
22791 omm       20   0   26912   5768   3608 T   0.0   0.2   0:00.73 top
 1672 root      20   0   28484   5600   4760 S   0.0   0.2   0:00.01 su
```

图 15.6　内存使用情况

显示信息中的主要属性解释如下。

- total：物理内存总量。
- used：已使用的物理内存总量。
- free：空闲内存总量。
- buffers：进程使用的虚拟内存总量。
- VIRT：进程使用的虚拟内存总量，VIRT＝SWAP＋RES。
- SWAP：进程使用的虚拟内存中已被换出到交换分区的量。
- RES：进程使用的虚拟内存中未被换出的量。
- SHR：共享内存大小。

2）性能参数分析

（1）以 root 用户执行 free 命令查看 cache 的占用情况。

```
free
```

查询结果如图 15.7 所示。

```
[omm@openGauss5 ~]$
[omm@openGauss5 ~]$ free
              total        used        free      shared  buff/cache   available
Mem:        3490952     1944780     1460156      787500     1386932     1546172
Swap:       2097148           0     2097148
[omm@openGauss5 ~]$
```

图 15.7　free 运行效果

（2）若 cache 占用过高，请执行 run_drop_cache.sh 脚本命令开启自动清除缓存功能。run_drop_cache.sh 文件可以从 openGauss 的 gitee 仓库的/src/bin/scripts 目录中下载，gitee 仓库地址为 https://gitee.com/opengauss/openGauss-server.git。run_drop_cache.sh 文件的内容如下。

```
#!/bin/bash
# Copyright (c) 2020 Huawei Technologies Co.,Ltd.
#
```

```
# openGauss is licensed under Mulan PSL v2.
# You can use this software according to the terms and conditions of the Mulan PSL v2.
# You may obtain a copy of Mulan PSL v2 at:
#
#                  http://license.coscl.org.cn/MulanPSL2
#
# THIS SOFTWARE IS PROVIDED ON AN "AS IS" BASIS, WITHOUT WARRANTIES OF ANY KIND,
# EITHER EXPRESS OR IMPLIED, INCLUDING BUT NOT LIMITED TO NON-INFRINGEMENT,
# MERCHANTABILITY OR FIT FOR A PARTICULAR PURPOSE.
# See the Mulan PSL v2 for more details.
# ---------------------------------------------------------------------------
#
# run_drop_cache.sh
#    script to drop system caches
#
# IDENTIFICATION
#    src/bin/scripts/run_drop_cache.sh
#
# ---------------------------------------------------------------------------
set -e

SHELL_FOLDER=$(dirname $(readlink -f "$0"))

if [ ! -f "$SHELL_FOLDER"/drop_caches.sh ]; then
    echo "ERROR: Can not found $SHELL_FOLDER/drop_caches.sh"
    exit 1
fi

echo "drop cache start"
if [ $(ps -ef |grep -E '\< drop_caches.sh\>' |grep -v grep |wc -l) -eq 0 ]; then nohup sh
$SHELL_FOLDER/drop_caches.sh >>/dev/null 2>&1 & fi

echo "configure the drop_caches.sh to crontab"
tempfile=$(mktemp crontab.XXXXXX)
crontab -l > $tempfile
sed -i '/\/drop_caches.sh/d' $tempfile
echo "*/1 * * * * if [ \$(ps -ef |grep -E '\< drop_caches.sh\>' |grep -v grep |wc -l) -eq 0 ];
then nohup sh $SHELL_FOLDER/drop_caches.sh >>/dev/null 2>&1 & fi" >> $tempfile
crontab $tempfile
rm -f $tempfile

echo "drop cache finish"
```

（3）若用户内存占用过高,需查看执行计划,重点分析是否有不合理的 join 顺序,例如,多表关联时,执行计划中优先关联的两表的中间结果集比较大,导致最终执行代价比较大。

3. I/O

通过 iostat、pidstat 命令或 openGauss 健康检查工具查看 openGauss 内节点 I/O 繁忙度和吞吐量,分析是否存在由于 I/O 导致的性能瓶颈。注意,iostat、pidstat 属于 sysstat 软件包,可以通过命令进行安装。

```
yum install sysstat
```

1) 查看 I/O 状况

查询服务器 I/O 的方法主要有以下三种方式。

（1）使用 iostat 命令查看 I/O 情况。此命令主要关注单个硬盘的 I/O 使用率和每秒读取、写入的数量。执行下列命令查看 I/O 情况,其中,-d 选项表示只显示磁盘使用情况,-k 选项表示 kB 为显示单位，第 1 个 1 表示每隔 1s 刷新一次，第 2 个 1 表示只刷新一次就退出。运行效果如图 15.8 所示。

```
iostat  -d -k 1 1
```

```
[omm@openGauss5 ~]$ iostat -d -k 1 1
Linux 5.10.0-153.12.0.92.oe2203sp2.x86_64 (openGauss5)   07/31/2024      _x86_64_        (4 CPU)

Device          tps    kB_read/s    kB_wrtn/s    kB_dscd/s    kB_read    kB_wrtn    kB_dscd
dm-0           2.55        33.46        10.98         0.00     506453     166168          0
dm-1           0.01         0.15         0.00         0.00       2216          0          0
sda            1.50        37.08        10.46         0.00     561198     158260          0
sr0            0.00         0.07         0.00         0.00       1047          0          0
```

图 15.8　I/O 查看结果

"kB_read/s"为每秒读取的 KB 数，"kB_wrtn/s"为每秒写入的 KB 数。

(2) 使用 pidstat 命令查看 I/O 情况。此命令主要关注单个进程每秒读取、写入的数量。执行下列命令可以每隔 1s 采样 10 次。运行结果如图 15.9 所示。

```
pidstat -d 1 10    //1 为采样间隔时间，10 为采样次数
```

```
[omm@openGauss5 ~]$ pidstat -d 1 10
Linux 5.10.0-153.12.0.92.oe2203sp2.x86_64 (openGauss5)   07/31/2024      _x86_64_        (4 CPU)

01:09:52 PM   UID       PID   kB_rd/s   kB_wr/s kB_ccwr/s iodelay  Command
01:09:53 PM  1000      1752      0.00     35.64      0.00       0  gaussdb

01:09:53 PM   UID       PID   kB_rd/s   kB_wr/s kB_ccwr/s iodelay  Command
01:09:54 PM     0     26681     -1.00     -1.00     -1.00       1  kworker/3:3-events_power_efficient

01:09:54 PM   UID       PID   kB_rd/s   kB_wr/s kB_ccwr/s iodelay  Command

01:09:55 PM   UID       PID   kB_rd/s   kB_wr/s kB_ccwr/s iodelay  Command

01:09:56 PM   UID       PID   kB_rd/s   kB_wr/s kB_ccwr/s iodelay  Command

01:09:57 PM   UID       PID   kB_rd/s   kB_wr/s kB_ccwr/s iodelay  Command
01:09:58 PM     0       543     -1.00     -1.00     -1.00       2  jbd2/dm-0-8

01:09:58 PM   UID       PID   kB_rd/s   kB_wr/s kB_ccwr/s iodelay  Command

01:09:59 PM   UID       PID   kB_rd/s   kB_wr/s kB_ccwr/s iodelay  Command

01:10:00 PM   UID       PID   kB_rd/s   kB_wr/s kB_ccwr/s iodelay  Command

01:10:01 PM   UID       PID   kB_rd/s   kB_wr/s kB_ccwr/s iodelay  Command

Average:      UID       PID   kB_rd/s   kB_wr/s kB_ccwr/s iodelay  Command
Average:        0       543     -1.00     -1.00     -1.00       0  jbd2/dm-0-8
Average:     1000      1752      0.00      3.59      0.00       0  gaussdb
Average:        0     26681     -1.00     -1.00     -1.00       0  kworker/3:3-events
[omm@openGauss5 ~]$
```

图 15.9　pidstat 命令查看 I/O 结果

"kB_rd/s"为每秒读取的 kB 数，"kB_wr/s"为每秒写入的 kB 数。

(3) 使用 gs_checkperf 工具对 openGauss 进行性能检查，需要以 omm 用户登录。运行时间较长，可能需要几十秒，运行结果如图 15.10 所示。

```
[omm@openGauss5 ~]$ gs_checkperf
Cluster statistics information:
    Host CPU busy time ratio                     :    .58        %
    MPPDB CPU time % in busy time                :    100.00     %
    Shared Buffer Hit ratio                      :    98.58      %
    In-memory sort ratio                         :    0
    Physical Reads                               :    563
    Physical Writes                              :    427
    DB size                                      :    38         MB
    Total Physical writes                        :    427
    Active SQL count                             :    4
    Session count                                :    8
[omm@openGauss5 ~]$
```

图 15.10　gs_checkperf 工具查看 I/O 结果

显示结果包括每个节点的 I/O 使用情况，物理读写次数。

也可以使用 gs_checkperf -detail 命令查询每个节点的详细性能信息。

2）性能参数分析

（1）利用 df 命令检查磁盘空间使用率，建议不要超过 60%。执行效果如图 15.11 所示。

```
df - T
```

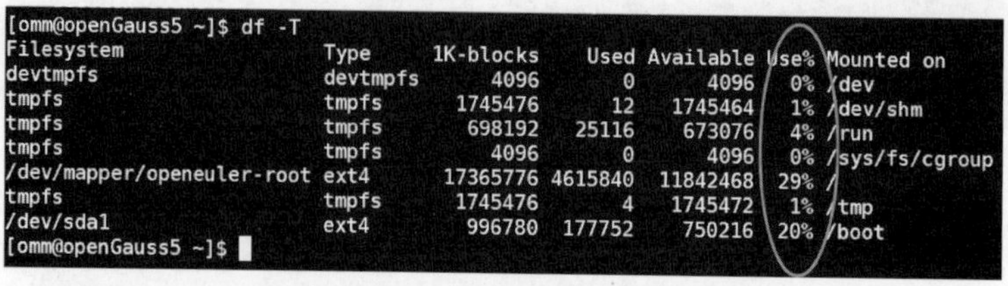

```
[omm@openGauss5 ~]$ df -T
Filesystem                   Type       1K-blocks    Used  Available Use% Mounted on
devtmpfs                     devtmpfs        4096       0       4096   0% /dev
tmpfs                        tmpfs        1745476      12    1745464   1% /dev/shm
tmpfs                        tmpfs         698192   25116     673076   4% /run
tmpfs                        tmpfs           4096       0       4096   0% /sys/fs/cgroup
/dev/mapper/openeuler-root   ext4        17365776 4615840   11842468  29% /
tmpfs                        tmpfs        1745476       4    1745472   1% /tmp
/dev/sda1                    ext4          996780  177752     750216  20% /boot
[omm@openGauss5 ~]$
```

图 15.11　df 查看 I/O 结果

（2）若 I/O 持续过高，建议尝试以下方式降低 I/O。

· 降低并发数。

· 对查询相关表做 VACUUM FULL。VACUUM 命令的主要任务就是清理这些死元组（已删除或已被新版本覆盖的数据），并回收相应的存储空间。VACUUM FULL 则更为激进，它不仅执行常规 VACUUM 的功能，还能彻底整理表，使其占用的空间最小化，类似于重建表的效果。但需要注意的是，VACUUM FULL 会锁定整个表，在大表上可能造成较长时间的阻塞。

```
vacuum full employee;
```

说明：

建议用户在系统空闲时进行 VACUUM FULL 操作，VACUUM FULL 操作会造成短时间内 I/O 负载重，反而不利于降低 I/O。

4. 网络

通过 sar 或 ifconfig 命令查看 openGauss 内节点网络使用情况，分析是否存在由于网络导致的性能瓶颈

查询服务器网络状况的方法主要有以下两种。

（1）使用 root 用户身份登录服务器，执行如下命令查看服务器网络连接，运行效果如图 15.12 所示。

```
ifconfig
```

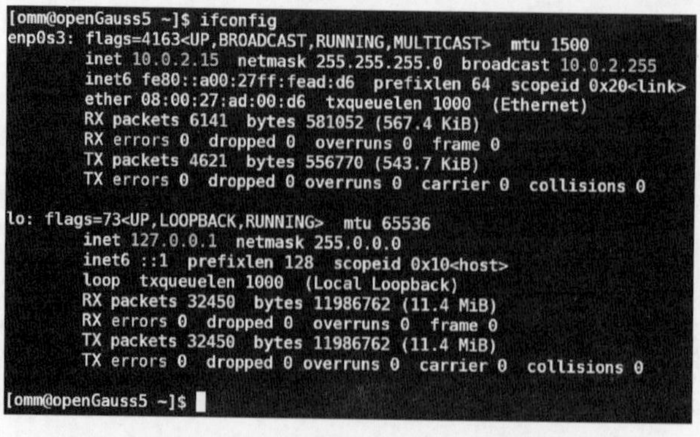

```
[omm@openGauss5 ~]$ ifconfig
enp0s3: flags=4163<UP,BROADCAST,RUNNING,MULTICAST>  mtu 1500
        inet 10.0.2.15  netmask 255.255.255.0  broadcast 10.0.2.255
        inet6 fe80::a00:27ff:fead:d6  prefixlen 64  scopeid 0x20<link>
        ether 08:00:27:ad:00:d6  txqueuelen 1000  (Ethernet)
        RX packets 6141  bytes 581052 (567.4 KiB)
        RX errors 0  dropped 0  overruns 0  frame 0
        TX packets 4621  bytes 556770 (543.7 KiB)
        TX errors 0  dropped 0 overruns 0  carrier 0  collisions 0

lo: flags=73<UP,LOOPBACK,RUNNING>  mtu 65536
        inet 127.0.0.1  netmask 255.0.0.0
        inet6 ::1  prefixlen 128  scopeid 0x10<host>
        loop  txqueuelen 1000  (Local Loopback)
        RX packets 32450  bytes 11986762 (11.4 MiB)
        RX errors 0  dropped 0  overruns 0  frame 0
        TX packets 32450  bytes 11986762 (11.4 MiB)
        TX errors 0  dropped 0 overruns 0  carrier 0  collisions 0

[omm@openGauss5 ~]$
```

图 15.12　ifconfig 查看网络情况

此命令会列出所有网络的状况,其中要重点关注以下三个数据。

- "errors"表示收包错误的总数量。
- "dropped"表示数据包已经进入了 Ring Buffer(环形缓冲区),但是由于内存不够等系统原因,导致在拷贝到内存的过程中被丢弃的总数量。
- "overruns"表示 Ring Buffer 队列中被丢弃的报文数目,由于 Ring Buffer 传输的 I/O 大于 openGauss 能够处理的 I/O 导致。

分析时,如果发现上述三个值持续增长,则表示网络负载过大或者存在网卡、内存等硬件故障。

(2) 使用 sar 命令查看服务器网络连接。

sar(System Activity Reporter,系统活动情况报告)是目前 Linux 上最为全面的系统性能分析工具之一,可以从多方面对系统的活动进行报告,它可以显示 Linux 系统中几乎所有工作的数据,包括 CPU、运行队列、磁盘 I/O、分页(交换区)、内存、CPU 中断、网络等性能数据。执行下列命令查看网络资源信息,其中,-n 参数表示列出网络统计数据,DEV 关键字表示显示网络接口信息,1 表示每隔 1s 刷新数据。运行效果如图 15.13 所示。

```
sar - n DEV 1
```

```
[omm@openGauss5 ~]$ sar -n DEV 1
Linux 5.10.0-153.12.0.92.oe2203sp2.x86_64 (openGauss5)  07/31/2024    _x86_64_    (4 CPU)

03:56:48 PM    IFACE   rxpck/s   txpck/s   rxkB/s    txkB/s    rxcmp/s   txcmp/s   rxmcst/s   %ifutil
03:56:49 PM       lo      0.00      0.00      0.00      0.00      0.00      0.00       0.00      0.00
03:56:49 PM    enp0s3     1.00      1.00      0.06      0.12      0.00      0.00       0.00      0.00

03:56:49 PM    IFACE   rxpck/s   txpck/s   rxkB/s    txkB/s    rxcmp/s   txcmp/s   rxmcst/s   %ifutil
03:56:50 PM       lo      2.00      2.00      0.86      0.86      0.00      0.00       0.00      0.00
03:56:50 PM    enp0s3     2.00      2.00      0.12      0.25      0.00      0.00       0.00      0.00

03:56:50 PM    IFACE   rxpck/s   txpck/s   rxkB/s    txkB/s    rxcmp/s   txcmp/s   rxmcst/s   %ifutil
03:56:51 PM       lo      0.00      0.00      0.00      0.00      0.00      0.00       0.00      0.00
03:56:51 PM    enp0s3     2.00      2.00      0.12      0.25      0.00      0.00       0.00      0.00

03:56:51 PM    IFACE   rxpck/s   txpck/s   rxkB/s    txkB/s    rxcmp/s   txcmp/s   rxmcst/s   %ifutil
03:56:52 PM       lo      0.00      0.00      0.00      0.00      0.00      0.00       0.00      0.00
03:56:52 PM    enp0s3     0.99      0.99      0.06      0.11      0.00      0.00       0.00      0.00

03:56:52 PM    IFACE   rxpck/s   txpck/s   rxkB/s    txkB/s    rxcmp/s   txcmp/s   rxmcst/s   %ifutil
03:56:53 PM       lo      2.00      2.00      0.86      0.86      0.00      0.00       0.00      0.00
03:56:53 PM    enp0s3     1.00      1.00      0.06      0.12      0.00      0.00       0.00      0.00

03:56:53 PM    IFACE   rxpck/s   txpck/s   rxkB/s    txkB/s    rxcmp/s   txcmp/s   rxmcst/s   %ifutil
03:56:54 PM       lo      0.00      0.00      0.00      0.00      0.00      0.00       0.00      0.00
03:56:54 PM    enp0s3     1.00      1.00      0.06      0.12      0.00      0.00       0.00      0.00

03:56:54 PM    IFACE   rxpck/s   txpck/s   rxkB/s    txkB/s    rxcmp/s   txcmp/s   rxmcst/s   %ifutil
03:56:55 PM       lo      0.00      0.00      0.00      0.00      0.00      0.00       0.00      0.00
03:56:55 PM    enp0s3     1.00      1.00      0.06      0.12      0.00      0.00       0.00      0.00
^Z
[7]+  Stopped                 sar -n DEV 1
[omm@openGauss5 ~]$
```

图 15.13 使用 sar 命令查看网络情况

"rxkB/s"为每秒接收的 kB 数,"txkB/s"为每秒发送的 kB 数。分析时,请主要关注每个网卡的传输量和是否达到传输上限。检查完后,按 Ctrl+Z 组合键退出查看。

▶ 15.3.3 查询最耗性能的 SQL

系统中有些 SQL 语句运行了很长时间还没有结束,这些语句会消耗很多的系统性能,请根据以下操作步骤查询长时间运行的 SQL 语句。

(1) 以操作系统用户 omm 登录数据库节点。

(2) 使用如下命令连接数据库。

```
gsql -d postgres -p 15600
```

postgres 为需要连接的数据库名称，15600 为数据库节点的端口号。

（3）执行下列命令查询系统中长时间运行的查询语句。

```
SELECT current_timestamp - query_start AS runtime, datname, usename, query FROM pg_stat_activity
where state != 'idle' ORDER BY 1 desc;
```

pg_stat_activity 是 openGauss 内置的一个系统视图，它用于显示当前正在进行的数据库会话(连接)的活动信息。这个视图是实时变化的，每一行都表示一个系统进程，并显示与当前会话的活动进程相关的信息，如当前会话的状态、执行的查询等。通过查询 pg_stat_activity 视图，数据库管理员可以监控当前数据库的状态，识别性能瓶颈，解决锁争用问题，确保系统正常运行。

查询后会按执行时间从长到短的顺序返回查询语句列表，第一条结果就是当前系统中执行时间最长的查询语句。返回结果中包含系统调用的 SQL 语句和用户执行 SQL 语句，请根据实际找到用户执行时间长的语句。

若当前系统较为繁忙，可以通过限制 current_timestamp - query_start 大于某一阈值来查看执行时间超过此阈值的查询语句。

```
SELECT query FROM pg_stat_activity WHERE current_timestamp - query_start > interval '1 days';
```

（4）设置参数 track_activities 为 on。

```
SET track_activities = on;
```

当此参数为 on 时，数据库系统才会收集当前活动查询的运行信息。

（5）查看正在运行的查询语句。

执行下列语句查看视图 pg_stat_activity，运行结果如图 15.14 所示。

```
SELECT datname, usename, state FROM pg_stat_activity;
```

如果 state 字段显示为 idle，则表明此连接处于空闲，等待用户输入命令。

```
openGauss=# SELECT datname, usename, state FROM pg_stat_activity;
 datname  | usename | state
----------+---------+--------
 postgres | omm     | active
 postgres | omm     | idle
 postgres | omm     | idle
 postgres | omm     | active
 postgres | omm     | idle
 postgres | omm     | idle
 postgres | omm     | active
 postgres | omm     | active
(8 rows)

openGauss=# 
```

图 15.14　正在运行的 SQL 语句情况

如果仅需要查看非空闲的查询语句，则使用如下命令查看。

```
SELECT datname, usename, state FROM pg_stat_activity WHERE state ! = 'idle';
```

（6）分析长时间运行的查询语句状态。

若查询语句处于正常状态，则等待其执行完毕。

若查询语句阻塞，则通过如下命令查看当前处于阻塞状态的查询语句。

```
SELECT datname, usename, state, query FROM pg_stat_activity WHERE waiting = true;
```

查询结果中包含当前被阻塞的查询语句,该查询语句所请求的锁资源可能被其他会话持有,正在等待持有会话释放锁资源。

说明:

只有当查询阻塞在系统内部锁资源时,waiting 字段才显示为 true。尽管等待锁资源是数据库系统最常见的阻塞行为,但是在某些场景下查询也会阻塞在等待其他系统资源上,例如,写文件、定时器等。但是这种情况的查询阻塞,不会在视图 pg_stat_activity 中体现。

▶ 15.3.4　分析作业是否被阻塞

数据库系统运行时,在某些业务场景下查询语句会被阻塞,导致语句运行时间过长,可以强制结束有问题的会话。具体操作步骤如下。

（1）以操作系统用户 omm 登录数据库节点。

（2）使用如下命令连接数据库。

```
gsql - d postgres - p 15600
```

（3）查看阻塞的查询语句及阻塞查询的表、模式信息。

我们需要构建一个作业阻塞测试现场,首先在 Data Studio 连接终端中执行下列语句块,锁定 jimmy. job 表并延时 2min。运行效果如图 15.15 所示。

```
BEGIN;
  LOCK TABLE jimmy.job IN ACCESS EXCLUSIVE MODE;
  SELECT pg_sleep(120);
COMMIT;
```

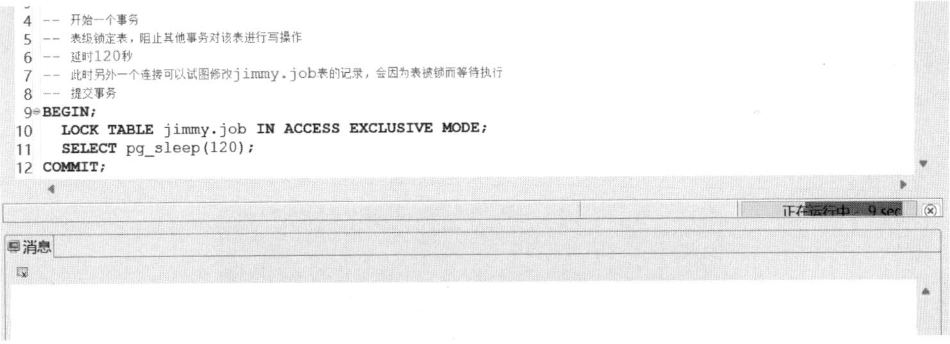

```
4  -- 开始一个事务
5  -- 表级锁定表,阻止其他事务对该表进行写操作
6  -- 延时120秒
7  -- 此时另外一个连接可以试图修改jimmy.job表的记录,会因为表被锁而等待执行
8  -- 提交事务
9  BEGIN;
10   LOCK TABLE jimmy.job IN ACCESS EXCLUSIVE MODE;
11   SELECT pg_sleep(120);
12 COMMIT;
```

图 15.15　锁定表的 SQL 语句执行情况

然后在 Data Studio 中新建一个连接终端,执行下列语句,试图修改 jimmy. job 的数据,此时此事务会因为 jimmy. job 表被封锁而被阻塞一直等待执行,运行效果如图 15.16 所示。

```
UPDATE jimmy. job SET salary = 16800 WHERE code = 't001';
```

```
1 UPDATE jimmy.job SET salary=16800 WHERE code='t001';
```

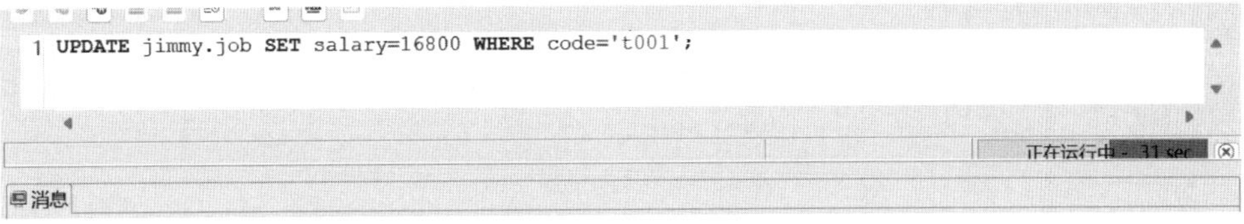

图 15.16　修改表的 SQL 语句等待执行情况

此时执行下列语句查询阻塞的 SQL 语句情况。

```
SELECT substring(w.query,16) as waiting_query,
w.pid as w_pid,
w.usename as w_user,
substring(l.query,16) as locking_query,
l.pid as l_pid,
l.usename as l_user,
t.schemaname || '.' || t.relname as tablename
from pg_stat_activity w join pg_locks l1 on w.pid = l1.pid
and not l1.granted join pg_locks l2 on l1.relation = l2.relation
and l2.granted join pg_stat_activity l on l2.pid = l.pid join pg_stat_user_tables t on l1.
relation = t.relid
where w.waiting;
```

该查询的运行结果如图 15.17 所示。查询结果会返回被阻塞线程的 SQL 语句（waiting_query）、线程 ID（w_pid）、用户名（w_user），封锁线程的 SQL 语句（locking_query）、线程 ID（l_pid）、用户名（l_user），以及导致阻塞的表、模式信息。

```
openGauss=# SELECT substring(w.query,16) as waiting_query,
openGauss-# w.pid as w_pid,
openGauss-# w.usename as w_user,
openGauss-# substring(l.query,16) as locking_query,
openGauss-# l.pid as l_pid,
openGauss-# l.usename as l_user,
openGauss-# t.schemaname || '.' || t.relname as tablename
openGauss-# from pg_stat_activity w join pg_locks l1 on w.pid = l1.pid
openGauss-# and not l1.granted join pg_locks l2 on l1.relation = l2.relation
openGauss-# and l2.granted join pg_stat_activity l on l2.pid = l.pid join pg_stat_user_tables t on l1.relation = t.relid
openGauss-# where w.waiting;
        waiting_query        |      w_pid      | w_user | locking_query  |      l_pid       | l_user | tablename
-----------------------------+-----------------+--------+----------------+------------------+--------+-----------
 b set salary=16800 where code='t001' | 22673823823424 | jimmy  | leep(120)      | 22674232047168   | jimmy  | jimmy.job
(1 row)

openGauss=#
```

图 15.17　查询阻塞结果情况

（4）使用如下命令结束相应的会话，调用 PG_TERMINATE_BACKEND 函数终止本会话后台线程，其中，22674232047168 为上一步查询结果中的引起封锁的线程 ID。

```
SELECT PG_TERMINATE_BACKEND(22674232047168);
```

显示如图 15.18 所示的信息，表示结束会话成功。

```
openGauss=# SELECT PG_TERMINATE_BACKEND(22674232047168);
 pg_terminate_backend
----------------------
 t
(1 row)

openGauss=#
```

图 15.18　结束阻塞线程情况

此时，Data Studio 中第 1 个连接终端会出现“执行失败”提示信息，客户端不会退出而是自动重连，如图 15.19 所示。

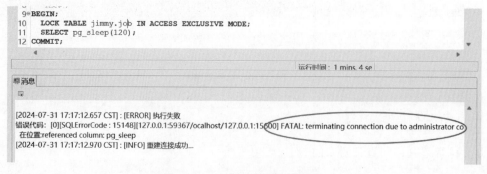

图 15.19　封锁线程被中止情况

此时,Data Studio 中第 2 个连接终端中被阻塞的事务因为造成阻塞的事务被中止而释放相应资源从而得以正常执行成功,如图 15.20 所示。

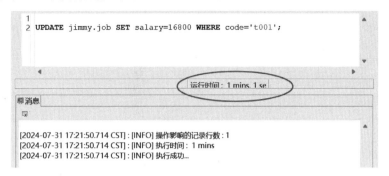

图 15.20 阻塞线程执行成功

15.4 系统调优

系统调优主要包括操作系统级以及数据库系统级的调优,调优的目的是更充分地利用机器的 CPU、内存、I/O 和网络资源,避免资源冲突,提升整个系统查询的吞吐量。

▶ 15.4.1 操作系统参数调优

在性能调优过程中,可以根据实际业务情况修改关键操作系统(OS)配置参数,以提升 openGauss 数据库的性能。

1. 前提条件

需要用户使用 gs_check 检查操作系统参数结果是否和建议值保持一致,如果不一致,用户可根据实际业务情况去手动修改。

2. 内存相关参数设置

配置 sysctl.conf 文件,修改内存相关参数 vm.extfrag_threshold 为 1000(参考值),如果文件中没有内存相关参数,可以手动添加。

系统内存不够用时,Linux 会为当前系统内存碎片情况打分,如果超过 vm.extfrag_threshold 的值,kswapd[1] 就会触发 memory compaction[2]。所以这个值设置得接近 1000,说明系统在内存碎片的处理倾向于把旧的页换出,以符合申请的需要;而设置得接近 0,表示系统在内存碎片的处理倾向做 memory compaction。

```
vim /etc/sysctl.conf
```

修改完成后,请执行如下命令,使参数生效。

```
sysctl - p
```

3. 网络相关参数设置

(1)配置 sysctl.conf 文件,修改网络相关参数,如果文件中没有网络相关参数,可以手动添加。详细说明请参见表 15.2。

---

[1] kswapd 是负责页面置换的守护进程,它常驻内存,监控系统中内存使用情况,以确保内存资源的合理利用。

[2] memory compaction 是一种内存压缩技术,用于减少内存碎片,通过移动内存页来创建更大的连续内存块,从而提高内存的利用效率。

```
vim /etc/sysctl.conf
```

在修改完成后,请执行如下命令,使参数生效。

```
sysctl - p
```

表 15.2 网络相关参数

参　数　名	参　考　值	说　　明
net.ipv4.tcp_timestamps	1	表示开启 TCP 连接中 TIME-WAIT sockets 的快速回收,默认为 0,表示关闭,1 表示打开
net.ipv4.tcp_mem	94500000 915000000 927000000	第一个数字表示,当 TCP 使用的 page 少于 94500000 时,kernel 不对其进行任何的干预。 第二个数字表示,当 TCP 使用的 page 超过 915000000 时,kernel 会进入"memory pressure"压力模式。 第三个数字表示,当 TCP 使用的 pages 超过 927000000 时,就会报 Out of socket memory
net.ipv4.tcp_max_orphans	3276800	最大孤儿套接字(orphan sockets)数
net.ipv4.tcp_fin_timeout	60	表示系统默认的 TIMEOUT 时间
net.ipv4.ip_local_port_range	26000 65535	TCP 和 UDP 能够使用的 port 段

（2）设置 10GE 网卡最大传输单元(MTU),使用 ifconfig 命令设置。10GE 网卡推荐设置为 8192,可提升网络带宽利用率。执行下列示例命令可以修改网卡 enp0s3 的 MTU 值,运行结果如图 15.21 所示。

```
ifconfig enp0s3 mtu 8192
ifconfig enp0s3
```

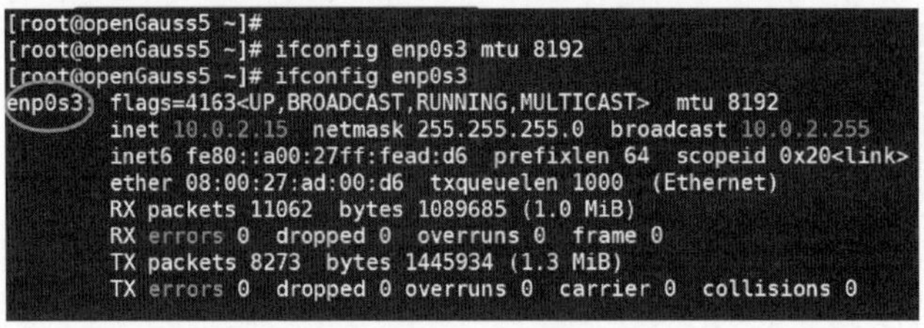

图 15.21 设置 MTU

请注意以下几点说明。

- enp0s3 为 10GE 数据库内部使用的业务网卡。
- 第一条命令设置 MTU,第二条命令验证是否设置成功。
- 需使用 root 用户设置。

（3）设置 10GE 网卡接收(rx)、发送队列((3)tx)长度,使用 ethtool 工具设置。10GE 网卡推荐设置为 4096,可提升网络带宽利用率。执行下列示例命令可以修改网卡 enp0s3 的 rx、tx 的值。

```
# ethtool - G enp0s3 rx 4096 tx 4096
# ethtool - g enp0s3
```

请注意以下几点说明。

- enp0s3 为 10GE 数据库内部使用的业务网卡。
- 第一条命令设置网卡接收、发送队列长度,第二条命令验证是否设置成功,示例的输出表示设置成功。

- 需使用 root 用户设置。

4. I/O 相关参数设置

设置透明大页 transparent_hugepage 属性,通过如下命令,关闭透明大页。透明大页技术将连续的小页合并成大页,这可能导致数据库在进行随机 I/O 时需要加载更多的数据,从而增加了 I/O 操作的开销,降低了随机 I/O 性能。在数据库应用中,随机访问是非常常见的操作,例如索引的查找操作,因此这种性能下降可能会对 openGauss 的性能产生负面影响,所以需要关闭透明大页。

```
echo never > /sys/kernel/mm/transparent_hugepage/enabled
echo never > /sys/kernel/mm/transparent_hugepage/defrag
```

修改完成后,请执行如下命令,使参数生效。

```
reboot
```

▶ 15.4.2 数据库系统调优

1. 数据库内存参数调优

数据库的复杂查询语句性能非常强地依赖于数据库系统内存的配置参数。下面主要介绍逻辑内存管理参数的配置,对数据库节点上可用内存的最大峰值进行控制。

openGauss 的逻辑内存管理主要涉及对数据库节点上可用内存的最大峰值进行控制,通过设置逻辑内存管理参数如 max_process_memory 来实现。这个参数的作用是限制执行作业最终可用的内存量,确保数据库操作不会消耗过多的系统资源,从而保持系统的稳定性和性能。逻辑内存管理是数据库管理系统(DBMS)中的一个重要组成部分,它涉及如何有效地分配和管理内存资源,以确保数据库的高效运行和性能优化。在 openGauss 中,逻辑内存管理还包括对内存的分配、释放、监控和优化等操作,以确保数据库操作能够在有限的内存资源下高效执行。

逻辑内存管理参数 max_process_memory 的主要功能是控制数据库节点上可用内存的最大峰值,这个参数直接影响数据库的性能和稳定性,因为它限制了单个数据库服务器进程可以使用的内存总量。max_process_memory 的计算公式并不是固定的,因为它取决于多个因素,包括系统内存大小、系统上运行的其他服务和进程、数据库版本、工作负载类型等。但是,一般来说,可以使用以下公式来估算 max_process_memory 的大小。

max_process_memory = 系统内存大小×0.75

执行作业最终可用的内存为

```
max_process_memory - shared_buffers - cstore_buffers
```

所以影响执行作业可用内存参数的主要两个参数为 shared_buffers 及 cstore_buffers,shared_buffers 为 openGauss 使用的共享内存大小,cstore_buffers 为列存所使用的共享缓冲区的大小。

参数 work_mem 设置内部排序操作和 Hash 表在开始写入临时磁盘文件之前使用的内存大小。ORDER BY、DISTINCT 和 merge joins 都要用到排序操作。Hash 表在散列连接、散列为基础的聚集、散列为基础的 IN 子查询处理中都要用到。对于复杂的查询,可能会同时并发运行多个排序或者散列操作,每个都可以使用此参数所声明的内存量,不足时会使用临时文件。work_mem 的值要依据查询特点和并发来确定,一旦 work_mem 限定的物理内存不够,算子运算数据将写入临时表空间,带来 5～10 倍的性能下降,查询响应时间从秒级下降到分钟级。针对下列不同的查询场景设置参数的值。

- 对于串行无并发的复杂查询场景,平均每个查询有 5～10 关联操作,建议 work_mem＝50％内存/10。
- 对于串行无并发的简单查询场景,平均每个查询有 2～5 个关联操作,建议 work_mem＝50％内存/5。
- 对于并发场景,建议 work_mem＝串行下的 work_mem/物理并发数。

2. 数据库并发队列参数调优

在 openGauss 数据库中,并发队列(Concurrent Queue)是一种用于多线程或分布式环境中数据共享的数据结构。openGauss 5.0 版本中并没有明确的并发队列参数设置,这是因为这些配置通常是通过代码内部动态管理的,而不是通过参数文件来设置的。如果需要调整数据库的并发处理行为,可能需要关注如下参数。

- max_connections:控制数据库的最大并发连接数,默认为 5000 个。
- max_prepared_transactions:控制数据库可以同时处理的准备好的事务数,默认为 800 个。

15.5　SQL 查询优化

SQL 语句、PL/SQL 程序的设计同样存在优化的问题,相同的 SQL 语句,采用不同的方法编写,其执行效率会有较大的区别。

▶ 15.5.1　Query 执行流程

SQL 引擎从接收 SQL 语句到执行 SQL 语句需要经历的步骤如图 15.22 和表 15.3 所示。其中,如下画线部分为 DBA 可以介入实施调优的环节。

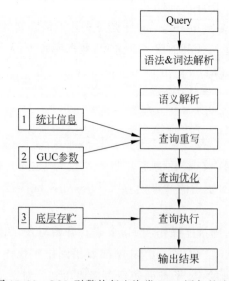

图 15.22　SQL 引擎执行查询类 SQL 语句的流程

表 15.3　SQL 查询优化步骤

步　骤	说　明
1. 语法 & 词法解析	按照约定的 SQL 语句规则,把输入的 SQL 语句从字符串转换为格式化结构(Stmt)
2. 语义解析	将"语法 & 词法解析"输出的格式化结构转换为数据库可以识别的对象
3. 查询重写	根据规则把"语义解析"的输出等价转换为执行上更为优化的结构
4. 查询优化	根据"查询重写"的输出和数据库内部的统计信息规划 SQL 语句具体的执行方式,也就是执行计划。统计信息和 GUC 参数对查询优化(执行计划)的影响,请参见调优手段之统计信息和调优手段之 GUC 参数
5. 查询执行	根据"查询优化"规划的执行路径执行 SQL 查询语句。底层存储方式的选择合理性,将影响查询执行效率。详见调优手段之底层存储

1. 调优手段之统计信息

openGauss 优化器是典型的基于代价的优化(Cost-Based Optimization,CBO)。在这种优化器模型下,数据库根据表的元组数、字段宽度、NULL 记录比率、distinct 值、MCV[①] 值、HB[②] 值等表的特征值,以及一定的代价计算模型,计算出每一个执行步骤的不同执行方式的输出元组数和执行代价,进而选出整体执行代价最小/首元组返回代价最小的执行方式进行执行。这些特征值就是统计信息。从上面的描述可以看出,统计信息是查询优化的核心输入,准确的统计信息将帮助规划器选择最合适的查询规划。一般来说,会通过 ANALYZE 语法收集整个表或者表的若干个字段的统计信息,周期性地运行 ANALYZE,或者在对表的大部分内容做了更改之后马上运行 ANALYZE。

2. 调优手段之 GUC 参数

查询优化的主要目的是为查询语句选择高效的执行方式。

如下 SQL 语句:

```
SELECT    j.code, j.name, d.name department FROM    job j INNER JOIN department d ON d.code =
j.department;
```

在执行 job jinner join department 的时候,openGauss 支持 Nested Loop、Merge Join 和 Hash Join 三种不同的 Join 方式。优化器会根据表 job 和表 department 的统计信息估算结果集的大小以及每种 Join 方式的执行代价,然后对比选出执行代价最小的执行计划。

正如前面所说,执行代价计算都是基于一定的模型和统计信息进行估算,当因为某些原因代价估算不能反映真实的代价的时候,就需要通过设置 guc 参数的方式让执行计划倾向更优规划。

3. 调优手段之底层存储

openGauss 的表支持行存表、列存表,底层存储方式的选择严格依赖于客户的具体业务场景。一般来说,计算型业务查询场景(以关联、聚合操作为主)建议使用列存表;点查询、大批量 UPDATE/DELETE 业务场景适合行存表。

---

① MCV(Most Common Value,最频繁值)是指出现频率大于一定百分比的值的集合,通常用于表征哪些值上出现了倾斜。

② HB(Histogram Boundaries,直方图边界)值是数据库优化器用于统计信息的一部分,直方图是一种数据结构,用于存储表中某一列数据的分布情况。直方图通过划分数据范围(即 HB 值)并统计每个范围内数据的数量或频率,来近似表示数据的整体分布。

4. 调优手段之 SQL 重写

除了上述干预 SQL 引擎所生成执行计划的执行性能外，根据数据库的 SQL 执行机制以及大量的实践发现，在有些场景下，在保证客户业务 SQL 逻辑的前提下，通过一定规则由 DBA 重写 SQL 语句，可以大幅度地提升 SQL 语句的性能。

这种调优场景对 DBA 的要求比较高，需要对客户业务有足够的了解，同时也需要扎实的 SQL 语句基本功，后续会介绍几个常见的 SQL 改写场景。

▶ 15.5.2 SQL 执行计划介绍

1. SQL 执行计划概述

SQL 执行计划是一个节点树，显示 openGauss 执行一条 SQL 语句时执行的详细步骤。每一个步骤为一个数据库运算符。

使用 EXPLAIN 命令可以查看优化器为每个查询生成的具体执行计划。EXPLAIN 给每个执行节点都输出一行，显示基本的节点类型和优化器为执行这个节点预计的开销值，如图 15.23 所示。执行计划说明如下。

- 最底层节点是表扫描节点，它扫描表并返回原始数据行。不同的表访问模式有不同的扫描节点类型：顺序扫描、索引扫描等。最底层节点的扫描对象也可能是非表行数据（不是直接从表中读取的数据），如 VALUES 子句和返回行集的函数，它们有自己的扫描节点类型。

- 如果查询需要连接、聚集、排序或对原始行进行其他操作，那么就会在扫描节点之上添加其他节点，并且这些操作通常都有多种方法，因此在这些位置也有可能出现不同的执行节点类型。

- 第一行（最上层节点）是执行计划总执行开销的预计。这个数值就是优化器试图最小化的数值。

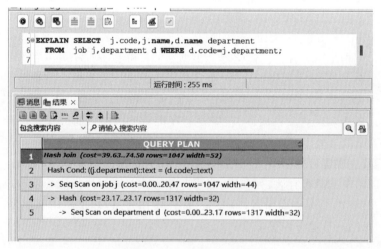

图 15.23 SQL 执行计划

除了设置不同的执行计划显示格式外，还可以通过不同的 EXPLAIN 用法，显示不同详细程度的执行计划信息。常见有如下几种，关于更多用法请参见 EXPLAIN 语法说明。

- EXPLAIN statement：只生成执行计划，不实际执行。其中，statement 代表 SQL 语句。

- EXPLAIN ANALYZE statement：生成执行计划，然后执行 SQL 语句，并显示执行的概要信息。显示中加入了实际的运行时间统计,包括在每个规划节点内部花掉的总时间(以毫秒计)和它实际返回的行数。

- EXPLAIN PERFORMANCE statement:生成执行计划,然后执行 SQL 语句,并显示执行期间的全部信息。

为了测量运行时在执行计划中每个节点的开销,EXPLAIN ANALYZE 或 EXPLAIN PERFORMANCE 会在当前查询执行上增加性能分析的开销。在一个查询上运行 EXPLAIN ANALYZE 或 EXPLAIN PERFORMANCE 有时会比普通查询明显地花费更多的时间。超支的数量依赖于查询的本质和使用的平台。

因此,当定位 SQL 运行慢问题时,如果 SQL 长时间运行未结束,建议通过 EXPLAIN 命令查看执行计划,进行初步定位。如果 SQL 可以运行出来,则推荐使用 EXPLAIN ANALYZE 或 EXPLAIN PERFORMANCE 查看执行计划及其实际的运行信息,以便更精准地定位问题原因。

EXPLAIN PERFORMANCE 轻量化执行方式与 EXPLAIN PERFORMANCE 保持一致,在原来的基础上减少了性能分析的时间,执行时间与 SQL 执行时间的差异显著减少。

2. 详解

如 SQL 执行计划概述节中所说,EXPLAIN 会显示执行计划,但并不会实际执行 SQL 语句。EXPLAIN ANALYZE 和 EXPLAIN PERFORMANCE 两者都会实际执行 SQL 语句并返回执行信息。下面将详细解释执行计划及执行信息。

1) 执行计划

以如下 SQL 语句为例,执行 EXPLAIN 的输出如图 15.24 所示。

```
EXPLAIN SELECT  e.code,e.name,j.name job
    FROM   employee e,job j WHERE e.job = j.code;
```

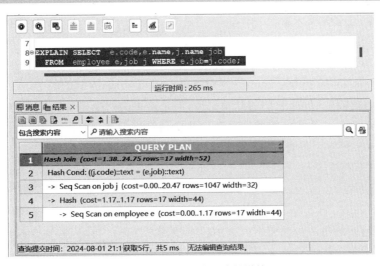

图 15.24　SQL 执行计划详情

执行计划层级解读(纵向)如下。

(1) 第一层:Seq Scan on employee。

表扫描算子,用 Seq Scan(顺序扫描)的方式扫描表 employee。这一层的作用是把表 employee 的数据从 buffer 或者磁盘上读出来输送给上层节点参与计算。

（2）第二层：Hash。

Hash算子，作用是把下层计算输送上来的算子计算Hash值，为后续Hash Join操作做数据准备。

（3）第三层：Seq Scan on job。

表扫描算子，用Seq Scan的方式扫描表job。这一层的作用是把表job的数据从buffer或者磁盘上读出来输送给上层节点参与Hash Join计算。

（4）第四层：Hash Cond。

Hash Cond代表join的关联条件（Condition），如 Hash Cond：((j. code)：：text＝(e. job)：：text)。

（5）第五层：Hash Join。

Join算子，主要作用是将job表和employee表的数据通过Hash Join的方式连接，并输出结果数据。

执行计划中的关键字说明如下。

（1）表访问方式。

① Seq Scan：全表顺序扫描。

② Index Scan：优化器决定使用两层规划。最底层的规划节点访问一个索引，找出匹配索引条件的行的位置，然后上层规划节点真实地从表中抓取出那些行。独立地抓取数据行比顺序地读取它们的开销高很多，但是因为并非所有表的页面都被访问了，这么做实际上仍然比一次顺序扫描开销要少。使用两层规划的原因是，上层规划节点在读取索引标识出来的行位置之前，会先将它们按照物理位置排序，这样可以最小化独立抓取的开销。

如果在WHERE里面使用的多个字段上都有索引，那么优化器可能会使用索引的AND或OR的组合。但是这么做要求访问两个索引，因此与只使用一个索引，而把另外一个条件只当作过滤器相比，这个方法未必是更优。

索引扫描可以分为以下几类，它们之间的差异在于索引的排序机制。

- Bitmap Index Scan：使用位图索引抓取数据页。
- Index Scan using index_name：使用简单索引搜索，该方式表的数据行是以索引顺序抓取的，这样就令读取它们的开销更大，但是这里的行少得可怜，因此对行位置的额外排序并不值得。最常见的就是看到这种规划类型只抓取一行，以及那些要求ORDER BY条件匹配索引顺序的查询。因为那时候没有多余的排序步骤是必要的以满足ORDER BY。

（2）表连接方式。

① Nested Loop。嵌套循环，适用于被连接的数据子集较小的查询。在嵌套循环中，外表驱动内表，外表返回的每一行都要在内表中检索找到它匹配的行，因此整个查询返回的结果集不能太大（不能大于10 000），要把返回子集较小的表作为外表，而且在内表的连接字段上建议要有索引。

② (Sonic) Hash Join。哈希连接，适用于数据量大的表的连接方式。优化器使用两个表中较小的表，利用连接键在内存中建立Hash表，然后扫描较大的表并探测散列，找到与散列匹配的行。Sonic和非Sonic的Hash Join的区别在于所使用Hash表结构不同，不影响执行的结果集。

③ Merge Join。归并连接，通常情况下执行性能差于哈希连接。如果源数据已经被排序

过，在执行融合连接时，并不需要再排序，此时融合连接的性能优于哈希连接。

（3）运算符。

① sort：对结果集进行排序。

② filter：EXPLAIN 输出显示 WHERE 子句当作一个"filter"条件附属于顺序扫描计划节点。这意味着规划节点为它扫描的每一行检查该条件，并且只输出符合条件的行。预计的输出行数降低了，因为有 WHERE 子句。不过，扫描仍将必须访问所有 10 000 行，因此开销没有降低；实际上它还增加了一些（确切地说，通过 10 000 * cpu_operator_cost）以反映检查 WHERE 条件的额外 CPU 时间。

③ LIMIT：LIMIT 限定了执行结果的输出记录数。如果增加了 LIMIT，那么不是所有的行都会被检索到。

2）执行信息

以如下 SQL 语句为例，执行 EXPLAIN PERFORMANCE 输出如图 15.25 所示，执行信息中包括输出字段列表、缓冲区命中数量、CPU 的周期数（CPU 周期指 CPU 从主存中取出一条指令加上执行这条指令的时间）等信息。

```
select EXPLAIN PERFORMANCE SELECT  e.code,e.name,j.name job
    FROM  employee e,job j WHERE e.job = j.code;
```

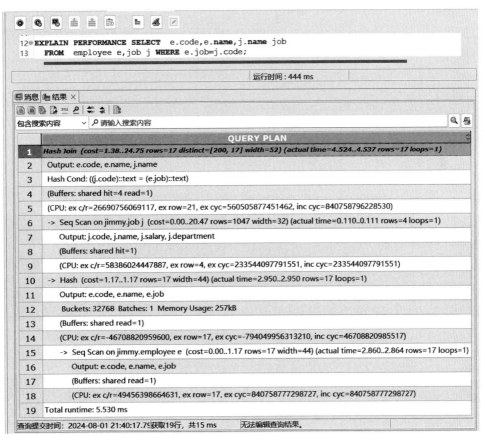

图 15.25　SQL 执行信息

▶ 15.5.3　调优流程

对慢 SQL 语句进行分析，通常包括以下步骤。

（1）收集 SQL 中涉及的所有表的统计信息。

在数据库中，统计信息是规划器生成计划的源数据。没有收集统计信息或者统计信息陈旧往往会造成执行计划严重劣化，从而导致性能问题。从经验数据来看，10%左右的性能问题是因为没有收集统计信息。

在数据库中，统计信息是规划器生成计划的源数据。

ANALYZE 语句可收集与数据库中表内容相关的统计信息，统计结果存储在系统表 PG_STATISTIC 中。查询优化器会使用这些统计数据，以生成最有效的执行计划。

建议在执行了大批量插入/删除操作后，例行对表或全库执行 ANALYZE 语句更新统计信息。目前默认收集统计信息的采样比例是 30 000 行（即 GUC 参数 default_statistics_target 默认设置为 100），如果表的总行数超过一定行数（大于 1 600 000），建议设置 GUC 参数 default_statistics_target 为-2，即按 2%收集样本估算统计信息。

对于在批处理脚本或者存储过程中生成的中间表，也需要在完成数据生成之后显式地调用 ANALYZE。

对于表中多个列有相关性且查询中有同时基于这些列的条件或分组操作的情况，可尝试收集多列统计信息，以便查询优化器可以更准确地估算行数，并生成更有效的执行计划。

具体的更新统计信息方法如下。

① 使用以下命令更新某个表或者整个 database 的统计信息。

```
-- 更新单个表的统计信息。
ANALYZE tablename;
-- 更新全库的统计信息。
ANALYZE;
```

② 使用以下命令进行多列统计信息相关操作。

```
-- 收集 tablename 表的 column_1、column_2 列的多列统计信息。
ANALYZE tablename ((column_1, column_2));
-- 添加 tablename 表的 column_1、column_2 列的多列统计信息声明。
ALTER TABLE tablename ADD STATISTICS ((column_1, column_2));
-- 收集单列统计信息，并收集已声明的多列统计信息。
ANALYZE tablename;
-- 删除 tablename 表的 column_1、column_2 列的多列统计信息或其声明。
ALTER TABLE tablename DELETE STATISTICS ((column_1, column_2));
```

在使用 ALTER TABLE tablename ADD STATISTICS 语句添加了多列统计信息声明后，系统并不会立刻收集多列统计信息，而是在下次对该表或全库进行 ANALYZE 时，进行多列统计信息的收集。

如果想直接收集多列统计信息，请使用 ANALYZE 命令进行收集。

使用 EXPLAIN 查看各 SQL 的执行计划时，如果发现某个表 SEQ SCAN 的输出中 rows=10，rows=10 是系统给的默认值，有可能该表没有进行 ANALYZE，需要对该表执行 ANALYZE。

（2）通过查看执行计划来查找原因。

如果 SQL 长时间运行未结束，通过 EXPLAIN 命令查看执行计划，进行初步定位。如果 SQL 可以运行出来，则推荐使用 EXPLAIN ANALYZE 或 EXPLAIN PERFORMANCE 查看执行计划及实际运行情况,以便更精准地定位问题原因。有关执行计划的详细介绍请参见SQL执行计划介绍。

(3) 审视和修改表定义。

好的表定义至少需要达到以下几个目标。

① 减少扫描数据量。通过分区的剪枝机制可以实现。

② 尽量极少随机 I/O。通过聚簇/局部聚簇可以实现。

表的定义主要考虑以下几方面。

① 选择存储模型。

表的存储模型选择是表定义的第一步,客户业务属性是表的存储模型的决定性因素,对于点查询(返回记录少,基于索引的简单查询)、增删改比较多的业务场景选择行存,对于统计分析类查询(group、join 多)的业务场景选择列存。

② 使用局部聚簇。

局部聚簇(Partial Cluster Key)是列存下的一种技术。这种技术可以通过 min/max 稀疏索引较快地实现基表扫描的 filter 过滤。Partial Cluster Key 可以指定多列,但是一般不建议超过两列。列存表可以选取某一列或几列设置为 partial cluster key(column_name[,…])。在导入数据时,按设置的列进行局部排序(默认每 70 个 CU 即 420 万行排序一次),生成的 CU 会聚集在一起,即 CU 的 min、max 会在一个较小的区间内。当查询时,where 条件含有这些列时,可产生良好的过滤效果。

③ 使用分区表。

分区表是把逻辑上的一张表根据某种方案分成几张物理块进行存储。这张逻辑上的表称为分区表,物理块称为分区。分区表是一张逻辑表,不存储数据,数据实际是存储在分区上的。分区表和普通表相比具有以下优点。

- 改善查询性能:对分区对象的查询可以仅搜索自己关心的分区,提高检索效率。
- 增强可用性:如果分区表的某个分区出现故障,表在其他分区的数据仍然可用。
- 方便维护:如果分区表的某个分区出现故障,需要修复数据,只修复该分区即可。

④ 选择数据类型。

高效数据类型,主要包括以下三方面。

- 尽量使用执行效率比较高的数据类型。

一般来说,整型数据运算(包括=、>、<、≥、≤、≠等常规的比较运算,以及 group by)的效率比字符串、浮点数要高。比如某客户场景中对列存表进行点查询,filter 条件在一个 numeric 列上,执行时间为十几秒;修改 numeric 为 int 类型之后,执行时间缩短为 1.8s 左右。

- 尽量使用短字段的数据类型。

长度较短的数据类型不仅可以减小数据文件的大小,提升 I/O 性能;同时也可以减小相关计算时的内存消耗,提升计算性能。比如对于整型数据,如果可以用 smallint 就尽量不用 int,如果可以用 int 就尽量不用 bigint。

- 使用一致的数据类型。

表关联列尽量使用相同的数据类型。如果表关联列数据类型不同,数据库必须动态地转换为相同的数据类型进行比较,这种转换会带来一定的性能开销。

(4) 针对 EXPLAIN 或 EXPLAIN PERFORMANCE 信息,定位 SQL 慢的具体原因以及改进措施。

（5）改写 SQL 语句。

通常情况下，有些 SQL 语句可以通过查询重写转换成等价的，或特定场景下等价的语句。重写后的语句比原语句更简单，且可以简化某些执行步骤达到提升性能的目的。查询重写方法在各个数据库中基本是通用的。

下面介绍了几种常用的通过改写 SQL 进行调优的方法。

根据数据库的 SQL 执行机制以及大量的实践总结发现：通过一定的规则调整 SQL 语句，在保证结果正确的基础上，能够提高 SQL 执行效率。如果遵守这些规则，常常能够大幅度提升业务查询效率。

① 使用 union all 代替 union。

union 在合并两个集合时会执行去重操作，而 union all 则直接将两个结果集合并、不执行去重。执行去重会消耗大量的时间，因此，在一些实际应用场景中，如果通过业务逻辑已确认两个集合不存在重叠，可用 union all 替代 union 以便提升性能。

② join 列增加非空过滤条件。

若 join 列上的 NULL 值较多，则可以加上 is not null 过滤条件，以实现数据的提前过滤，提高 join 效率。

③ not in 转 not exists。

not in 语句需要使用 nestloop anti join 来实现，而 not exists 则可以通过 hash anti join 来实现。在 join 列不存在 null 值的情况下，not exists 和 not in 等价。因此在确保没有 null 值时，可以通过将 not in 转换为 not exists，通过生成 hash join 来提升查询效率。

④ 选择 HashAggregate。

查询中 GROUP BY 语句如果生成了 GroupAggregate＋sort 的 plan 性能会比较差，可以通过加大 work_mem 的方法生成 hashaggregate 的 plan，因为不用排序而提高性能。

openGauss 聚合算法有两种，HashAggregate 和 GroupAggregate。GroupAggregate 需要对记录进行排序，而 HashAggregate 则无须进行排序，通常 HashAggregate 要快很多。

⑤ 尝试将函数替换为 case 语句。

openGauss 函数调用性能较低，如果出现过多的函数调用导致性能下降很多，可以根据情况把可下推函数的函数改成 CASE 表达式。

⑥ 避免对索引使用函数或表达式运算。

对索引使用函数或表达式运算会停止使用索引转而执行全表扫描。

⑦ 尽量避免在 where7 子句中使用!＝或<>操作符、null 值判断、or 连接、参数隐式转换。

⑧ 对复杂 SQL 语句进行拆分。

对于过于复杂并且不易通过以上方法调整性能的 SQL 可以考虑拆分的方法，把 SQL 中某一部分拆分成独立的 SQL 并把执行结果存入临时表，拆分常见的场景包括但不限于：

- 作业中多个 SQL 有同样的子查询，并且子查询数据量较大。
- Plan cost 计算不准，导致子查询 hash bucket 太小，比如实际数据有 1000 万行，hash bucket 只有 1000。
- 函数（如 substr、to_number）导致大数据量子查询选择度计算不准。

小结

数据库的调优是数据库管理员（DBA）的主要职责，DBA 日常需要监控数据库性能，并及时发现数据库运行中的异常，能够科学分析出产生异常的原因，采取专业措施优化性能，如索引优化、查询优化和硬件升级等,提升数据库性能和响应速度。

习题 15

1. 影响 openGauss 性能的因素有哪些?
2. 对 openGauss 系统进行优化可以从哪些方面着手?
3. SQL 查询优化技术有哪些?
4. SQL 改写有哪些规范?

本章学习目标

- 具体了解 openGauss 的驱动程序。
- 掌握基于 JDBC 的应用开发技术。
- 掌握基于 ODBC 的应用开发技术。
- 掌握基于 psycopg 的应用开发技术。

本章首先对 openGauss 应用开发中的数据查询请求处理过程进行了概述,然后分别举例介绍了基于 JDBC、ODBC、psycopg 的应用开发技术。

16.1　openGauss 应用开发概述

openGauss 应用开发指的是基于 openGauss 的数据库系统客户端应用软件开发,程序员利用主流高级程序设计语言通过 openGauss 提供的驱动程序实现数据库的连接访问。

1. 数据查询请求处理过程

数据请求分为创建、删除、修改和查询,处理过程大致相同。以数据查询过程为例,展现客户端如何与 openGauss Server 进行交互。数据查询请求过程如图 16.1 所示,创建、删除和修改请求处理过程只在图中第 7 步有差异。

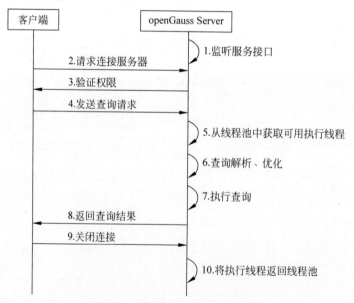

图 16.1　openGauss 服务响应流程

2. 驱动程序概述

客户端可以使用 JDBC/ODBC/Psycopg/Libpq 等驱动程序,向 openGauss Server 发起连

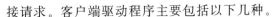

接请求。客户端驱动程序主要包括以下几种。

（1）JDBC(Java Database Connectivity,Java 数据库连接)是一种用于执行 SQL 语句的 Java API,可以为多种关系数据库提供统一访问接口,应用程序可基于它操作数据。openGauss 库提供了对 JDBC 4.0 特性的支持,需要使用 JDK 1.8 版本编译程序代码,不支持 JDBC 桥接 ODBC 方式。

（2）ODBC(Open Database Connectivity,开放数据库互连)是由 Microsoft 公司基于 X/OPEN CLI 提出的用于访问数据库的应用程序编程接口。应用程序通过 ODBC 提供的 API 与数据库进行交互,增强了应用程序的可移植性、扩展性和可维护性。openGauss 目前提供对 ODBC 3.5 的支持。但需要注意的是,当前数据库 ODBC 驱动基于开源版本,对于 tinyint、smalldatetime、nvarchar2 类型,在获取数据类型的时候,可能会出现不兼容。

（3）psycopg 可以为 openGauss 数据库提供统一的 Python 访问接口,用于执行 SQL 语句。openGauss 数据库支持 psycopg2 特性,psycopg2 是对 Libpq 的封装,主要使用 C 语言实现,既高效又安全。它具有客户端游标和服务器端游标、异步通信和通知、支持"COPY TO/COPY FROM"功能。支持多种类型 Python 开箱即用,适配 PostgreSQL 数据类型;通过灵活的对象适配系统,可以扩展和定制适配。psycopg2 兼容 Unicode 和 Python 3。

（4）Libpq 是 openGauss 的 C 语言程序接口。客户端应用程序可以通过 Libpq 向 openGauss 后端服务进程发送查询请求并且获得返回的结果。需要注意的是,在官方文档中提到,openGauss 没有对这个接口在应用程序开发场景下的使用做验证,不推荐用户使用这个接口做应用程序开发,建议用户使用 ODBC 或 JDBC 接口来替代。

openGauss 提供以上 4 种驱动程序,程序员可以使用不同高级编程语言通过相应的驱动程序连接访问 openGauss 数据库。

3. 驱动程序下载

本书主要介绍基于 JDBC、ODBC、psycopg 的应用开发,涵盖了当前主流的 Java、Python、C#等编程语言。用户可以登录 openGauss 社区(https://opengauss.org/zh/download/)下载相应的驱动程序。下载时要注意选择服务器安装的 openGauss 版本所对应的驱动程序。

由于程序员通常是在 x86_64 架构、Windows 平台下开发软件,所以需要选择下载符合这两个选项的 JDBC、ODBC 驱动程序,如图 16.2 所示。

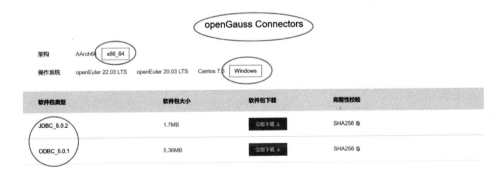

图 16.2 JDBC、ODBC 驱动下载

openGauss 5.02 版本没有 Windows 平台的 psycopg 驱动程序,可以直接下载 CentOS 7.6 对应的 Python-psycopg2_5.0.2,如图 16.3 所示。Python 语言是一种跨平台的编程语言,驱动程序完全通用。

openGauss Connectors

架构	AArch64	x86_64		
操作系统	openEuler 22.03 LTS	openEuler 20.03 LTS	Centos 7.6	Windows

软件包类型	软件包大小	软件包下载	完整性校验
JDBC_5.0.2	1.7MB	立即下载 ±	SHA256 🗐
ODBC_5.0.2	8.9MB	立即下载 ±	SHA256 🗐
Python-psycopg2_5.0.2	3.2MB	立即下载 ±	SHA256 🗐
libpq_5.0.2	4.9MB	立即下载 ±	SHA256 🗐

图 16.3 psycopg 驱动下载

16.2 基于 JDBC 的应用开发

1. Java 使用 JDBC 连接 openGauss

JDBC 实质上就是一种用于执行 SQL 语句的 Java API，可以为多种关系型数据库提供统一访问，它由一组用 Java 语言编写的类和接口组成。JDBC 供程序调用的接口类都集成在 java.sql 包中。

- DriverManager 类：管理各种不同的 JDBC 驱动。
- Connection 接口：与特定数据库的连接。
- Statement 接口：执行 SQL。
- PreparedStatement：接收执行 SQL。
- ResultSet 接口：接收查询结果。

下面通过一个简单案例介绍 Java 语言使用 JDBC 连接 openGauss 编程的步骤。

（1）将从 openGauss 社区下载的 JDBC 驱动程序包解压缩，openGauss 提供两种 JDBCjar 包，即 postgresql.jar 和 openGauss-jdbc-x.x.x.jar，两种 jar 包功能一致，仅仅是为了解决和 PostgreSQL 之间的 JDBC 驱动包名冲突，如图 16.4 所示。

图 16.4 JDBC 驱动程序 jar 信息

（2）利用 IntelliJ IDEA 创建一个 Java 项目，项目名称为 queryEmployee，项目保存在 C:\apps\java\queryEmployee 目录下，如图 16.5 所示。

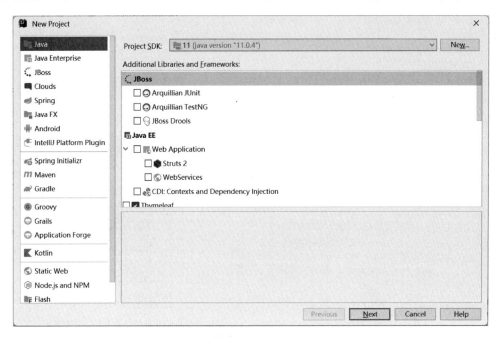

图 16.5　创建 queryEmployee 项目

（3）在项目的 src 子目录下创建一个 queryEmployee.java 文件，如图 16.6 所示。

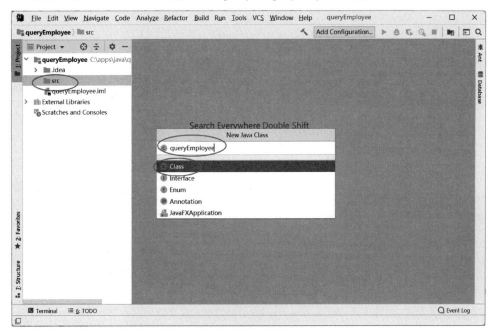

图 16.6　创建 Java 类

（4）编写数据库访问的 Java 案例代码，代码如下。访问 openGauss 时的驱动程序名为 org.opengauss.Driver，url 中的驱动程序名为 opengauss。

```java
import java.sql.*;
public class queryEmployee {
  public static void main(String[] args) {
    Connection conn = null;
```

```
Statement stmt = null;
String url = "jdbc:opengauss://localhost:15666/postgres?user = jimmy&password = Kid@1235";
conn = getConnect(url);
if (conn == null) {
    System.exit(0);
} else {
    try {
        stmt = conn.createStatement();
        String sql;
        sql = "select code, name, phone from hr.employees  where rownum <= 5";
        ResultSet rs = stmt.executeQuery(sql);
        //展开结果集数据库
        String line = "Code\tName\tPhone";
        System.out.println(line);
        while (rs.next()) {
            //通过字段检索
            line = rs.getString("code") + "\t" + rs.getString("name") + "\t" + rs.
getString("phone");
            System.out.println(line);
        }
        //完成后关闭
        rs.close();
        stmt.close();
        conn.close();
    } catch (SQLException se) {
        //处理 JDBC 错误
        se.printStackTrace();
    }
}
}
public static Connection getConnect(String url) {
    String driver = "org.opengauss.Driver";
    Connection conn = null;
    try {
        Class.forName(driver);
    } catch (Exception e) {
        e.printStackTrace();
        return null;
    }
    try {
        conn = DriverManager.getConnection(url);
        return conn;
    } catch (Exception e) {
        return null;
    }
}
}
```

（5）在 IDEA 中选择 File→Project Structure 菜单，弹出 Project Structure 对话框，选中 Libraries，单击中间的＋号，添加引用 opengauss-jdbc-5.0.2.jar 包，添加结果如图 16.7 所示。

（6）编译运行程序，运行结果如图 16.8 所示。

2. Maven＋SpringBoot＋MyBatis 连接 openGauss

Maven 是一个用于项目构建的工具，通过它可以便捷地管理项目的生命周期，即项目的 jar 包依赖，开发，测试，发布打包。

Maven 最主要的是用来管理包，有了 Maven 就不需要单独下载 jar 包，只需要在配置文件 pom.xml 中配置 jar 包的依赖关系，就可以自动地下载 jar 包到项目中。这样有助于协同开

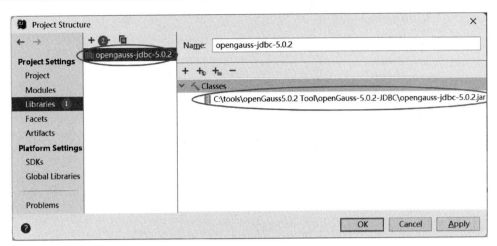

图 16.7　添加 JDBC jar 包

发,自己下载包可能会有版本不兼容问题。

要使用 Maven 构建工具,需要从网上下载 Maven 到本地硬盘,并配置好 MAVEN_HOME 环境变量、本地仓库、下载镜像站点等内容,详细操作方法请自行查询相关网络资源。

Spring Boot 是一个开源的 Java 应用框架,由 Pivotal 团队开发,旨在简化 Spring 应用程序的初始搭建过程,加速开发。它提供了许多内置功能,如自动配置、嵌入式 Tomcat 容器等,使得开发者能够快速构建独立的、生产级别的 Spring 应用程序。

Code	Name	Phone
806001	曾██	139****1360
806002	程██	133****0212
806003	胡██	133****0866
806004	胡██	137****0380
806006	雷██	137****4186

图 16.8　查询运行结果

MyBatis 是一个优秀的持久层框架,它对 JDBC 的操作数据库的过程进行封装,使开发者只需要关注 SQL 本身,而不需要花费精力去处理例如注册驱动、创建 connection、创建 statement、手动设置参数、结果集检索等 JDBC 繁杂的过程代码。

MyBatis 通过 XML 或注解的方式将要执行的各种 statement(statement、preparedStatemnt)配置起来,并通过 Java 对象和 statement 中的 SQL 进行映射生成最终执行的 SQL 语句,最后由 MyBatis 框架执行 SQL 并将结果映射成 Java 对象并返回。

总之,MyBatis 对 JDBC 访问数据库的过程进行了封装,简化了 JDBC 代码,解决 JDBC 将结果集封装为 Java 对象的麻烦。

下面介绍 Maven+SpringBoot+MyBatis 连接 openGauss 数据库的具体步骤。

(1) 创建一个 SpringBoot 项目,选择 Spring Initializr,单击 Next 按钮,进入下一步,如图 16.9 所示。

(2) 在如图 16.10 所示的对话框中输入项目相关元数据,选择 Maven(Generate a Maven based project archive.)项目构建工具,单击 Next 按钮继续下一步。

(3) 在如图 16.11 所示的对话框中,选择 Spring Boot 版本,尽量选择低版本,这样容易从 Maven 下载镜像中获取相应的 jar 包,单击 Next 按钮进入下一步,按照提示完成项目创建。

(4) 项目创建成功后需要选择 File→Project Structure 菜单,弹出 Project Structure 对话框,通过搜索定位到 Maven 项进行 Maven 环境配置,在 Maven home directory 中选择本机的 Maven 根目录,在 User settings file 中选择 Maven 的配置文件 settings.xml,在 Local repository 中选择本地仓库路径,如图 16.12 所示。

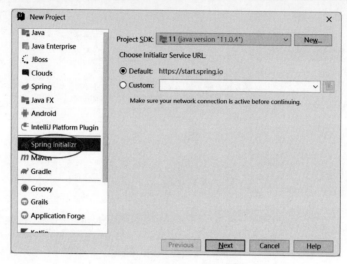

图 16.9　创建 SpringBoot 项目

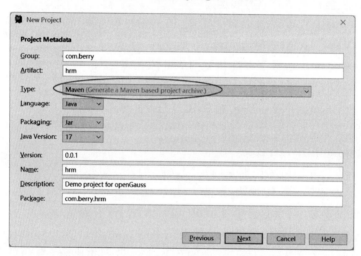

图 16.10　选择生成 Maven 构建工具

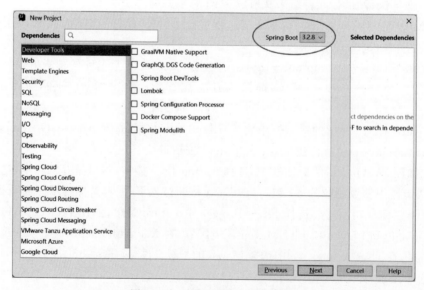

图 16.11　选择 Spring Boot 版本

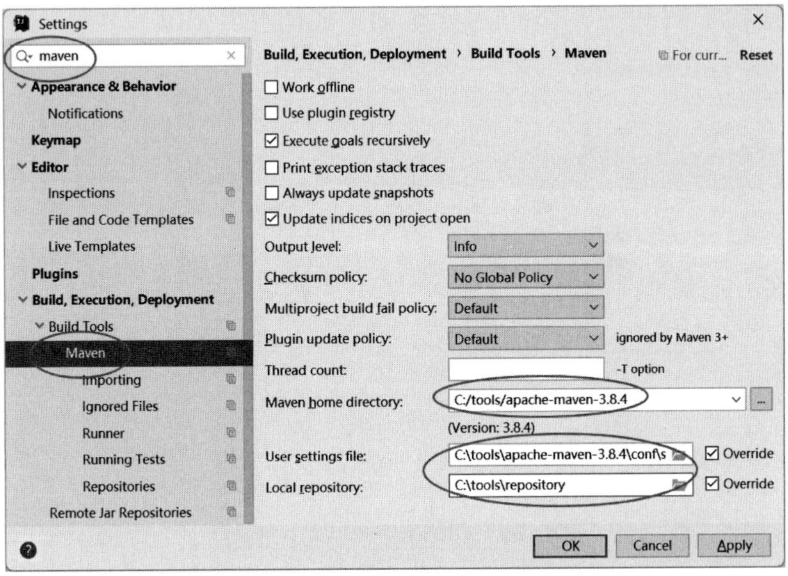

图 16.12 Maven 环境配置

（5）配置 pom.xml 文件，在此文件中添加下列代码，通过 Maven 自动下载 openGauss 驱动程序 opengauss-jdbc-5.0.2.jar、MyBatis 驱动程序 myBatis-spring-boot-starter-2.1.0.jar。

```
<!--Mybatis-->
<dependency>
    <groupId>org.mybatis.spring.boot</groupId>
    <artifactId>mybatis-spring-boot-starter</artifactId>
    <version>2.1.0</version>
</dependency>
<!--Mybatis over-->
<!--openGauss JDBC 驱动-->
<dependency>
    <groupId>org.opengauss</groupId>
    <artifactId>opengauss-jdbc</artifactId>
    <version>5.0.2</version>
</dependency>
<!--openGauss JDBC 驱动 over-->
```

（6）创建如图 16.13 所示的项目目录结构。

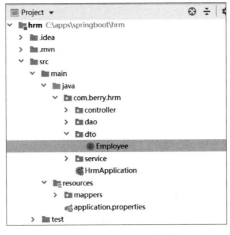

图 16.13 项目目录结构

（7）在 dto 目录下创建一个 Employee 类，用于在不同层之间传输数据，类的代码如下。

```
package com.berry.hrm.dto;
public class Employee {
    String code;
    String name;
    String phone;
    public Employee(String code, String namee, String phone) {
        this.code = code;
        this.name = name;
        this.phone = phone;
    }
    public String getCode() {
        return code;
    }
    public void setCode(String code) {
        this.code = code;
    }
    public String getName() {
        return name;
    }
    public void setName(String name) {
        this.name = name;
    }
    public String getPhone() {
        return phone;
    }
    public void setPhone(String phone) {
        this.phone = phone;
    }
}
```

（8）在 dao 目录下创建一个 EmployeeMapper 接口用于定义数据库操作方法。通过使用 Mapper 接口，开发者可以将 SQL 语句与业务逻辑分离，提高代码的可读性和可维护性。 EmployeeMapper 接口的代码如下。

```
package com.berry.hrm.dao;
import com.berry.hrm.dto.Employee;
import org.apache.ibatis.annotations.Mapper;
import java.util.List;
@Mapper
public interface EmployeeMapper {
    List < Employee > queryEmployee();
}
```

（9）在 resources\mappers 目录下创建一个 hrm.xml 文件，配置 MyBatis 数据库操作 SQL。hrm.xml 的代码如下。

```
<?xml version = "1.0" encoding = "UTF-8" ?>
<!DOCTYPE mapper PUBLIC "-//mybatis.org//DTD Mapper 3.0//EN"
        "http://mybatis.org/dtd/mybatis-3-mapper.dtd" >

< mapper namespace = "com.berry.hrm.dao.EmployeeMapper">
    < select id = "queryEmployee" resultType = "com.berry.hrm.dto.Employee">
        select code,name,phone from hr.employees
    </select>
</mapper >
```

（10）在 service 目录下创建一个 EmployeeManager 接口，定义业务逻辑方法，代码如下。

```
package com.berry.hrm.service;
import com.berry.hrm.dto.Employee;
import java.util.List;
public interface EmployeeManager {
    List < Employee > queryEmployee();
}
```

（11）在 service\impl 目录下创建一个 EmployeeManagerImpl 类，用于实现 EmployeeManager 接口中的方法，代码如下。

```
import org.springframework.stereotype.Service;
import javax.annotation.Resource;
import java.util.List;
@Service
public class EmployeeManagerImpl implements EmployeeManager {
    @Resource
    EmployeeMapper employeeMapper;
    @Override
    public List < Employee > queryEmployee() {
        return employeeMapper.queryEmployee();
    }
}
```

（12）在 controller 目录下创建一个 EmployeeService 控制器，用于对外提供数据访问服务，代码如下。

```
package com.berry.hrm.controller;
import com.berry.hrm.dto.Employee;
import com.berry.hrm.service.EmployeeManager;
import com.fasterxml.jackson.core.JsonProcessingException;
import org.springframework.beans.factory.annotation.Autowired;
import org.springframework.web.bind.annotation.CrossOrigin;
import org.springframework.web.bind.annotation.GetMapping;
import org.springframework.web.bind.annotation.RequestMapping;
import org.springframework.web.bind.annotation.RestController;
import java.util.List;
@RestController
@RequestMapping("/employee")
public class EmployeeService {
    @Autowired
    EmployeeManager employeeManager;
    @CrossOrigin
    @GetMapping("/getEmployeeAll")
    public Object getEmployeeAll() throws JsonProcessingException {
        System.out.println("Start…");
        List < Employee > lstEmployees = employeeManager.queryEmployee();
        System.out.println(lstEmployees.size());
        return lstEmployees;
    }
}
```

（13）打开 application.properties 进行项目参数配置，配置信息如下。注意，Maven 通过下载的 opengauss-jdbc-5.0.2.jar 驱动程序 jar 包和从 openGauss 下载的包可能会不同，在这里驱动程序名只能是 org.postgresql.Driver 而不能是 org.opengauss.Driver，用户要自己去查看压缩包的结构确定驱动程序的名称。

```
spring.application.name = hrm
# 服务端口
```

```
server. port = 8178
# # application. properties
spring. datasource. url = jdbc:postgresql://127.0.0.1:15666/postgres
spring. datasource. username = jimmy
spring. datasource. password = Kid@1235
spring. datasource. driver － class － name = org. postgresql. Driver
# 指定 mapper. xml 文件的位置
mybatis. mapper － locations = classpath:mappers/ * .xml
```

（14）运行程序,然后打开浏览器输入数据库访问的 URL 地址获取数据。运行结果如图 16.14 所示。

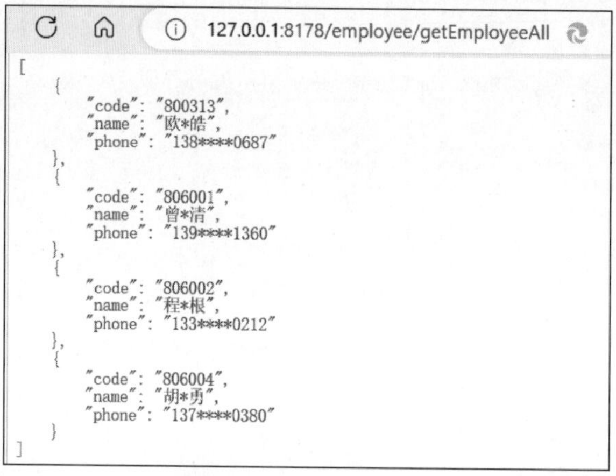

图 16.14　运行结果

16.3　基于 psycopg2 的应用开发

基于 psycopg2 的应用开发首先要从 https://www. python. org/官网或者其他镜像站点下载 Python 安装包,然后安装配置 Python 开发环境,这里不做详述。

下面详细介绍利用 Python 语言基于 psycopg2 的应用开发步骤。

1. 检查 Python 安装情况

在 cmd 窗口中执行 python -V 命令查看版本,如图 16.15 所示。

```
C:\Users\81430>python -V
Python 3.12.2

C:\Users\81430>
```

图 16.15　Python 版本查看

2. 检查包管理器

在 cmd 窗口中执行 pip Python 命令查看包管理器的版本情况,如图 16.16 所示。

```
C:\Users\81430>
C:\Users\81430>pip -V
pip 24.2 from C:\Users\81430\AppData\Roaming\Python\Python312\site-packages\pip (python 3.12)

C:\Users\81430>
```

图 16.16　pip Python 包管理器版本

3. 下载并安装 requests 模块

在 cmd 窗口中输入命令 pip install requests 进行 requests 库的安装。requests 库的主要作用是简化 HTTP 请求的发送和响应的处理。通过使用 requests 库,开发人员可以轻松地发送 GET、POST、PUT、DELETE 等不同类型的 HTTP 请求,并可以通过简单的接口添加请求头、查询参数、表单数据等信息。此外,requests 库还支持处理响应数据,包括解析 JSON、处理文本和二进制数据等,如图 16.17 所示。

```
C:\Users\81430>pip install requests
Defaulting to user installation because normal site-packages is not writeable
WARNING: Retrying (Retry(total=4, connect=None, read=None, redirect=None, stat
TimeoutError("HTTPSConnectionPool(host='pypi.org', port=443): Read timed out.
Collecting requests
  Using cached requests-2.32.3-py3-none-any.whl.metadata (4.6 kB)
INFO: pip is looking at multiple versions of requests to determine which vers
This could take a while.
  Using cached requests-2.32.2-py3-none-any.whl.metadata (4.6 kB)
  Using cached requests-2.31.0-py3-none-any.whl.metadata (4.6 kB)
  Using cached requests-2.30.0-py3-none-any.whl.metadata (4.6 kB)
  Using cached requests-2.29.0-py3-none-any.whl.metadata (4.6 kB)
  Using cached requests-2.28.2-py3-none-any.whl.metadata (4.6 kB)
  Using cached requests-2.28.1-py3-none-any.whl.metadata (4.6 kB)
  Using cached requests-2.28.0-py3-none-any.whl.metadata (4.6 kB)
INFO: pip is still looking at multiple versions of requests to determine whic
ents. This could take a while.
  Using cached requests-2.27.1-py2.py3-none-any.whl.metadata (5.0 kB)
```

图 16.17　安装 requests 模块

4. 解压缩包

将从 openGauss 社区下载的 psycopg 安装包解压缩后目录结构如图 16.18 所示。

名称	修改日期	类型	大小
lib	2024/5/14 10:39	文件夹	
psycopg2	2024/5/14 10:39	文件夹	

图 16.18　psycopg 解压缩

5. 复制 psycopg2

将 psycopg2 复制到 Python 安装目录的第三方包文件夹(即 site-packages 目录)下,如图 16.19 所示。

图 16.19　复制 psycopg2

6. 复制 lib 下面的文件

将 lib 文件夹中的所有文件复制到 Python 安装目录的 Lib 子目录下,如图 16.20 所示。

7. 设置环境变量

对于非数据库用户,需要将 Python 的 lib 目录配置在 LD_LIBRARY_PATH 环境变量中,可以告诉系统在搜索库时包括这些自定义的路径,如图 16.21 所示。

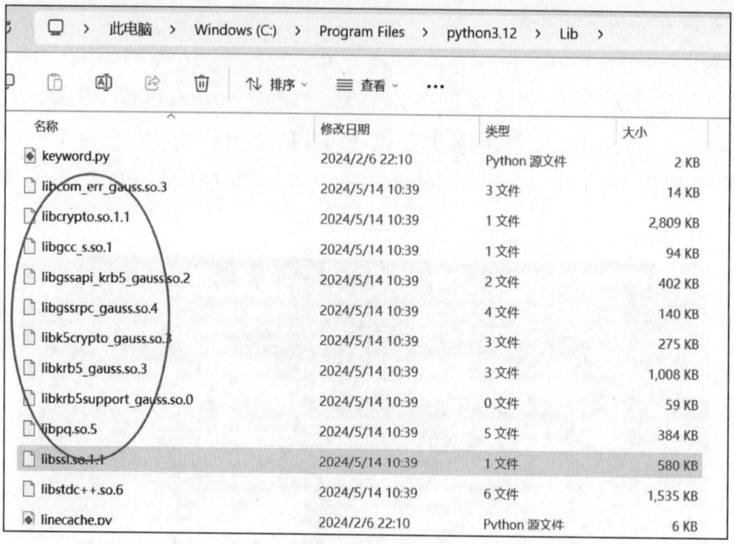

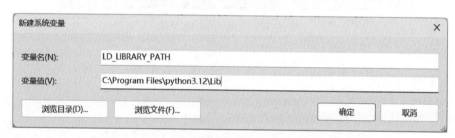

图 16.20　复制 lib 目录下的文件

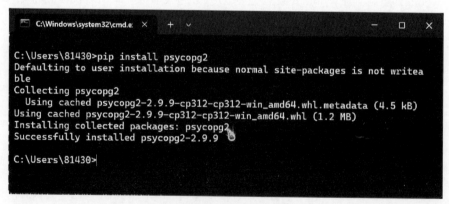

图 16.21　LD_LIBRARY_PATH 环境变量设置

8. 安装 psycopg2 模块

下载并安装模块：打开 cmd 窗口，输入命令 pip install psycopg2 安装 psycopg2 模块，安装结果如图 16.22 所示。

```
C:\Users\81430>pip install psycopg2
Defaulting to user installation because normal site-packages is not writea
ble
Collecting psycopg2
   Using cached psycopg2-2.9.9-cp312-cp312-win_amd64.whl.metadata (4.5 kB)
Using cached psycopg2-2.9.9-cp312-cp312-win_amd64.whl (1.2 MB)
Installing collected packages: psycopg2
Successfully installed psycopg2-2.9.9

C:\Users\81430>
```

图 16.22　安装 psycopg2

9. 查看已经安装的模块

在 cmd 窗口中使用 pip list 命令查看已经安装的模块清单，如图 16.23 所示。

10. Python 代码编写

利用代码编辑器编写一个 queryEmployee.py 文件实现 openGauss 数据库的连接访问，详细代码如下。

C:\Windows\system32\cm
C:\Users\81430>
C:\Users\81430>pip list
Package Version
--------- ---------
certifi 2024.7.4
chardet 4.0.0
idna 2.10
pip 24.2
psycopg2 2.9.9
requests 2.25.1
urllib3 1.26.19
C:\Users\81430>

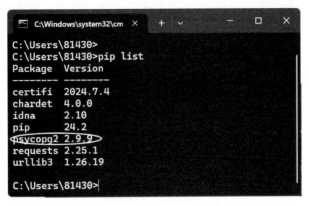

图 16.23 查看 Python 模块安装情况

```
#!/usr/bin/python
import psycopg2
conn = psycopg2.connect(database = "postgres", user = "jimmy", password = "Kid@1235", host =
"127.0.0.1", port = "15666",client_encoding = "UTF8")
cur = conn.cursor()
#查询结果
cur.execute("SELECT code,name,phone from hr.employees")
rows = cur.fetchall()
print("Code\tName\tPhone")
for row in rows:
    print(row[0],"\t",row[1],'\t',row[2])
conn.commit()
conn.close()
```

11. 运行 Python 程序

进入源代码所在目录，执行 python queryEmployee.py 命令运行程序，运行结果如图 16.24 所示。

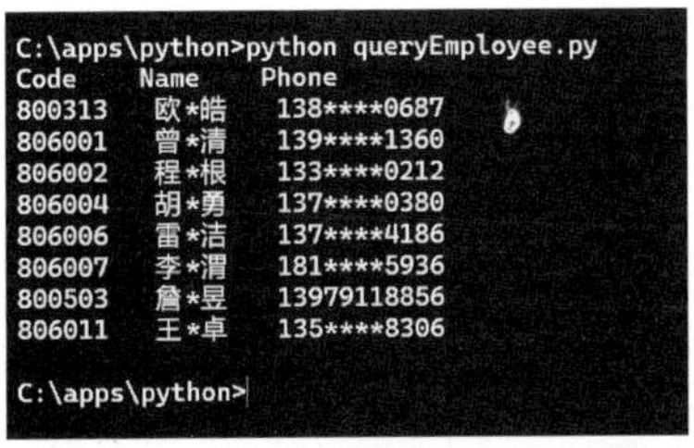

C:\apps\python>python queryEmployee.py
Code Name Phone
800313 欧*皓 138****0687
806001 曾*清 139****1360
806002 程*根 133****0212
806004 胡*勇 137****0380
806006 雷*洁 137****4186
806007 李*渭 181****5936
800503 詹*昱 13979118856
806011 王*卓 135****8306
C:\apps\python>

图 16.24 Python 程序运行结果

16.4 基于 ODBC 应用开发

1. ODBC 驱动程序安装

基于 ODBC 进行 openGauss 应用开发的前提是需要安装 openGauss 的 ODBC 驱动程序，在从 openGauss 社区下载的 ODBC 驱动程序包中有一个 psqlodbc.exe 程序，运行此程序进行 openGauss ODBC 驱动程序的安装，安装完成后 Windows 的 ODBC 数据源管理程序中都会有 openGauss 的驱动程序。

2. ODBC 数据源配置

由于 psqlodbc.exe 安装的实际上是 ODBC 32 位的驱动程序，所有需要运行 Windows 操

作系统自带的 ODBC 数据源管理程序（32 位），如图 16.25 所示，单击"添加"按钮创建一个 openGauss 的用户数据源。

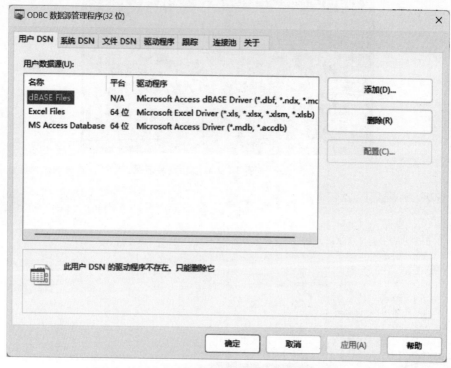

图 16.25　ODBC 数据源管理程序

在如图 16.26 所示对话框中选择 PostgreSQL Unicode 驱动程序，单击"完成"按钮进行数据源配置。

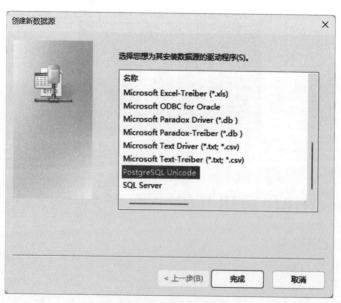

图 16.26　选择驱动程序

在如图 16.27 所示对话框中输入数据源的基本信息，填写完成后可以单击 Test 按钮进行连接测试，通过测试后单击 Save 按钮完成用户数据库源的配置，表示通过 ODBC 已经可以连接上 openGauss 数据库了。

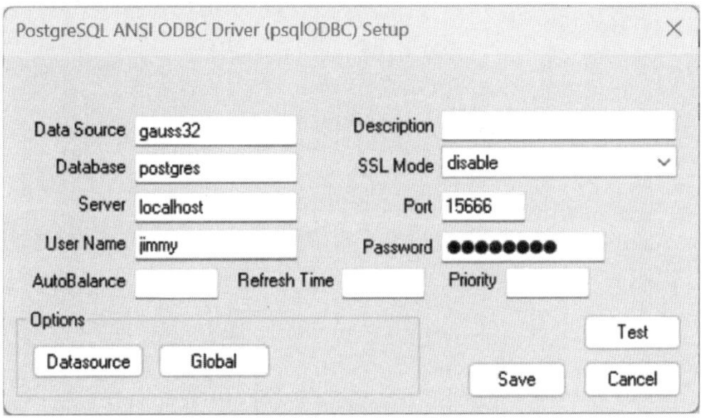

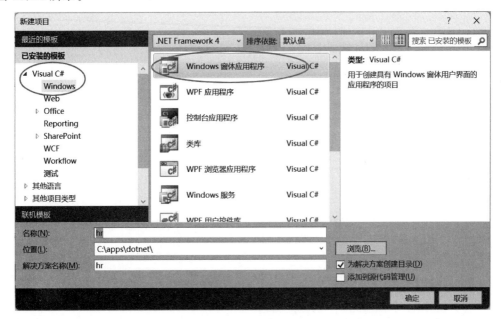

图 16.27　配置 ODBC 数据源

3. 应用程序开发

Windows 环境下使用 ODBC 进行数据库应用系统开发最主流的程序语言莫过于 C# 语言了，下面介绍利用 Visual Studio 2010 创建访问 openGauss 数据库的 C# 语言项目步骤。

（1）打开 Visual Studio 2010 创建一个新的工程，选择 C# 语言、Windows 窗体应用程序，如图 16.28 所示。

图 16.28　创建新项目

（2）编辑 Form 窗体属性，调整 Form 窗体大小，在窗体中央放置一个 TextBox 控制用于显示数据库中的数据，将 TextBox 控制的 Multiline 属性设为 true，可以显示多行文本记录，如图 16.29 所示。

（3）在 Form 窗体的 Load 事件中编写数据库连接读取数据代码，详细的代码如下。代码中首先需要通过 using System.Data.Odbc 语句在项目中引入 ODBC，然后在具体的数据库连接字符串中使用前面已经创建的 gauss32 用户数据库源，这样才能通过 ODBC 驱动程序连接访问 openGauss 数据库。

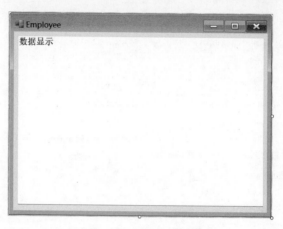

图 16.29 Form 窗体设置

```
using System;
using System.Collections.Generic;
using System.ComponentModel;
using System.Data;
using System.Drawing;
using System.Linq;
using System.Text;
using System.Windows.Forms;
//引用 ODBC
using System.Data.Odbc;
namespace hr
{
    public partial class frmEmployee : Form
    {
        public frmEmployee()
        {
            InitializeComponent();
        }
        private void frmEmployee_Load(object sender, EventArgs e)
        {   //设置连接字符串
            string connectionString = "Dsn = gauss32;uid = jimmy;pwd = Kid@1235";
            using (OdbcConnection connection = new OdbcConnection())       //创建连接对象
            {
                connection.ConnectionString = connectionString;
                try
                {
                    connection.Open();                                    //打开连接
                    //查询数据
                    string sql = "SELECT code,name,phone FROM hr.employees";
                    OdbcCommand command = new OdbcCommand(sql, connection);
                    //逐行读取记录
                    using (OdbcDataReader reader = command.ExecuteReader())
                    {
                        txtMsg.Clear();
                        string line = "";
                        while (reader.Read())
                        {
                            line = reader["code"].ToString() + "\t";
                            line = line + reader["name"].ToString() + "\t";
                            line = line + reader["phone"].ToString() + "\r\n";
                            txtMsg.Text = txtMsg.Text + line;
```

```
                    }
                }
                txtMsg.SelectionStart = 0;
                txtMsg.SelectionLength = 0;
                connection.Close();
            }
            catch (System.Data.Odbc.OdbcException e1)
            {
                MessageBox.Show(e1.Message);
            }
        }
    }
}
}
```

（4）编译运行此窗体程序，在窗体打开时自动连接 openGauss 数据库，并将查询到的数据在窗体的文本框中显示出来，如图 16.30 所示。

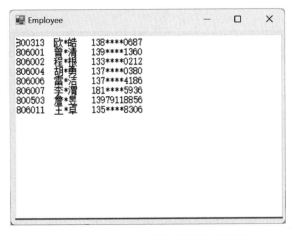

图 16.30　Windows 窗体程序运行结果

小结

openGauss 针对当前业界主流的程序设计语言提供了不同的驱动程序，让基于 openGauss 的数据库系统客户端应用程序开发变得快捷简便。用户在进行 openGauss 应用开发时要针对自己的开发环境、程序开发语言及 openGauss 版本选对驱动程序。

习题 16

1. openGauss 提供哪些驱动程序？各有什么特点？

2. 如何从 JDBC 驱动程序包中查看驱动程序的名称？

3. Windows x64 操作系统环境下进行基于 ODBC 的应用开发为什么可以利用 32 位的 ODBC 驱动程序？

参 考 文 献

[1] 欧阳皓,黄旭慧,刘晓强. Oracle 11g+ASP. NET 数据库系统开发案例教程[M]. 北京：人民邮电出版社,2014.1：1-5.

[2] 李月军. 数据库原理及应用(MySQL 版本)[M]. 2 版. 北京：清华大学出版社,2023：252-253.

[3] 墨天轮云平台. 中国数据库排行-墨天轮[OL]. https://www. modb. pro/dbRank.

[4] 王霓虹,张锡英,李林辉. 数据库系统原理[M]. 哈尔滨：哈尔滨工业大学出版社,2013：15.

[5] 羌俊恩. 国产 Gauss 分布式数据库概述[OL]. https://blog. csdn. net/ximenjianxue/article/details/131100550.

[6] 老韩同学. OpenEuler 22. 03 安装 openGauss 5. 0. 2LTS 版本[OL]. https://blog. csdn. net/superhanyubo/article/details/139651603?spm=1001. 2014. 3001. 5501.

[7] 下雨天的太阳. openGauss 5. 0 一主两备的搭建[OL]. https://blog. csdn. net/u010080562/article/details/130601096.